U0156792

权威·前沿·原创

皮书系列为
“十二五”“十三五”“十四五”国家重点图书出版规划项目

BLUE BOOK

智库成果出版与传播平台

移动互联网蓝皮书
BLUE BOOK OF CHINA'S MOBILE INTERNET

中国移动互联网发展报告（2022）

ANNUAL REPORT ON CHINA'S MOBILE INTERNET DEVELOPMENT (2022)

主　　编／唐维红
执行主编／唐胜宏
副 主 编／刘志华

社会科学文献出版社
SOCIAL SCIENCES ACADEMIC PRESS (CHINA)

图书在版编目(CIP)数据

中国移动互联网发展报告. 2022 / 唐维红主编. --
北京：社会科学文献出版社，2022.6
（移动互联网蓝皮书）
ISBN 978-7-5228-0109-4

Ⅰ.①中… Ⅱ.①唐… Ⅲ.①移动网-研究报告-中
国-2022 Ⅳ.①TN929.5

中国版本图书馆 CIP 数据核字（2022）第 076597 号

移动互联网蓝皮书
中国移动互联网发展报告（2022）

主　　编 / 唐维红
执行主编 / 唐胜宏
副 主 编 / 刘志华

出 版 人 / 王利民
组稿编辑 / 邓泳红
责任编辑 / 吴云苓
责任印制 / 王京美

出　　版 / 社会科学文献出版社 · 皮书出版分社（010）59367127
地址：北京市北三环中路甲 29 号院华龙大厦　邮编：100029
网址：www.ssap.com.cn
发　　行 / 社会科学文献出版社（010）59367028
印　　装 / 天津千鹤文化传播有限公司

规　　格 / 开 本：787mm× 1092mm　1/16
印 张：23.5　字 数：352 千字
版　　次 / 2022 年 6 月第 1 版　2022 年 6 月第 1 次印刷
书　　号 / ISBN 978-7-5228-0109-4
定　　价 / 158.00 元

读者服务电话：4008918866

移动互联网蓝皮书编委会

主要编撰者简介

唐维红　人民网党委委员、监事会主席、人民网研究院院长，高级编辑、全国优秀新闻工作者、全国三八红旗手。长期活跃在媒体一线，创办的原创网络评论专栏“人民时评”曾获首届“中国互联网品牌栏目”和中国新闻奖一等奖，参与策划并统筹完成的大型融媒体直播报道《两会进行时》获得中国新闻奖特别奖。对于行业有深入的、具有前瞻性的洞察和分析，是媒体融合发展的亲历者，在国内国际会议上多次发表主旨演讲，在期刊发表多篇论文。2020 年至今担任移动互联网蓝皮书主编。

唐胜宏　人民网研究院常务副院长，高级编辑。参与或主持完成多项国家社科基金项目和中宣部、中央网信办课题研究，《融合元年——中国媒体融合发展年度报告（2014）》《融合坐标——中国媒体融合发展年度报告（2015）》执行主编之一。代表作有《网上舆论的形成与传播规律及对策》《运用好、管理好新媒体的重要性和紧迫性》《利用大数据技术创新社会治理》《融合发展：核心要义是创新内容凝聚人心》等。2012 年至今担任移动互联网蓝皮书副主编、执行主编。

潘　峰　中国信息通信研究院无线电研究中心副主任，高级工程师，主要从事无线网规划、无线网测评优化、无线新技术和产业发展方面的重大问题研究；组织研究 5G 产业和融合应用、移动物联网战略和产业规划，承担过多项“新一代宽带无线移动通信网”国家科技重大专项课题的研究工作。

孙　克　中国信息通信研究院政策与经济研究所副所长，教授级高级工程师，北京大学经济学博士，主要从事ICT产业经济与社会贡献相关研究，曾主持GSMA、SYLFF等重大国际项目，是国务院数字经济、信息消费、宽带中国、“互联网+”等重大政策文件课题组的主要参与人。

方兴东　浙江大学求是特聘教授，清华大学新闻传播学博士，南加大（USC）安娜伯格传播与新闻学院和新加坡国立大学东亚研究所访问学者。浙江大学融媒体研究中心副主任，浙江大学社会治理研究院首席专家，“互联网口述历史”（OHI）项目发起人，国家社科基金重大项目互联网史研究项目首席专家，中国互联网协会研究中心主任。互联网实验室和博客中国创始人。著有《网络强国》《IT史记》等相关著作30本。主编“互联网口述历史”“数字治理蓝皮书”“网络空间战略丛书”等系列丛书。

序

2021年是中国共产党成立100周年，也是我国“十四五”规划开局之年。

这一年，以习近平同志为核心的党中央站在统筹中华民族伟大复兴战略全局和世界百年未有之大变局的高度，统筹国内国际两个大局、发展安全两件大事，为我国数字经济发展擘画宏伟蓝图。习近平总书记在主持中共中央政治局第三十四次集体学习时强调：“充分发挥海量数据和丰富应用场景优势，促进数字技术与实体经济深度融合，赋能传统产业转型升级，催生新产业新业态新模式，不断做强做优做大我国数字经济。”

这一年，《中华人民共和国国民经济和社会发展第十四个五年规划和2035年远景目标纲要》发布，提出“推进网络强国建设，加快建设数字经济、数字社会、数字政府，以数字化转型整体驱动生产方式、生活方式和治理方式变革”“构建基于5G的应用场景和产业生态”。

这一系列顶层设计为我国移动互联网发展指明了方向和路径。我国移动互联网发展实现了“十四五”的良好开局。

基础设施换挡升级。截至2021年底，我国手机网民规模破10亿，形成了全球规模最大、应用渗透最强的数字社会。累计建成并开通约142.5万个5G基站，总量占全球60%以上。5G行业应用创新案例超10000个，覆盖工业、医疗、车联网、教育等20余个国民经济行业。IPv6地址数量达63052块/32，地址资源跃居全球第一。

移动应用持续拓展。数字乡村、智慧城市、数字政府建设加速推进，移动互联网进一步赋能社会治理和民生服务。网络购物、手机游戏、网络视频、手机外卖、在线医疗等基于移动互联网的新应用、新业态蓬勃发展，稳就业、促消费，对加快构建新发展格局、满足人民美好生活需要的作用进一步凸显。

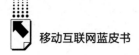

产业融合加速推进。工业互联网网络、平台、安全保障体系建设不断推进。截至2021年底，具有全国影响力的工业互联网平台已超过150个，接入设备总量超过7600万台（套），有效助力千行百业数字化转型。人工智能、区块链、物联网等技术与应用均实现一定突破，加速推进与传统实体经济深度融合。

治理体系日益完善。《数据安全法》《个人信息保护法》正式施行，个人信息与数据安全保护不断强化；移动互联网平台反垄断和促进互联互通监管持续加强，有效推动构建公平市场环境，促进相关企业合规发展；滥用数据分析和算法推荐等被纳入监管范围，切实保护网民合法权益；“网络清朗”系列专项行动持续开展，治理网络乱象，净化网络空间。

网络红利不断释放。移动互联网进一步下沉至三、四线城市及广大农村，农村边远地区人群及老年人、残疾人群体使用移动互联网的数字鸿沟被进一步弥合，共享“数字红利”。新冠肺炎疫情防控期间，数字技术、数字经济在信息传播、社会协调、生产生活恢复等方面发挥了重要作用。

当然，移动互联网迅速发展过程中也出现了一些新问题、新挑战。例如，在移动互联网进一步嵌入经济社会生活的同时，也带来了新的数据安全风险；智能算法、人工智能等技术应用进一步拓展，也引发了技术伦理方面的负效应，迫切需要在发展中不断完善。

当前，全球新一轮科技革命和产业变革蓬勃兴起，发展数字经济是把握这一新机遇的战略选择。我们要深入学习贯彻习近平总书记重要讲话精神，认真落实“十四五”规划纲要相关部署要求，进一步加快移动互联网建设，牵住自主创新这个“牛鼻子”，打通经济社会发展的信息“大动脉”，推动移动互联网和各行各业融合发展。

2022年，我们党将召开第二十次全国代表大会，也是进入全面建设社会主义现代化国家、向第二个百年奋斗目标进军新征程的重要一年。全新的移动互联网时代即将开启：“5G+工业互联网”将持续赋能产业体系升级，元宇宙可能成为下一个传播应用的风口，行业发展将进一步规范有序。移动互联网在经济社会中基础支撑、创新驱动、融合引领作用将进一步凸显。

自2012年首次出版以来，移动互联网蓝皮书已连续出版11年。2022年的蓝皮书，翔实记录了2021年中国移动互联网振奋人心的发展历程。书中的报告均为行业内专家的最新研究成果，有行业各领域发展的综述与趋势展望，有对行业发展热点、焦点问题的深入分析，其中不乏真知灼见。作为蓝皮书编委会主任，我愿将本书推荐给关心中国移动互联网发展的社会各界人士。期待此书的出版能为推进“网络强国”建设贡献智慧和力量。

人民日报社副总编辑

2022年4月

摘　要

《中国移动互联网发展报告（2022）》由人民网研究院组织相关专家、学者与研究人员撰写。本书全面总结了2021年中国移动互联网发展状况，分析了移动互联网年度发展特点，并对未来发展趋势进行研判，由总报告、综合篇、产业篇、市场篇、专题篇和附录六部分组成。

2021年在“十四五”规划战略部署下，中国移动互联网迎来新发展阶段。我国建成全球最大5G网络，5G与工业互联网、人工智能、区块链、物联网等技术应用结合均实现一定突破，打造数字经济新优势。移动互联网政策法规保障进一步加强，网络空间民意底盘进一步筑牢。未来，5G将赋能产业体系升级，元宇宙创新虚实融合应用，反垄断推动市场环境健康有序，移动互联网红利将进一步全民化普及，数字乡村与数字政府建设进程提速。

2021年我国移动互联网法规政策在个人信息保护、网络数据安全、反垄断监管、网络信息生态治理、网络产业监管等领域取得重大进展，中国特色网络安全治理法治体系初步形成。移动互联网在助力实现农村共同富裕、推动基层治理能力现代化方面显现巨大潜力。全球移动互联网面临多重不确定性的叠加，各国政府积极介入互联网发展与治理，全球人工智能治理取得实质性突破，智能鸿沟成为新时期数字鸿沟的全新特征。

2021年我国无线移动通信发展迅猛，移动智能手机一家独大格局松动，5G手机换机潮迎来高峰期，可穿戴设备出货量和物联网连接数处于高速增长状态。5G商用两年来，我国在基站规模、用户数量、应用创新等方面走在了世界的前列。“5G+工业互联网”推进初见成效，大部分行业处于5G规模化应用起步阶段。

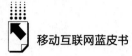

2021年我国移动应用在全球移动市场中占比达到14%，“互联网+医疗”逐步形成新的生产力，元宇宙成为VR产业发展的最新推动力，结合具体场景开展自动驾驶试点应用加速落地。移动网络视听形式与内容不断创新演进，展现重大主题视听内容多元丰富、优质网络节目百花齐放、视听表达新思潮新文化生机勃勃、视听产品充分体现社会关怀等特征。博物馆智慧化建设在新冠肺炎疫情背景下加速推进。

目前我国个人信息保护还存在治理主体权利关系不对等、司法救济渠道不畅通等问题，需细化完善个人信息配套政策规范；区块链技术应用基础加快夯实，在总体上呈现规模化提升、生态结构丰富完善、技术融合加速等特点；云计算呈现“一超多强”格局，全球化布局趋势明显；视频内容云上生产制作成为新趋势，云计算新技术加速视频内容生产、传输分发和消费交易；在“积极老龄化”的宏观政策愿景下，移动互联网适老化改造取得了显著成果。

关键词： 移动互联网　5G　工业互联网　数字经济　反垄断

目录

I 总报告

II 综合篇

Ⅲ 产业篇

Ⅳ 市场篇

Ⅴ 专题篇

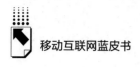

Ⅵ 附 录

皮书数据库阅读**使用指南**

总 报 告

General Report

B.1

“十四五”开局之年的中国移动互联网

唐维红 唐胜宏 廖灿亮*

摘 要： 2021年，在“十四五”规划战略部署下，中国移动互联网迎来新发展阶段。我国建成全球最大5G网络，5G与工业互联网、人工智能、区块链、物联网等技术应用结合均实现一定突破，打造数字经济新优势。反垄断、互联互通、数据安全等政策法规保障进一步加强，网络空间民意底盘进一步筑牢。未来，5G将赋能产业体系升级，元宇宙创新虚实融合应用，反垄断推动市场环境健康有序，移动互联网红利将进一步全民化普及，数字乡村与数字政府建设进程提速。

关键词： 移动互联网 5G 工业互联网 数字经济 反垄断

* 唐维红，人民网党委委员、监事会主席、人民网研究院院长，高级编辑；唐胜宏，人民网研究院常务副院长，高级编辑；廖灿亮，人民网研究院研究员。

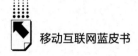

2021年是中国共产党成立100周年，也是实施“十四五”规划、开启全面建设社会主义现代化国家新征程的第一年。在新的历史起点上，5G、工业互联网、大数据中心等数字“新基建”加速推进，在新冠肺炎疫情常态化背景下，移动互联网应用进一步与实体经济融合，对我国经济社会发展的基础支撑作用进一步增强。与此同时，《中华人民共和国国民经济和社会发展第十四个五年规划和2035年远景目标纲要》指出，“推进网络强国建设，加快建设数字经济、数字社会、数字政府，以数字化转型整体驱动生产方式、生活方式和治理方式变革”“构建基于5G的应用场景和产业生态，在智能交通、智慧物流、智慧能源、智慧医疗等重点领域开展试点示范”，为新时期移动互联网发展指明了方向，我国移动互联网迎来了新的发展阶段。

一 中国移动互联网发展概况

（一）移动网络基础建设蓬勃发展

1. 建成全球最大5G网络，终端用户占全球80%以上

截至2022年2月，我国累计建成并开通5G基站150.6万个，建成全球最大5G网络，覆盖全国所有地级市城区、超过98%的县城城区和80%的乡镇镇区。[①] 我国5G基站总量占全球60%以上，每万人拥有5G基站数达到10.1个，比上年末提高近1倍。[②] 5G网络向各行业定制的网络演进，工业、港口和医院等重点区域已建成超2300个5G行业虚拟专网，逐渐形成适应行业需求的5G网络体系。[③] 5G终端用户超过5亿户，占全球80%以上。5G

① 工业和信息化部：《2021年通信业统计公报》，https：//www.miit.gov.cn/gxsj/tjfx/txy/art/2022/art_e8b64ba8f29d4ce18a1003c4f4d88234.html。

② 工业和信息化部：《2021年通信业统计公报》，https：//www.miit.gov.cn/gxsj/tjfx/txy/art/2022/art_e8b64ba8f29d4ce18a1003c4f4d88234.html。

③《预见2021做大5G“蛋糕”，需要再加点“料”》，通信世界，https：//baijiahao.baidu.com/s?id=1722218095990010265&wfr=spider&for=pc。

用户渗透率超过30%，用户群体已形成规模。①

2. 移动电话用户和蜂窝物联网用户规模持续扩大

截至2021年底，我国移动电话用户总数为16.43亿户，全年净增4875万户，普及率达116.3部/百人，比上年末提高3.4部/百人。② 其中，5G移动电话用户达到3.55亿户，占移动电话用户数的21.6%。③ 三家基础电信企业发展蜂窝物联网用户13.99亿户，全年净增2.64亿户，其中物联网终端应用于智慧公共事业、智能制造、智慧交通等重点领域的用户分别达3.14亿户、2.54亿户和2.18亿户。④

3. IPv6步入"流量提升"时代，活跃用户数持续增长

IPv6（互联网协议第六版）是互联网升级演进的必然趋势与基础支撑。2021年，工业和信息化部印发《IPv6流量提升三年专项行动计划（2021—2023年）》，明确了未来三年的重点发展任务，标志着我国IPv6步入"流量提升"时代。与此同时，我国IPv6网络和终端建设持续推进。截至2021年11月，我国IPv6地址拥有量达到60058块，位居世界第一；IPv6活跃用户数达到5.86亿，占互联网网民总数的57.91%。"IPv6+"创新体系初步形成。"IPv6+"加速在政务、金融、医疗、能源、教育等行业落地，助推各行各业数字化转型。

（二）移动互联网用户和流量持续增长

1. 移动互联网用户增速放缓

2021年，中国移动互联网用户规模增长已趋向稳定，用户红利趋于饱

① 《运营商上半年成绩单出炉：5G用户规模近5亿，下半场角逐5G应用》，《通信信息报》，https://m.thepaper.cn/baijiahao_13748072。

② 工业和信息化部：《2021年通信业统计公报》，https://www.miit.gov.cn/gxsj/tjfx/txy/art/2022/art_e8b64ba8f29d4ce18a1003c4f4d88234.html。

③ 工业和信息化部：《2021年通信业统计公报》，https://www.miit.gov.cn/gxsj/tjfx/txy/art/2022/art_e8b64ba8f29d4ce18a1003c4f4d88234.html。

④ 工业和信息化部：《2021年通信业统计公报》，https://www.miit.gov.cn/gxsj/tjfx/txy/art/2022/art_e8b64ba8f29d4ce18a1003c4f4d88234.html。

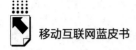

和。截至 2021 年 12 月底，中国手机网民规模达 10.29 亿人，全年增加了 4000 万人。[①] 相对于 2020 年 3 月至 12 月（增量 0.89 亿人），增速明显放缓。互联网红利进一步向老年人释放。截至 2021 年 12 月，我国 60 岁及以上老年网民规模达 1.19 亿，互联网普及率达 43.2%。[②]

2. 移动互联网流量快速增长

中国信息通信研究院 5G 云测平台实测数据显示，2021 年第四季度，我国 4G 网络平均下载速率为 28.1Mbps，5G 网络平均下载速率为 332.5Mbps。在提速降费及视频应用拓展的推动下，移动流量消费进一步增加。2021 年，移动互联网接入流量达 2216 亿 GB，比上年增长 33.9%。全年移动互联网月户均流量（DOU）达 13.36GB/（户·月），同比增长 29.2%。其中，手机上网流量达到 2125 亿 GB，同比增长 35.5%，在移动互联网总流量中占比为 95.9%。[③]

（三）移动智能终端快速增长

1. 移动智能终端全面增长

随着 5G、人工智能、云计算等技术的进一步发展，市场需求逐渐从新冠肺炎疫情中复苏，移动智能终端迎来新的发展。2021 年全年，国内智能手机出货量达 3.43 亿部，同比增长 15.9%。相对于 2019 年（3.72 亿部）下降了 7.8%，出货量未恢复到疫情前水平。上市新机型累计 404 款，同比增长 11.0%。[④] 受疫情影响，健康监测与运动健身类移动终端备受关注。2021

① 中国互联网络信息中心：《第 49 次〈中国互联网络发展状况统计报告〉》，http：//www.cnnic.net.cn/hlwfzyj/hlwxzbg/hlwtjbg/202202/P020220311493378715650.pdf。

② 中国互联网络信息中心：《第 49 次〈中国互联网络发展状况统计报告〉》，http：//www.cnnic.net.cn/hlwfzyj/hlwxzbg/hlwtjbg/202202/P020220311493378715650.pdf。

③ 工业和信息化部：《2021 年通信业统计公报》，https：//www.miit.gov.cn/gxsj/tjfx/txy/art/2022/art_ e8b64ba8f29d4ce18a1003c4f4d88234.html。

④ 中国信通院：《2021 年 12 月国内手机市场运行分析报告（中文版）》，http：//www.caict.ac.cn/kxyj/qwfb/qwsj/202201/P020220118485148188545.pdf。

年前三季度，中国可穿戴设备出货量已达 9871 万台，较上年同期增长 27.98%。① 2021 年 1~11 月，全国智能手表产量为 5939.6 万台，同比增长 45.7%。② 预计 2021 年蓝牙耳机市场出货量将达到 1.2 亿，同比增长 26%。③

2. 手机出货量中5G 手机占比近八成

2021 年 5G 手机出货量达 2.66 亿部，同比增长 63.5%，占同期手机出货量的 75.9%。2020~2021 年国内手机出货量及 5G 手机占比如图 1 所示。5G 手机上市新机型 227 款，同比增长 0.9%，占同期手机上市新机型数量的 47.0%。④ 5G 手机终端连接数达 5.18 亿户，平均每天新增入网手机 54 万部。⑤

3. 新型移动终端发展潜力巨大

新型移动终端主要包括无人机、AR/VR 眼镜、机器人等，以及应用 5G 的行业终端，包括行业原有设备，如 AGV（自动导引运输车）、网关、医疗设备、重型机械等。随着 5G 与行业融合越来越深，终端的类型将会越来越多，5G 泛智能终端时代正在来临。2021 年，我国工业机器人出货量达 25.6 万台，同比增长 49.5%。⑥ 受元宇宙概念及新冠肺炎疫情下非接触经济发展的推动，VR（虚拟现实）、AR（增强现实）终端设备呈持续增长的趋势。艾媒咨询预计，2021 年中国 VR 终端硬件出货量达 501 万台，AR 终端硬件出货量达 128 万台，分别同比增长 53.2%、120.6%。⑦

---

① IDC：《中国可穿戴设备市场季度跟踪报告，2021 年第三季度》，https：//www.chinaz.com/2021/1209/1339248.shtml。

② 中商产业研究院：《中国智能手表市场前景及投资机会研究报告》，https：//baijiahao.baidu.com/s? id=1722161791663252629&wfr=spider&for=pc。

③ IDC：《中国无线耳机市场季度跟踪报告，2021 年第二季度》，http：//lcd.sanhaostreet.com/it/202110/096596.html。

④ 中国信通院：《2021 年 12 月国内手机市场运行分析报告（中文版）》，http：//www.caict.ac.cn/kxyj/qwfb/qwsj/202201/P020220118485148188545.pdf。

⑤ 工业和信息化部：《2021 年通信业统计公报》，https：//www.miit.gov.cn/gxsj/tjfx/txy/art/2022/art_ e8b64ba8f29d4ce18a1003c4f4d88234.html。

⑥ MIR DATABANK：《2022 年中国工业机器人市场年度报告》，https：//new.qq.com/omn/20220301/20220301A083SJ00.html。

⑦ iiMedia Research（艾媒咨询）：《2021-2022 年中国虚拟现实（VR）行业发展前景预测与投资战略规划分析报告》，https：//www.iimedia.cn/c1061/81555.html。

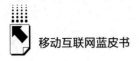

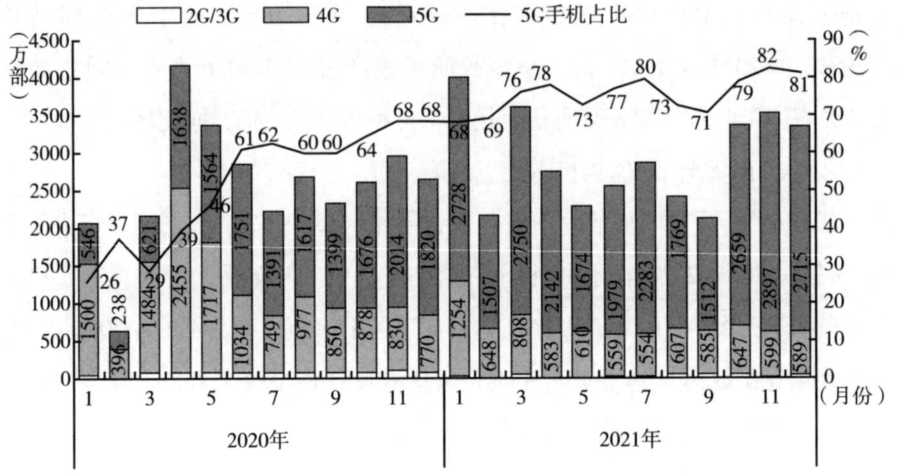

图1　2020～2021 年国内手机出货量及 5G 手机占比

资料来源：中国信通院。

（四）移动 APP 分发量增长

1. 移动应用程序（APP）总量下降

截至 2021 年 12 月，国内市场上监测到的 APP 数量为 252 万款，较 2020 年（345 万款）减少 93 万款，减少约 27%。[①] 其中，本土第三方应用商店 APP 数量为 117 万款，苹果商店（中国区）APP 数量为 135 万款。[②] 游戏类 APP 以 70.9 万款占比居第一，占全部 APP 的 28.2%。日常工具类、电子商务类和社交通信类 APP 数量分别达 37 万款、24.8 万款和 21.1 万款，分列第二、第三和第四位，占全部 APP 比重分别为 14.7%、9.8% 和 8.4%，[③] 同比分别减少 13.3 万款、9.2 万款和 8.5 万款。

① 工业和信息化部：《2021 年互联网和相关服务业运行情况》，https：//www. miit. gov. cn/gxsj/tjfx/hlw/art/2022/art_ b0299e5b207946f9b7206e752e727e66. html。

② 工业和信息化部：《2021 年互联网和相关服务业运行情况》，https：//www. miit. gov. cn/gxsj/tjfx/hlw/art/2022/art_ b0299e5b207946f9b7206e752e727e66. html。

③ 工业和信息化部：《2021 年互联网和相关服务业运行情况》，https：//www. miit. gov. cn/gxsj/tjfx/hlw/art/2022/art_ b0299e5b207946f9b7206e752e727e66. html。

2. 游戏、日常工具、音乐视频 APP 下载量居前三

截至 2021 年底，我国第三方应用商店在架 APP 分发总量达到 21072 亿次，比 2020 年（16040 亿次）增加 5032 亿次，增长 31%。其中，游戏类 APP 的下载量居首位，达 3314 亿次；日常工具类、音乐视频类、社交通信类、生活服务类下载量分别达 2817 亿次、2477 亿次、2449 亿次和 1960 亿次，分列第二至第五位。此外，新闻阅读类、系统工具类和电子商务类下载量超 1000 亿次，分别达到 1599 亿次、1572 亿次、1405 亿次。①

3. 5G 行业应用进一步拓展

截至 2021 年 11 月，5G 行业应用创新案例超 10000 个，覆盖工业、医疗、车联网、教育等 20 余个国民经济行业②，近五成的 5G 应用实现了商业落地。2021 年，更多的高危行业和高危岗位的工作环境借助 5G 融合应用得到改善。例如，5G+远程机械控制将炼钢车间机械操作员从危险的现场转移出来。AR 导游、4K/8K 直播、沉浸式教学等 5G 应用，大幅优化相关领域消费体验。2022 年北京冬奥会期间，5G+8K 技术被广泛应用于比赛直播，给全球观众带来了一场高清的视觉盛宴。

（五）互联网收入、利润与投融资规模增长

1. 互联网企业市值下降

受新冠肺炎疫情等不确定因素影响，2021 年我国上市互联网企业市值总体小幅下降。截至 2021 年底，我国上市互联网企业总市值达 12.4 万亿元，同比下降 30.3%。③ 其中在美国上市的企业市值占比 42%，在中国香港上市的企业市值占比 45%。不过，互联网业务收入增加较快。2021 年我国规模以上互联网和相关服务企业完成业务收入 15500 亿元，同比增长

---

① 工业和信息化部：《2021 年互联网和相关服务业运行情况》，https://www.miit.gov.cn/gxsj/tjfx/hlw/art/2022/art_b0299e5b207946f9b7206e752e727e66.html。

② 工业和信息化部：《2021 年通信业统计公报》，https://www.miit.gov.cn/gxsj/tjfx/txy/art/2022/art_e8b64ba8f29d4ce18a1003c4f4d88234.html。

③ 中国信通院：《2021 年四季度我国互联网上市企业运行情况》，http://www.caict.ac.cn/kxyj/qwfb/qwsj/202201/P020220125624656466220.pdf。

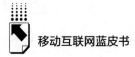

21.2%，共实现营业利润1320亿元，同比增长13.3%。①

2. 互联网投融资规模大幅增长

2021年我国统筹疫情防控和经济社会发展成效继续显现，互联网投融资规模大幅攀升，资本市场活跃度明显提高。2021年互联网投融资金额达513.5亿美元，比2020年（360.7亿美元）增长42.36%；发生投融资事件2427笔，比2020年（1719笔）增长41.19%（见图2）。② 2021年行业投融资热点领域集中于企业服务、互联网金融、电子商务与医疗健康等。

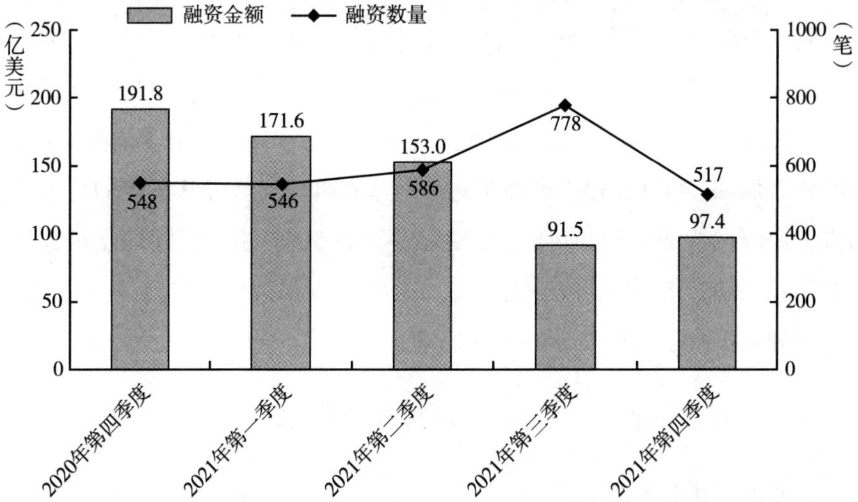

图2 2021年我国互联网投融资情况

资料来源：中国信通院。

3. 5G投资带动经济总产出增长

2021年10月中国信通院发布的《中国无线经济白皮书2021》测算，我国无线经济2020年规模已超3.8万亿元，占我国GDP比重约为3.8%。初

① 工业和信息化部：《2021年互联网和相关服务业运行情况》，https：//www.miit.gov.cn/gxsj/tjfx/hlw/art/2022/art_ b0299e5b207946f9b7206e752e727e66.html。

② 中国信通院：《2021年四季度互联网投融资运行情况》，http：//www.caict.ac.cn/kxyj/qwfb/qwsj/202201/P020220124567191389083.pdf。

步预测，2021 年我国无线经济规模约为 4.4 万亿元。5G 商用使无线经济潜力进一步释放。电信运营商持续增加对 5G 网络及配套设备的投资，带动通信设备制造相关产业链增长。2021 年 5G 投资 1849 亿元，占电信固定资产投资 45.6%。[①] 随着 5G 行业应用的深入发展，国民经济的其他行业也开始增加对 5G 及相关 ICT 技术的投资。据中国信通院测算，2021 年 5G 直接带动经济总产出 1.3 万亿元，相比 2020 年增长 33%。[②]

二　中国移动互联网发展特点

（一）工业互联网等发展步入快车道

1.“5G+工业互联网”呈蓬勃发展态势

2021 年，工业互联网政策引领作用持续增强。“十四五”规划纲要将工业互联网列为“十四五”七大数字经济重点产业之一，并对积极稳妥发展工业互联网做出整体部署。《工业互联网创新发展行动计划（2021—2023 年）》《“十四五”工业绿色发展规划》等文件相继印发，强化发展的顶层设计。截至 2021 年 12 月，31 个省（自治区、直辖市）出台 5G 相关政策[③]，行业发展呈现“全国一盘棋”态势。

2021 年，工业互联网网络、平台、安全三大体系持续完善。网络方面，工业 5G 切片虚拟专网和混合虚拟专网等新型网络模式快速推广，工业互联网基础设施应用支撑能力持续升级。截至 2021 年底，我国“5G+工业互联网”在建项目超过 1800 个，应用于工业互联网的 5G 基站超过 3.2 万个[④]，“5G+工业互联网”融合应用成效开始显现。平台方面，截至 2021 年 12 月，

① 工业和信息化部：《2021 年通信业统计公报》，2022 年 1 月。

② 中国信通院：《中国 5G 发展和经济社会影响白皮书（2021）》，2021 年 12 月。

③《工信部：全国建设“5G+工业互联网”项目超 1800 个》，光明网，https：//m. gmw. cn/baijia/2021-10/19/35242717. html。

④《中国互联网协会发布“2021 年影响中国互联网行业发展的十件大事”》，中国科技网，https：//baijiahao. baidu. com/s？ id=1721711032163323073&wfr=spider&for=pc。

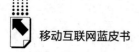

我国具有一定区域和行业影响力的工业互联网平台超过150家，接入设备总量超过7600万台套，各种类型的工业APP数量超过35万个，服务企业超160万家。[①] 平台体系不断扩大，以卡奥斯COSMOPlat工业互联网平台、航天云网INDICS平台、汉云工业互联网平台、东方国信cloudiip平台等为代表的15家“双跨”（跨行业、跨领域）工业互联网平台市场格局基本形成。安全方面，国家级工业互联网安全监测与态势感知平台已经与31个省（自治区、直辖市）级系统实现全部对接，覆盖14个重点工业领域、150个重点工业互联网平台，与11万家联网企业、900多万台联网设备[②]，国家—省—企业三级协同联动的工业互联网安全态势感知体系初步构建。随着《工业互联网安全标准体系（2021年）》等政策文件的发布，我国工业互联网安全标准体系进一步明确。与此同时，工业互联网应用创新日益活跃，有效助力包括钢铁、机械、电力、交通、能源等在内的40个国民经济重点行业实现新旧动能转换，推动实体经济数字化、智能化转型升级。

在政策的引导推动下，工业互联网投融资规模大幅攀升，驱动产业与市场不断壮大。据国家工业信息安全发展研究中心跟踪监测，我国工业互联网行业2021年完成非上市投融资事件346起，同比增长11.6%，披露总金额突破680亿元，同比大幅增长85.9%。2021年中国工业互联网增加值将达到4.13万亿元[③]，同比增长33.2%。

2. 人工智能技术应用不断加快

作为国家战略部署重点发展的三大先导产业之一，人工智能2021年进入快速发展期。“十四五”规划纲要将人工智能列为“十四五”数字经济重点产业及“科技前沿领域攻关”技术之一，各省市陆续将人工智能写入地方“十四五”产业规划，明确行业发展路线图，推动人工智能基础设施建

① 中国工业互联网研究院：《2021年度中国工业互联网十件大事》，https://www.sohu.com/a/521292192_100210081。

② 国家工业信息安全发展研究中心：《2021年上半年工业互联网产业投融资数据监测》，https://www.secrss.com/articles/32687。

③ 中国工业经济联合会等：《工业互联网融合创新应用白皮书》，https://baijiahao.baidu.com/s?id=1719012053909905326&wfr=spider&for=pc。

设快速落地。如北京提出“构筑全球人工智能创新策源地和产业发展高地”,[①] 上海提出到2025年,“人工智能规上产业规模达到4000亿元,培育500家智能化示范企业,人工智能人才规模达到30万人”,[②] 并正在建设长三角人工智能超算中心及上海新一代人工智能计算与赋能平台。各地积极推动智能计算中心建设。截至2021年底,我国深圳、武汉等7个城市已经建成人工智能计算中心,还有上海、成都等10个城市在建或计划建设人工智能计算中心。[③] 截至2021年底,我国在用数据中心标准机架总规模超过400万架,总算力约90EFLOPS,已基本满足各地区、各行业数据资源存储和算力需求。

人工智能基础设施建设在快速推进的同时,人工智能芯片算力性能大幅提升。鲲云科技AI芯片CAISA、华为麒麟9000、地平线旭日3等国产芯片迅猛发展。寒武纪2021年发布的思元370芯片,集成了390亿个晶体管,最大算力高达256TOPS(INT8)。百度昆仑芯2芯片,采用7nm制程,搭载自研的第二代XPU架构,整数精度(INT8)算力达到256TOPS。人工智能开源平台持续发展。截至2021年底,我国人工智能开源开放平台超40个,[④] 语音、视觉、自然语言处理、知识图谱等人工智能开放服务能力进一步提升。

技术的提升推动人工智能与移动互联网相结合的应用进一步拓展,并开始广泛覆盖日常生活。比如在智慧城市领域,北京市政府门户网站(“首都之窗”)设立的“京京”在线咨询服务智能机器人,提供政府信息公开、政民互动、政务服务(办事)等职能服务。福建福州“水务大脑”智能化升级城市水务流程。在污水处理环节,只需1个APP和2个工作人员,就

---

① 《北京市“十四五”时期高精尖产业发展规划》,http://www.beijing.gov.cn/zhengce/zfwj/zfwj2016/szfwj/202108/t20210818_2471375.html。

② 《上海市人工智能产业发展“十四五”规划》,http://www.sheitc.sh.gov.cn/cyfz/20211228/29259791c2fd46a2aff8b0dc09d4f8e6.html。

③ 中国信通院:《2021年人工智能基础设施发展态势报告》,http://finance.sina.com.cn/tech/2022-02-08/doc-ikyakumy4715139.shtml。

④ 中国信通院:《2021年人工智能基础设施发展态势报告》,2022年1月。

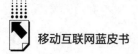

可以管理78个污水处理站。在智慧交通领域，自动驾驶商用落地场景也进一步明晰。

3. 区块链应用进一步拓展

2021年，区块链产业发展迈入新阶段。从写入“十四五”规划纲要，到《“十四五”数字经济发展规划》《关于加快推动区块链技术应用和产业发展的指导意见》等文件的印发，政策利好持续推动区块链技术应用落地和产业发展。

在政策驱动下，基于区块链的应用创新不断涌现，为经济社会数字化转型提供强大动力。政务服务领域，区块链在数据存储、数据上链、存证等方面的政务应用进一步拓展。2021年10月，住建部上线基于区块链的全国住房公积金小程序，确保缴存人的信息和资金安全。2021年8月，江苏昆山完成全国首笔基于区块链技术的闲置住宅使用权流转交易。通过区块链技术把农村闲置住宅“上链”流转并交易存证，保证房源可信、交易真实、结果可溯，为进一步盘活农村闲置住宅等资产、扩大农户财产收益权提供了技术新路径。金融科技领域，2021年9月，浙江上线全国首个知识产权区块链公共存证平台，为原创设计、数据资产等知识产权提供存证服务。存证平台发放存证证书，可获得银行质押贷款，为利用区块链探索数据质押融资等知识产权金融服务提供了方案。供应链领域，2021年11月，深圳建立首个基于区块链的疫苗安全一网监管平台，利用区块链技术为疫苗从生产到完成接种的全过程数据上链、赋码，实现一码可追踪疫苗行迹，实现疫苗全周期监管。

在拓展数字经济国际合作中，区块链呈现巨大潜力。《“十四五”数字经济发展规划》明确指出，在推动“数字丝绸之路”深入发展中，要“构建基于区块链的可信服务网络和应用支撑平台，为广泛开展数字经济合作提供基础保障”。[①] 2021年4月，中国—东盟区块链公共服务平台“桂

① 《“十四五”数字经济发展规划》，http://www.gov.cn/zhengce/content/2022-01/12/content_5667817.htm。

链”上线，并全面接入国家级区块链与工业互联网协同创新新型基础设施“星火·链网”，目前已打造“区块链+链上自贸”“区块链+电子证照”等多元应用场景，将进一步推动面向东盟区域的数字经济合作。

4. 物联网进入场景落地阶段

2021 年物联网产业发展取得积极成效。3 月，物联网被纳入“十四五”规划纲要七大数字经济重点产业。9 月，工业和信息化部等印发《物联网新型基础设施建设三年行动计划（2021—2023 年）》，物联网发展政策指引进一步加强。2022 年 2 月，国务院印发《“十四五”国家应急体系规划》，提出要充分利用物联网等技术提高灾害事故监测感知能力。

政策驱动物联网技术研发、应用落地和产业发展。目前，物联网已广泛应用，赋能装备控制、工程机械、航天制造等传统行业，通过传感器、嵌入芯片的布设实现工业生产的智能感知和决策。比如 2021 年中科计算技术西部研究院等开发的“智能吊篮工程安全管理系统”，用物联网智能监管替代人工监管，保障吊篮施工项目的人员安全，提高施工效率，为企业数字化转型升级赋能。此外，搭载了物联网传感器的可穿戴设备、智能家居、智慧医疗、车联网、灾害预警系统等应用开始进入大众日常生活。比如智慧交通领域，各城市积极建设的电子站牌，通过物联网智能传感器等技术，实现实时公布公交的位置并预测车辆到站时间，方便群众出行。智慧医疗领域，2021 年 4 月，北京丰台区启用基于物联网等技术的移动新冠疫苗接种车，相当于一个可移动的接种门诊，实现了疫苗登记、接种、匹配疫苗库等“上门”服务。

（二）移动互联网打造经济发展新引擎

1. 网络零售打造消费新格局

2021 年，我国网络零售稳步增长，在稳就业、促消费、构建“双循环”新发展格局中作用进一步凸显。2021 年，全国网上零售额达 13.1 万亿元。其中，实物商品网上零售额同比增长 12.0%，达 10.8 万亿元，占社会消费品零售总额的24.5%，对社会消费品零售总额增长的贡献率为23.6%。[①]

网络购物用户规模持续增长，为网络消费需求进一步释放夯实基础。截至2021年12月，我国网络购物用户规模达8.42亿，较上年同期增长5969万。[②] 特别是以“95后”“00后”为代表的“Z世代”以及“银发一族”网民的增长，带来了新的消费场景与模式，比如年轻网民的“云消费”以及老年人的在线医疗消费。

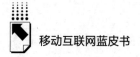

社交电商、直播电商等新业态新模式持续发展，成为驱动经济增长的新引擎。以直播电商为例，2021年抖音直播商品交易总额将达到10000亿元，快手将达到8000亿元，淘宝将超5000亿元。[③] 与此同时，网络零售企业不断向四、五线城市及广大乡村下沉，如社区电商美团优选在2021年已覆盖全国2600个市县，阿里下沉市场电商平台“淘特”年度活跃消费者超2.4亿，同比增长200%，下沉市场消费潜力得到进一步释放，带来经济增长新动力。

2. 在线文旅、手机外卖引领新型消费

随着疫情防控进入常态化，被抑制的文旅消费逐步释放。截至2021年12月，我国在线旅行预订用户规模达3.97亿，较上年同期增加5466万。[④] 一方面，各地景点、博物馆等通过网络直播、VR等技术打造线上付费并体验的新型文旅融合产品，推动“云上旅游”“云逛展”“云赏花”“在线剧院”等常态化。如第15届山东省花卉交易会通过“云上花博”，探索“旅游+直播”业态，带动线上交易额8.76亿元。另一方面，我国“银发一族”

---

① 《国家统计局：2021年全国网上零售额130884亿元，比上年增长14.1%》，国家统计局网站，https://baijiahao.baidu.com/s?id=1722167972012123720&wfr=spider&for=pc。

② 中国互联网络信息中心：《第49次〈中国互联网络发展状况统计报告〉》，http://www.cnnic.net.cn/hlwfzyj/hlwxzbg/hlwtjbg/202202/P020220311493378715650.pdf。

③ 《2021年中国直播电商行业市场现状及竞争格局分析》，网经社，https://baijiahao.baidu.com/s?id=1710329348615660253&wfr=spider&for=pc。

④ 中国互联网络信息中心：《第49次〈中国互联网络发展状况统计报告〉》，http://www.cnnic.net.cn/hlwfzyj/hlwxzbg/hlwtjbg/202202/P020220311493378715650.pdf。

为在线文旅行业发展带来新动力。2021 年，携程平台 60 周岁以上用户同比增长 22%，订单增长 37%。2021 年 2 月至 8 月，"50 后""60 后"人均花费同比增长 35%，增幅远超"90 后""00 后"。[①]

手机外卖方面，伴随着疫情后网民外卖习惯被保留，手机外卖用户规模持续增长。截至 2021 年 12 月，我国网上外卖用户规模达 5.44 亿，同比增长 29.9%。[②] 用户规模增长推动市场规模扩大。数据显示，2021 年前三季度，美团餐饮外卖业务收入为 264.85 亿元，同比增长 28%。[③] 与此同时，生鲜、药品等各类非餐饮业务纷纷加入外卖行业，成为重要的消费增长点。

移动游戏方面，受"防沉迷"政策与宅经济效应衰减影响，2021 年网络游戏用户规模增长放缓，但收入依然保持稳步增长。截至 2021 年 12 月，中国游戏用户规模达 6.66 亿人，同比增长 0.22%，增幅同比缩减约 3.5 个百分点。[④] 游戏市场实际销售收入达 2965.13 亿元，同比增长 6.40%，其中移动游戏占据主导地位，总收入占比达 76.06%。此外，我国游戏"出海"呈现上升态势，自主研发游戏海外市场销售收入达 180.13 亿美元，同比增长 16.59%。[⑤]

3. 电子商务持续助力乡村振兴

2021 年，"三农"工作重心从脱贫攻坚向全面推进乡村振兴历史性转移。社交电商、直播电商等新业态新模式持续发展，助力乡村振兴。

相关部门出台产销对接、人才培训等促进农村电商发展的系列政策，发力乡村市场数字化基础设施建设，推动网络零售新模式向广大农村普及，引

① 《携程："银发一族"旅行人均花费同比增长 35%　增速超 90 后 00 后》，金融界，https：//baijiahao. baidu. com/s？ id = 1713564321804606049&wfr = spider&for = pc。

② 中国互联网络信息中心：《第 49 次〈中国互联网络发展状况统计报告〉》，http：//www. cnnic. net. cn/hlwfzyj/hlwxzbg/hlwtjbg/202202/P020220311493378715650. pdf。

③ 《美团第三季度餐饮外卖收入同比增长 28.0%》，《北京商报》，https：//baijiahao. baidu. com/s？ id = 1717492418031347933&wfr = spider&for = pc。

④ 中国音数协游戏工委等：《2021 年中国游戏产业报告》，https：//www. sohu. com/a/510798052_ 152615。

⑤ 中国音数协游戏工委等：《2021 年中国游戏产业报告》，https：//www. sohu. com/a/510798052_ 152615。

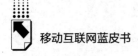

领农产品出村新渠道。2021 年 11 月，农业农村部印发文件提出，到 2025 年农产品网络零售额达到 1 万亿元。[①] 同月，商务部等印发《“十四五”电子商务发展规划》,[②] 提出“扩大农村电商覆盖面，推动直播电商、短视频电商等电子商务新模式向农村普及。”阿里、京东等电商平台将农产品的销售当作重点发力方向之一，不断将供应链、物流等零售“新基建”向下延伸，发力商品下乡与农产品上网。抖音、快手等短视频平台通过直播带货助力农产品销售。数据显示，2021 年 1~10 月，短视频平台“快手”有 4.2 亿个农产品订单通过直播电商从农村发往全国。[③] 2021 年全国农村网络零售额同比增长 11.3%，达 2.05 万亿元，全国农产品网络零售额同比增长 2.8%，达 4221 亿元。[④]

（三）移动应用进一步赋能社会民生

1. 数字政府建设进入深化提质新阶段

2021 年，数字政府建设从探索进入深化提质新阶段，助力政务服务水平显著提升。

在体制机制上，各地政务服务建立“好差评”制度，使居民可以像网购一样对政府服务给予评价。上海、广东、江苏全面启动探索首席数据官制度，强化数字政府建设的顶层设计与领导。在场景应用上，更多政务服务事项实现网上办、掌上办、一网通办，包括疫情防控、大数据金融服务、医疗电子服务等在内的场景应用不断丰富。截至 2021 年底，全国一体化政务服

① 农业农村部：《关于拓展农业多种功能促进乡村产业高质量发展的指导意见》，http://www.moa.gov.cn/xw/zwdt/202111/t20211118_6382476.htm。

② 《商务部　中央网信办　发展改革委关于印发〈“十四五”电子商务发展规划〉的通知》，http://www.gov.cn/zhengce/zhengceku/2021-10/27/content_5645853.htm。

③ 源自中央网信办、中央文明办和中共北京市委、北京市人民政府共同主办的首届中国网络文明大会。

④ 《2021 年我国实物商品网上零售额首次破 10 万亿元》，商务部网站，https://baijiahao.baidu.com/s?id=1723183620361295180&wfr=spider&for=pc。

务平台用户人数超 10 亿,[①] 实现了工业产品生产许可证、异地医疗结算备案、社会保障卡申领等事项“跨省通办”。全国核酸检测机构查询、各地风险等级查询、健康码申领、在线招聘、网上办税等功能有效支撑了疫情防控背景下群众出行与企业复工复产。截至 2021 年底，近 9 亿人在全国一体化政务服务平台申领了健康码，使用次数超 600 亿次。[②] 在数据开放平台建设方面，全国政务数据开放规模不断扩大。截至 2021 年底，已有 19 个省份的数据开放平台上线运行，共开放 19 万个数据集、67 亿多条数据量。[③]

2. 公共服务类应用进一步拓展

2021 年，我国在线医疗行业迎来新发展。政策方面，加快医保信息化建设、健全“互联网+”医疗服务价格和医保服务、支持开展“互联网+医疗健康服务”、发展“互联网+中医药贸易”[④] 等相关政策不断出台，驱动在线医疗深入发展。人工智能推动智能化医学影像辅助诊断从概念到落地，5G 网络建设推动远程医疗与影像云平台网络能力提升，均为在线医疗发展提供了技术保障。政策利好与技术进步驱动在线医疗用户数量增长与市场规模扩大。截至 2021 年 12 月，在线医疗用户规模达 2.98 亿，同比增长 38.7%。[⑤] 预计 2021 年我国互联网医疗健康市场规模将达到 2831 亿元，同比增长 45%。[⑥]

2021 年，我国智慧交通发展迎来新的历史机遇。中共中央、国务院印发的《国家综合立体交通网规划纲要》明确表示，要推进智能网联汽

① 《全国一体化政务服务平台的 2021 年》，新华社，http：//k. sina. com. cn/article_1699432410_ 654b47da02000wf47. html。

② 《全国一体化政务服务平台的 2021 年》，新华社，http：//k. sina. com. cn/article_1699432410_ 654b47da02000wf47. html。

③ 《2021 年数字政府服务能力评估结果出炉“数字政府”建设大踏步推进》，《人民日报》（海外版），http：//www. echinagov. com/news/315320. htm。

④ 国务院办公厅：《“十四五”全民医疗保障规划》，2021 年 9 月 23 日。

⑤ 中国互联网络信息中心：《第 49 次〈中国互联网络发展状况统计报告〉》，http：//www. cnnic. net. cn/hlwfzyj/hlwxzbg/hlwtjbg/202202/P020220311493378715650. pdf。

⑥ 中国互联网协会：《中国互联网发展报告（2021）》，https：//baijiahao. baidu. com/s? id=1705221839784584882&wfr=spider&for=pc。

车发展（智能汽车、自动驾驶、车路协同）。北京、重庆等地划定智能网联汽车政策先行区，对网约车自动驾驶开展道路测试与应用。与此同时，相关部门不断加强行业监管，《关于深化道路运输价格改革的意见》等政策发布，国家网信办等部门联合进驻“滴滴出行”并开展网络安全审查，推动网约车平台从跑马圈地、野蛮生长阶段进入公平有序、稳健发展的新时期。截至 2021 年 12 月，我国网约车用户规模达 4.53 亿，同比增长 23.9%。①

（四）移动网络政策法规保障迈入新阶段

1. 强化个人信息与数据安全保护

2021 年，移动网络空间安全，特别是个人信息与数据安全法律法规保障进一步加强。2021 年 7 月，国家网信办发布《网络安全审查办法（修订草案征求意见稿）》，拟规定掌握超过 100 万用户个人信息的运营者赴国外上市，必须向网络安全审查办公室申报网络安全审查。8 月，国务院颁布《关键信息基础设施安全保护条例》，明确关键信息基础设施安全保护实施“单位个人双罚制”原则。9 月，《中华人民共和国数据安全法》正式实施。法规确立了数据分类分级管理，建立了数据安全风险评估、数据安全审查等基本制度，并明确了相关主体的数据安全保护义务。11 月，国家网信办发布《网络数据安全管理条例（征求意见稿）》，拟建数据分类分级保护制度，将数据分为一般数据、重要数据、核心数据，不同级别的数据采取不同的保护措施。同月，《中华人民共和国个人信息保护法》正式实施，法规确立了个人信息保护合法、正当、必要和诚信的原则，构建了以“告知—同意”为核心的个人信息处理规则，明确禁止“大数据杀熟”等行为，为行业提供了更加细致可操作的法律依据和行为规则。相关法律法规的出台提示移动互联网发展将更加强调数据安全与用户权益。

① 中国互联网络信息中心：《第 49 次〈中国互联网络发展状况统计报告〉》，http：//www.cnnic.net.cn/hlwfzyj/hlwxzbg/hlwtjbg/202202/P020220311493378715650.pdf。

2. 反垄断监管和互联互通不断加码

2021 年，强化反垄断和防止资本无序扩张的相关政策法规相继出台，有效推动移动互联网公平市场环境构建及相关企业合规发展。2021 年 2 月，国务院反垄断委员会明确“大数据杀熟”可能构成滥用市场支配地位差别待遇行为，明确“二选一”等行为可能构成滥用市场支配地位限定交易行为。[①] 10 月，《中华人民共和国反垄断法（修正草案）》公布，法规提出“经营者不得滥用数据和算法、技术、资本优势及平台规则等排除、限制竞争”，首度将滥用数据和算法等排除、限制竞争，纳入禁止实施的行为范畴。11 月，国家反垄断局正式成立，标志着反垄断进入新阶段，释放了国家将持续推进反垄断的强烈信号。

与此同时，相关部门针对移动互联网企业的反垄断监管持续加强。2021 年 4 月，国家市场监管总局依法对阿里巴巴滥用市场支配地位的行为做出行政处罚决定，责令阿里巴巴集团停止违法行为，并处以 182.28 亿元罚款。7 月，国家市场监管总局对互联网领域 22 起违法实施经营者集中案开罚单。[②] 同月，国家市场监管总局公告显示，虎牙和斗鱼合并案被正式禁止。10 月，国家市场监管总局责令美团停止“在中国境内网络餐饮外卖平台服务市场滥用市场支配地位”这一违法行为，并处以 34.42 亿元罚款。

移动互联网应用互联互通被重点监管。2021 年 7 月，屏蔽网址链接成为工信部专项整治行动中重点整治的问题。9 月，针对屏蔽网址链接这一问题，工信部相关部门提出有关即时通信软件的合规标准，要求各大平台按标准解除屏蔽。系列举措将助推形成开放共赢的移动互联网环境。

3. 未成年人网络保护升级

2021 年，针对未成年人网络安全的监管成为互联网治理一大重点，对

---

① 国务院反垄断委员会：《国务院反垄断委员会关于平台经济领域的反垄断指南》，http://www.gov.cn/xinwen/2021-02/07/content_5585758.htm。

② 国家市场监管总局：《依法对互联网领域二十二起违法实施经营者集中案作出行政处罚决定》。

未成年人的保护力度持续加大，倒逼移动互联网企业的产品与服务承担更多社会责任。2021 年 6 月，新修订的《未成年人保护法》新增“网络保护”专章，突出保护未成年人的网络权益。法规要求网络产品和服务提供者不得向未成年人提供诱导其沉迷的产品和服务；网络游戏、网络直播、网络音视频、网络社交等网络服务的提供者应当针对未成年人设置相应的时间管理、权限管理、消费管理等功能，强化对未成年人的特殊保护和优先保护。7 月，中共中央办公厅、国务院办公厅印发《关于进一步减轻义务教育阶段学生作业负担和校外培训负担的意见》，全面规范校外培训行为，在新冠肺炎疫情中迅速成长起来的 K12 在线教育行业备受冲击，而从长远来看这有助于消除教育不公平以及教育焦虑等现象。8 月，国家新闻出版署发文明确，所有网络游戏企业仅可在周五、周六、周日和法定节假日的 20 时至 21 时向未成年人提供 1 小时服务，筑牢未成年人网络保护的屏障。①

2021 年 6 月，国家网信办部署“清朗‘饭圈’乱象整治”“清朗·打击网络直播、短视频领域乱象”等专项行动。Owhat、超级星饭团等多款追星 App 被应用商店下架。8 月，网信办发布《关于进一步加强“饭圈”乱象治理的通知》，要求取消所有明星艺人个人或组合的排行榜单。网络“饭圈”乱象得到有效整治，网络空间更加清朗。

4. 智能算法推荐被纳入监管范围

网络监管的对象向移动互联网技术层面拓展，滥用数据分析和算法推荐将得到遏制。2021 年 7 月，国家市场监管总局等七部门联合印发《关于落实网络餐饮平台责任切实维护外卖送餐员权益的指导意见》，明确要求不得将“最严算法”作为考核要求，适当放宽配送时限等。9 月，相关部门发文提出构建形成算法安全风险监测科技伦理审查和涉算法违法违规行为处置等多维一体的监管体系。② 2022 年 3 月 1 日正式实施的《互联网信息服务算法

---

① 国家新闻出版署：《关于进一步严格管理切实防止未成年人沉迷网络游戏的通知》，http：//www.gov.cn/zhengce/zhengce hu/2021-09/01/content_ 5634661.htm。

② 国家互联网信息办公室等：《关于加强互联网信息服务算法综合治理的指导意见》，http：//www.fjis.cn/home/posts/7942。

推荐管理规定》明确了算法推荐服务提供者的用户权益保护要求，有效防范算法滥用带来的风险隐患。

（五）移动舆论场正能量充沛、主旋律高昂

1. 媒体融合持续纵深推进，正能量充沛

2021 年，主流媒体坚持守正创新，加快推动媒体融合向纵深发展，持续引领移动互联网舆论主流价值。人民网发布的《2021 全国党报融合传播指数报告》显示，328 家党报在今日头条、腾讯新闻客户端及人民日报客户端共计开通了 457 个头条号、233 个腾讯新闻账号及 196 个人民号，且发文量及阅读量有明显提升；下载量百万级以上党报自建客户端达 70 个，占比 22%，同比增长 5%；在短视频平台，党报抖音号粉丝量、发布视频量增长明显，快手号互动情况良好。省级党报抖音号粉丝量同比增长 86.5%，党报快手号平均点赞量为 1.1 万次。

2021 年，移动互联网新闻宣传以建党百年等正能量贯穿始终，运用新技术、新方式、新平台，主旋律突出、正能量充沛。《人民日报》发布建党百年主题 MV《少年》，全网播放量超 1.6 亿。人民网通过融媒体、云平台与数字化手段，构建的展示各地红色纪念馆、陈列馆、展示馆、博物馆在“四史”教育等方面内容的“红色云展厅”，总访问量超 6.8 亿，其中微博话题“遵义会议会址里唯一活着的文物”阅读量达 2.7 亿次。尝试用版画作为叙事样式，全景式描述五四新文化运动，展现马克思主义在中国的早期传播和中国共产党创建过程的电视剧《觉醒年代》，在移动互联网强势“破圈”，获赞为“思想激荡的历史文化大片”；相关视频平台点击播放量超过 3.1 亿，微博话题阅读量达 29 亿次。

2. 爱国热情高涨，网络民意底盘更加牢固

移动舆论场整体“飘红”。2021 年，全国多地疫情零星散发，各地均能切实保障当地人民群众生命安全和身体健康，网上对我国的制度认同和文化自信进一步强化。国内接种疫苗的总人数达到 12.66 亿人，占总人口数的 89.8%，接种疫苗超 30 亿剂，筑起全民免疫屏障，网民肯定这充分体现了

我国体制强大的动员能力及新冠疫苗生产供应能力。[1] 一些为国家做出贡献的公众人物事迹被网民集体追捧，强化民族自尊自强，网上爱国主义声势更加壮大。神舟十二号载人飞船成功发射点燃了网民爱国热情。聂海胜、刘伯明、汤洪波三名宇航员在太空执行长达3个月任务后平安归来，成为网民追捧的新一代“网红”。微博话题“神舟十二号发射升空”阅读量高达30.6亿次。

在移动舆论场，党和政府内外大政方针的民意底盘持续扩大和筑牢。党中央多次强调共同富裕话题，极大地凝聚了人心，让网民“获得感”十足，展望未来信心倍增。西方国家对我国一些企业、行业的制裁与封锁，更加坚定了网民捍卫国家利益的信念。国际服饰品牌 H&M 抵制新疆棉，受到网民自发反击与抵制。微博话题“我支持新疆棉花”阅读量达 81.5 亿次，讨论量达 4312.9 万条。[2]

三　中国移动互联网发展面临的挑战

（一）移动基础设施短板待补齐

2021 年以来，一些地区在新冠肺炎疫情防控中出现健康码、行程码系统故障现象，给当地群众生活带来不便。官方给出原因多为“访问量太大”“系统临时出现接口不稳定问题”“受到恶意攻击”等。这一现象表明，各地移动互联网技术应用水平不一，个别地区网络基础设施建设滞后，影响了数字经济发展及治理能力现代化水平提升。当前，移动互联网已经成为推动经济社会发展不可或缺的信息基础设施。后疫情时代，更多场景将由线下转至线上，人们的生产生活越来越离不开移动互联网。因此，相关部门需要补齐包括健康码应用在内的移动互联网基础设施建设短板，同时进一步提升网络及系统资源保障水平，在更好造福人民上更进一步。

① 2月8日国务院联防联控机制发布会。
② 微博。

（二）核心技术发展及治理规则待完善

习近平总书记在网络安全和信息化工作座谈会上指出：“古往今来，很多技术都是‘双刃剑’，一方面可以造福社会、造福人民，另一方面也可以被一些人用来损害社会公共利益和民众利益。”5G、人工智能、大数据、区块链、物联网等发展迅猛的同时，也带来了新的风险和挑战。比如人脸识别滥用带来个人隐私泄露问题，智能算法存在“杀熟”与“算法剥削”现象，人工智能技术产生的伦理安全风险等，需要进一步建立健全技术规则治理体系。另外，关键核心技术存在短板。在核心支撑技术的芯片领域，我国与世界先进水平还有3~5年代差。比如，5G终端的基带处理芯片已逐步升级到5nm（纳米）工艺节点，2021年5月，IBM宣布成功研制出全球首款2nm规格芯片，而我国中芯国际在2019年才实现14nm工艺的量产。在物联网领域，我国感知、传输、处理、存储、安全等重点环节技术创新积累不足，汽车传感器、高端化学类气体传感器等产品95%依靠进口。[①] 进一步加快移动互联网发展，还需在工业芯片、操作系统等硬软件关键核心技术领域加大攻关力度。

（三）数据安全保障待加强

当前，数据安全工作面临新的风险和挑战。一是数据大规模集中存储存在数据滥用与泄露风险。2021年7月，国家网信办、公安部、国家安全部等七部门联合进驻滴滴，开展网络安全审查。相关事件提示移动互联网平台数据和技术应用不但涉及个人信息安全，而且关系着公共安全与国家安全。二是随着4G全面普及和5G规模化应用，社会将迎来“万物智联”的时代。更多的物体将加入互联网，链接的节点将越来越多，面临的网络攻击也将增多。三是数字经济安全体系有待进一步构建。我国正深入实施数字经济发展

① 《补短板强技术，物联网发展提速（政策解读）》，人民网，https://baijiahao.baidu.com/s?id=1716079297185628797&wfr=spider&for=pc。

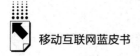

战略。到 2025 年数字经济核心产业增加值占 GDP 比重将达到 10%。[①] 数据日益成为数字经济的关键生产要素。当前，数据泄露、安全漏洞等威胁日益凸显，数字经济相关基础设施受到攻击和破坏，将对正常经济社会发展产生严重冲击。因此，在不断发展新型网络安全防护技术的同时，还需进一步开展数据安全法律法规建设，夯实数据安全的法律基础。

（四）灵活就业权益亟待更有效保护

2021 年，基于移动互联网灵活就业群体的社会保障问题受到社会的广泛关注。国务院办公厅发布的《关于支持多渠道灵活就业的意见》，明确提出要拓宽灵活就业发展渠道，加大对灵活就业保障支持。截至 2021 年底，中国灵活就业人员达到 2 亿人，[②] 其中许多为互联网平台用工，包括 160 多万网络主播及相关从业人员、700 万餐饮外卖员、394.8 万网约车驾驶员、1000 万快递员等。[③] 随着我国数字经济发展，移动互联网平台灵活用工规模将进一步扩大，但当前劳动者权益保障还不完善，影响和制约了灵活就业的稳定健康发展。比如当前绝大部分餐饮外卖员并没有与平台及第三方合作单位建立劳动关系。如何制定区别于传统的劳动就业管理规定和社会保障制度，既鼓励平台新模式吸纳更多就业，又不断健全灵活就业群体的社会保障，需要进一步探索。

四　中国移动互联网发展趋势

（一）5G 行业应用创新赋能产业体系升级

随着我国 5G 网络的大规模建设与发展，5G 智慧矿山、5G 智慧港口、

① 国务院：《"十四五"数字经济发展规划》，http：//www.gov.cn/zhengce/content/2022-01/12/content_5667817.htm。

② 国家统计局，http：//www.stats.gov.cn/tjsjd/202201/t20220117_1826479.html。

③ 数据来源：网络主播及相关从业人员：https：//baijiahao.baidu.com/s？id=1724344519001991624&wfr=spider&for=pc；餐饮外卖员：http：//www.linkshop.com/news/2021466422.shtml；网约车驾驶员：https：//baijiahao.baidu.com/s？id=1721645253352560829&wfr=spider&for=pc；快递员：http：//www.linkshop.com/news/2021466422.shtml。

5G在线教育、5G远程医疗等项目将加速落地，推动生产生活方式的新一轮变革。5G与工业互联网将进一步深度融合，助力传统行业数字化转型，为中国经济发展注入新动能。5G智能车联网技术将持续迭代升级，助推自动驾驶产业进一步发展。在5G赋能下，超高清视频传输、AR/VR应用将呈现规模增长，不断丰富在媒体融合、房产展示、零售、文旅、网络游戏等领域的落地场景。5G与各行各业的融合逐步深入，在基础软硬件、终端、网络、安全等各环节都会推动产业升级，甚至与各行业共同变革催生新的产业体系。未来，无人机、机器人、VR/AR/XR设备等新型网络终端和行业终端，定制化的行业专用5G网络及网络设备，满足“联合安全控制”需要的5G安全产品，5G能力开放平台及行业基础能力平台，将成为产业升级的发力点和突破点。5G行业应用解决方案将成为5G赋能行业发展的集中体现和最大亮点。“十四五”期间，在国家大力发展数字经济政策的推动下，5G基础设施建设与规模化应用将梯次落地、螺旋式上升，逐步迈向成熟，有力促进产业数字化转型升级。

（二）元宇宙产业应用融合进一步深化

元宇宙被认为是移动互联网未来发展的一大重要方向，代表了虚拟空间与现实世界的融合发展趋势。一方面，5G网络、虚拟现实、人工智能、区块链等底层技术应用日渐成熟，成为推动元宇宙发展的技术动能。另一方面，多地在产业规划或2022年政府工作报告中提出布局元宇宙，试图在元宇宙产业发展中抢占先机。《上海市电子信息产业发展“十四五”规划》明确强调发展元宇宙。成都市在政府工作报告中提出要“主动抢占元宇宙等未来赛道”。武汉市在政府工作报告中提出要“推动元宇宙等与实体经济融合”。元宇宙当下的应用场景主要在社交和娱乐领域，未来有可能拓展至工业、教育、金融、文艺、科学等领域。虽然元宇宙的发展形态尚不确定，但是从技术创新和应用满足发展需求的角度来看，进一步增强元宇宙核心技术基础能力，推动产业应用融合有利于数字经济发展。与此同时，元宇宙相关技术标准与风险防范体系也有待建立与完善。投资热将逐渐趋于理性。

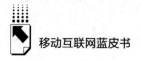

（三）反垄断推动市场环境健康有序

2021 年移动互联网反垄断政策成效初步显现，互联网市场环境持续向好。截至 2021 年底，我国市值 Top10 的互联网上市企业占全行业市值的 77.1%，比 2020 年底（80.9%）下降 3.8 个百分点。Top10 的互联网上市企业营收增速达 25%，比互联网上市企业总营收增速（12.9%）高出 12.1 个百分点。①

强化反垄断与不正当竞争、互联互通、数据安全等领域的监管，将进一步塑造公平、开放、共赢、包容的移动互联网发展环境。无序竞争、野蛮生长的早期平台经济将得到遏制，行业壁垒将进一步被打破，为中小企业带来更多行业创新机会，网民权益将得到进一步保护。与此同时，合规经营成为移动互联网企业发展的基线，坚持技术创新驱动发展，强化融合应用引领发展，积极参与国际竞争，成为长远发展方向。

（四）移动互联网红利进一步全民普及

从地域看，我国城乡光纤到达率和 4G 覆盖率基本实现无差别，现有行政村已全面实现“村村通宽带”。5G 建设正朝着实现城乡全域覆盖加速推进。从人群看，随着相关部门持续推进适老化改造，中老年网民数量也在快速攀升。截至 2021 年 12 月，能独立完成出示健康码/行程卡、购买生活用品和查找信息等网络活动的老年网民比例已分别达 69.7%、52.1% 和 46.2%。② 2022 年，移动互联网红利将进一步下沉至三、四线城市及广大农村地区，老年人、残疾人等群体使用移动互联网的数字鸿沟将进一步被弥合，共享移动互联网的“数字红利”。从行业看，随着产业互联网发展的快

① 中国信通院：《2021 年四季度互联网投融资运行情况》，http：//www.caict.ac.cn/kxyj/qwfb/qwsj/202201/P020220124567191389083.pdf。

② 中国互联网络信息中心：《第 49 次〈中国互联网络发展状况统计报告〉》，http：//www.cnnic.net.cn/hlwfzyj/hlwxzbg/hlwtjbg/202202/P020220311493378715650.pdf。

速推进，移动互联网进一步赋能千行百业，克服“鲍莫尔病”[①]，推动数字技术与实体经济深度融合发展。

（五）数字乡村与数字政府建设进程提速

随着5G、大数据、人工智能等新技术的广泛应用，从中央到地方均将数字政府建设提上日程，加速部署推进。《“十四五”推进国家政务信息化规划》提出，到2025年，政务信息化建设总体迈入以数据赋能、协同治理、智慧决策、优质服务为主要特征的融慧治理新阶段；逐步形成平台化协同、在线化服务、数据化决策、智能化监管的新型数字政府治理模式。[②] 多地将数字政府建设作为优化营商环境的重要举措，力求以数字政府建设倒逼改革，积极推动政府数据资源开放共享。与此同时，中央网信办等十部门印发《数字乡村发展行动计划（2022—2025年）》，立足“十四五”时期数字乡村发展，部署数字基础设施升级、智慧农业创新发展、新业态新模式发展等八方面重点行动。[③] 各地区积极推动数字乡村建设，将教育、医疗、农技、政务服务等通过信息平台延伸至乡村，切实提升乡村数字化水平。预计2022年数字政府与数字乡村建设将不断提速，赋能经济发展，进一步提升政务服务水平与社会治理能力现代化水平。

参考文献

工业和信息化部：《2021年通信业统计公报》，https：//www. miit. gov. cn/gxsj/tjfx/txy/art/2022/art_ e8b64ba8f29d4ce18a1003c4f4d88234. html。

---

① 所谓“鲍莫尔病”，是著名经济学家威廉·鲍莫尔（Willian Baumol）提出的一个经济现象。在现实中，“鲍莫尔病”经常被表述为服务业占比提升而导致的劳动生产率的下降。

② 国家发展改革委：《“十四五”推进国家政务信息化规划》，http：//www. gov. cn/zhengce/zhengceku/2022-01/06/5666746/files/cbff2937df654b44a04c6ef9d43549e9. pdf。

③ 中央网信办等：《数字乡村发展行动计划（2022—2025年）》，http：//www. cac. gov. cn/2022-01/25/c_ 1644713315749608. htm。

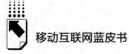

工业和信息化部：《2021 年互联网和相关服务业运行情况》，https：//www.miit.gov.cn/gxsj/tjfx/hlw/art/2022/art_ b0299e5b207946f9b7206e752e727e66.html。

中国信通院：《2021 年四季度互联网投融资运行情况》，http：//www.caict.ac.cn/kxyj/qwfb/qwsj/202201/P020220124567191389083.pdf。

中国互联网络信息中心：《第 49 次〈中国互联网络发展状况统计报告〉》，http：//www.cnnic.net.cn/hlwfzyj/hlwxzbg/hlwtjbg/202202/P020220311493378715650.pdf。

中国信通院：《2021 年 12 月国内手机市场运行分析报告（中文版）》，http：//www.caict.ac.cn/kxyj/qwfb/qwsj/202201/P020220118485148188545.pdf。

综 合 篇

Comprehensive Reports

B.2

2021年移动互联网法规政策发展与趋势

郑 宁 赵 玲*

摘　要： 2021 年，移动互联网领域法规政策快速推进，在个人信息保护等多个领域取得重大进展。2021 年互联网法规政策总体表现出强化网络信息生态和网络产业监管，加强数据安全和个人信息保护等治理特点。未来法规政策将在数字经济、反垄断和不正当竞争的监管、知识产权的保护等方面持续发力，多方共治将成为治理新趋势。

关键词： 移动互联网　多元共治　强监管　反垄断

* 郑宁，中国传媒大学文化产业管理学院法律系主任、副教授；赵玲，中国传媒大学文化产业管理学院。

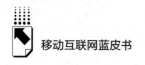

一　2021年移动互联网法规政策概述

（一）法规政策

2021年，移动互联网的法规政策呈现多层级、多主体、多领域的特点。

从政策层面来看，2021年7月，中共中央办公厅、国务院办公厅印发《关于进一步减轻义务教育阶段学生作业负担和校外培训负担的意见》，严格监管在线教育，维护教育正常生态。9月，中共中央宣传部印发《关于开展文娱领域综合治理工作的通知》，针对流量至上、“饭圈”乱象、违法失德等文娱领域的突出问题部署综合治理工作。10月，中央网络安全和信息化委员会办公室（简称“中央网信办”）发布《关于进一步加强娱乐明星网上信息规范相关工作的通知》，规范明星网上行为，打造清朗的文娱生态秩序。

从法律层面来看，2021年6月，《未成年人保护法》生效，揭开未成年人互联网保护新序幕；《著作权法》生效，有利于协调互联网时代作品的保护与网络技术发展的关系；《数据安全法》发布，捍卫我国数字主权，为数字经济的发展保驾护航。8月，《个人信息保护法》发布，作为我国第一部关于个人信息的法律，有利于促进个人数据信息的合理有效利用和自由规范流动。10月，《反垄断法（修正草案）》公开征求意见，旨在维护数字市场经济秩序，打击互联网恶意竞争行为；《反电信网络诈骗法（草案）》公开征求意见，旨在预防、遏制和惩治电信网络诈骗活动。

从行政法规层面来看，2021年8月，国务院发布《关键信息基础设施安全保护条例》，规定国家对关键信息基础设施实行重点保护，采取措施测、防御、处置来源于我国境内外的网络安全风险和威胁，保护关键信息基础设施免受攻击、侵入、干扰和破坏，依法惩治危害关键信息基础设施安全的违法犯罪活动。

从部门规章层面来看，2021年3月，国家市场监督管理总局发布《网络交易监督管理办法》，规范网络交易行为，促进数字经济健康发展。12

月，国家互联网信息办公室（以下简称“国家网信办”）等四部门发布《互联网信息服务算法推荐管理规定》，这是全球首个专门系统规范算法的政府规章，构建起完善的算法安全监管体系。

从规范性文件层面来看，2021 年 1 月，国家网信办发布《互联网用户公众账号信息服务管理规定》，加强互联网用户公共账号的监管，构建健康的网络传播秩序。2 月，国务院反垄断委员会印发《关于平台经济领域的反垄断指南》，明确了平台经济领域反垄断执法的基本原则和分析思路，为平台经济领域经营者依法合规经营提供了明确的指引。4 月，商务部等八部门发布《网络直播营销管理办法（试行）》，规范网络直播市场秩序，维护人民消费权益。9 月，国家网信办等九部门发布《关于加强互联网信息服务算法综合治理的指导意见》，建立健全算法安全治理机制；中国人民银行等十部门发布《关于进一步防范和处置虚拟货币交易炒作风险的通知》，严厉打击虚拟货币相关非法金融活动。11 月，国家市场监督管理总局就《互联网广告管理办法（公开征求意见稿）》公开征求意见，旨在加强互联网领域广告行为的监管，促进互联网广告业持续健康发展。

（二）执法

移动互联网执法环节呈现强监管的特点，多部门开展了专项活动，并成立了新机构。

全国公安机关深入推进“净网 2021”专项行动，持续深化网络违法犯罪打击、网络生态治理和秩序整治。

2021 年 6 月，中央网信办开展“清朗 ·‘饭圈’乱象整治”专项行动，全面清理“饭圈”粉丝互撕谩骂、拉踩引战、挑动对立、恶意营销等各类有害信息，重点打击 5 类“饭圈”乱象行为；10 月，国家网信办开展“清朗 · 互联网用户账号运营乱象专项整治行动”，加强网络账号注册、使用和管理全流程动态监管；12 月，中央网信办开展“清朗 · 打击流量造假、黑公关、网络水军”专项活动，规范网络经济生态和内容生态秩序，保障健康的网络舆论环境。

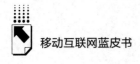

工业和信息化部（简称“工信部”）持续深化 APP 侵害用户权益专项整治行动，完善 APP 治理体系，维护用户合法权益；2021 年 7 月，启动互联网行业专项整治行动，引导国内形成开放互通、安全有序的市场和行业环境。

2021 年 8 月，中共中央宣传部等十部门部署全面深入推进打击新闻敲诈和假新闻专项行动，加强网络传媒监管。

2021 年 11 月，国家反垄断局正式挂牌成立，迈出了我国反垄断执法体制改革的关键一步。

（三）司法

法院和检察院积极探索互联网治理新路径。

2021 年 5 月，最高人民法院发布互联网十大典型案例，释放了加强互联网司法规制的信号；公布《人民法院在线诉讼规则》，推进和规范在线诉讼活动。7 月，公布《关于审理使用人脸识别技术处理个人信息相关民事案件适用法律若干问题的规定》，为人脸识别民事案件审理提供指引。12 月，公布《人民法院在线调解规则》，推进和规范在线调解活动。北京互联网法院积极探索“全流程促进履行机制”，提升互联网领域纠纷裁判的履行效率。

2021 年 4 月，最高人民检察院发布个人信息保护公益诉讼典型案例，持续跟进互联网发展背景下个人信息保护领域严重损害公共利益的突出问题。北京海淀区人民检察院打造“检察官+数据审查员”新型办案模式，为网络犯罪案件探索专业化、技术化的破解路径。

二　2021年移动互联网法规政策的特点

（一）加强数据安全和个人信息保护法治建设

1. 数据安全法及配套立法落地

为了顺应全球数据博弈日趋激烈的国际形势，提升我国数据安全治理能力，实现网络强国和数字中国战略，2021 年 6 月，《数据安全法》发布，围绕数据安全与发展、数据安全制度、数据安全保护义务、政务数据安全与开放等方面回应数据安全保护的政策要求。以《数据安全法》为核心，《关键信息基础设施安全保护条例》《网络安全审查办法》等配套立法应运而生，细化关键信息基础设施保护和网络安全审查完善等内容，进一步强化数据管理要求。数据安全法及配套立法相互衔接，协同推进，打造数据治理的法规政策矩阵，合力捍卫我国数据主权与国家安全，推动数字经济与数字政府的转型，为促进数据开发利用与维护个人、组织合法权益的平衡提供可靠依据。

2. 个人信息保护力度加大

我国正处于全面数字化转型的高质量发展阶段，公民的个人信息权益保护和个人信息处理活动规则亟待落实。2021 年 8 月，我国首部独立的规定个人信息处理规则的《个人信息保护法》公布，回应了“大数据杀熟”、网络平台守门人义务等诸多社会焦点问题。个人信息保护的执法力度加大。“滴滴出行” APP 因严重违法违规收集个人信息被国家网信办通报并强制下架；工信部开展 APP 侵害用户权益专项整治行动，下架了包括“豆瓣” APP 在内的一批存在非法收集用户信息等违法行为的应用程序。此外，最高人民法院发布《关于审理使用人脸识别技术处理个人信息相关民事案件适用法律若干问题的规定》，最高人民检察院发布检察机关个人信息保护公益诉讼典型案例，丰富了个人信息保护的司法规则。个人信息保护呈现多层次、多主体的共治模式，对构建个人信息数字治理新生态具有重要意义。

（二）进一步加强网络信息生态治理

1. 加强算法治理

随着人工智能技术的迅速发展，算法滥用、算法歧视等问题深入生活，影响正常的传播、市场和社会秩序。为了加强互联网信息服务算法综合治理，促进行业健康有序繁荣发展，国家网信办等九部门于 2021 年 9 月发布《关于加强互联网信息服务算法综合治理的指导意见》，国家网信办等四部门于 12 月出台《互联网信息服务算法推荐管理规定》，要求逐步建立治理

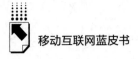

机制健全、监管体系完善、算法生态规范的算法安全综合治理格局，全面规范算法推荐服务。

2. 加强文娱生态治理

移动互联网时代，文娱生态治理呈现新特点。2021 年 9 月，中共中央宣传部印发《关于开展文娱领域综合治理工作的通知》，针对流量至上、“饭圈”乱象、违法失德等文娱领域的突出问题部署综合治理工作。10 月，中央网信办印发《关于进一步加强娱乐明星网上信息规范相关工作的通知》，从内容导向、信息呈现、账号管理、舆情机制等方面规范娱乐明星网上信息；中央网信办开展“清朗 · ‘饭圈’乱象整治”专项行动，打击泛娱乐化倾向、“饭圈”乱象、流量至上、畸形审美等网络问题；中国演出行业协会首次将违法失德艺人纳入网络主播警示名单，禁止其参与网络表演或网络营销等活动。

3. 加强互联网公众账号管理

2021 年 1 月，国家网信办公布《互联网用户公众账号信息服务管理规定》；8 月，中共中央宣传部等部门开展打击新闻敲诈和假新闻专项行动；10 月，国家网信办开展“清朗 · 互联网用户账号运营乱象专项整治行动”等；12 月，中央网信办开展“清朗 · 打击流量造假、黑公关、网络水军”专项活动。从年初到年末，国家通过立法、执法等形式持续加强对互联网公众账号的管理，一是因为互联网公众账号运营深刻影响内容生产和网络舆论，二是互联网公众账号乱象频发，网络水军、恶意营销等不良现象严重破坏社会文明，影响舆论生态。公众账号监管的强信号中呈现以下特点：一是管“号”先管“人”，明确公众账号生产运营者与服务平台责任；二是管“号”要精准，公众账号进行分类注册、生产；三是管“号”要打“假”，打击流量造假等盈利手段。

4. 加强网络诈骗整治

网络诈骗是近几年社会治理的难点、痛点，我国在立法与执法上找准着力点，持续助力网络诈骗的整治。2021 年 10 月，全国人大常委会就《反电信网络诈骗法（草案）》公开向社会征求意见，为反电信网络诈骗工作提供法治保障；公安部开发防诈骗手机 APP“国家反诈中心”，开启以互联网新型侦查手段打击新型电信网络技术犯罪的时代。此外，在司法中对网络诈骗也持零容忍态度，有“小赌王”之称的中国澳门居民周焯华因招揽内地居民进行不法网络赌博被温州市人民检察院逮捕。[①] 这体现了我国整治网络诈骗的鲜明特点：一是从事前、事中、事后全流程监管网络诈骗行为；二是从立法、执法、司法三个层面规范网络秩序，打击网络诈骗现象。

（三）加强对网络相关产业的监管

1. 打破网址屏蔽壁垒，加强互联互通

为了回应互联网诞生之初秉持的开放共享理念，为互联网创新注入活力，让用户享受到互联互通的福利，2021 年监管机构持续发力。国家市场监督管理总局等三部门召开平台企业行政指导会，强调应“严防网络平台企业实施系统封闭行为，确保生态开放共享”；工信部召开“屏蔽网址链接问题行政指导会”，启动为期半年的互联网行业专项整治行动，聚焦屏蔽网址链接问题。在严格的监管要求下，腾讯、字节跳动、阿里巴巴等企业均做出积极回应，各大平台的互联互通取得一定进展。

2. 加强对网络直播行业的监管

网络直播跨行业、跨领域的产业结构使治理突破传统管理框架，政府、行业协会、平台协同共治成为常态。[②] 在规范直播行为方面，2021 年，国家网信办等部门发布《关于加强网络直播规范管理工作的指导意见》《网络直播营销管理办法（试行）》；在落实直播平台责任方面，国家网信办发布《关于进一步压实网站平台信息内容管理主体责任的意见》；在直播行业自律方面，中国演出行业协会公布包括“郭老师”“铁山靠”在内的第九批网络主播警示名单。

---

① 《“小赌王”周焯华被捕，涉及哪些罪责?》，澎湃新闻网，https：//m. thepaper. cn/baijiahao_15683231。

② 李梦琳：《论网络直播平台的监管机制——以看门人理论的新发展为视角》，《行政法学研究》2019 年第 4 期。

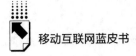

此外，直播税收受到强监管。2021年9月，国家税务总局发布通知，加强文娱从业人员税收管理，陆续处罚了林珊珊、雪梨、薇娅等知名主播偷逃巨额税款的行为。内容低俗、虚假宣传、逃税漏税等直播“灰色地带”逐渐暴露在阳光之下，网络直播行业踏上健康发展之路。

3. 加强对 MCN 机构的监管

MCN（多频道网络）① 机构已经成为连接主播和平台的重要环节。2021年，文旅部印发旨在加强 MCN 机构建设和管理、规范互联网经纪行为的《网络表演经纪机构管理办法》《演出经纪人员管理办法》等文件，确定 MCN 机构的互联网责任，明晰其与相关主体的关系。针对签约人员，一是 MCN 机构要核实签约人员身份，二是要管理并引导其遵守互联网秩序，三是要加强对签约人员的培训，避免产出低俗内容，清朗网络环境；针对网络平台，规定平台作为内容传播的服务方，与 MCN 机构一同对签约人员的违法违规行为负责。2021年9月，中国演出行业协会发布《关于加强演艺人员经纪机构自律管理的公告》，强调经纪机构应开展自查自律，否则将会受到行业自律惩戒。

4. 对在线教育严格监管

为了建设高质量教育体系，强化学校教育主阵地作用，深化校外培训机构治理，有效缓解家长焦虑情绪，促进学生全面发展、健康成长，2021年7月，中共中央办公厅、国务院办公厅印发《关于进一步减轻义务教育阶段学生作业负担和校外培训负担的意见》，规制校外在线教育机构的违法违规行为；6月1日起施行的新修改的《未成年人保护法》规定，以未成年人为服务对象的在线教育中不得插入网络游戏链接，不得推送广告等与教学无关的信息。

5. 加强对虚拟货币的监管

近年来，虚拟货币交易炒作活动抬头，扰乱经济金融秩序，滋生赌博、非法集资、诈骗、传销、洗钱等违法犯罪活动，严重危害人民群众财产安全。

---

① 可提供受众群体拓展、内容编排、数字版权管理、获利或销售等服务，保障内容持续输出，最终实现商业的稳定变现。

为进一步防范和处置虚拟货币交易炒作风险，切实维护国家安全和社会稳定，我国对虚拟货币的监管更加严格，体现在五个方面：一是《关于进一步防范和处置虚拟货币交易炒作风险的通知》中增加最高法、最高检、公安部作为发布主体，发出对虚拟货币规制的司法信号；二是多层次监管，构建从中央到地方的分级治理模式；三是多领域监管，从互联网内容、广告管理等领域介入，实现精准打击；四是打击范围广，交易所、OTC（场外交易市场）①、做市商、境外向境内提供交易都属于非法金融活动打击范围；五是《国家发展改革委等部门关于整治虚拟货币“挖矿”活动的通知》将虚拟货币“挖矿”活动列为淘汰类产业，从而推进节能减排，助力如期实现碳达峰、碳中和目标。

6. 加强对互联网广告的监管

为进一步完善互联网广告监管制度，增强互联网广告监管的科学性、有效性，促进互联网广告业持续健康发展，2021 年 11 月，国家市场监督管理总局发布《互联网广告管理办法（公开征求意见稿）》公开征求意见，规定了“一键关闭”和“发送同意”规则、互联网信息服务提供者的行为模式与责任义务、互联网广告的范围、网络直播主体在广告中的义务等亮点内容，是对《广告法》《电子商务法》等在互联网广告方面的规则细化。尽管仍处于公开征求意见的阶段，但该办法对完善互联网广告监管制度，增强互联网广告治理的系统性、科学性具有重要意义。

互联网广告监管成果显著。加拿大鹅网店虚假宣传被上海市黄浦区市监局处罚 45 万元；三只松鼠广告因使用红领巾元素被芜湖市少工委函告，塑造不当模特形象引发社会争议。一批典型案例反映了我国加强互联网领域广告治理的决心。②

（四）加强对特殊群体的权益保障

1. 加强对网络新业态从业人员的保障

线上购物平台等新业态的诞生催生了外卖员、快递员等从业人员，网络

① 通过大量分散的证券经营机构的证券柜台和主要电信设施买卖证券而形成的市场。

② 《加拿大鹅被罚 45 万！处罚决定书热搜第一，堪称羽绒服购买指南》，光明网，https：//m. gmw. cn/baijia/2021-11/26/1302695884. html；《三只松鼠又道歉！因 3 年前广告海报使用红领巾图案》，澎湃新闻网，https：//m. thepaper. cn/baijiahao_ 16138531。

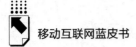

新业态从业人员的权益问题也引起社会热议。2021 年 7 月，国家市场监督管理总局等七部门印发《关于落实网络餐饮平台责任切实维护外卖送餐员权益的指导意见》，从劳动收入、考核制度、派单机制等方面保障外卖员工作权益；12 月，全国人大常委会公布修订后的《工会法》，从工会救济角度明确新就业形态劳动者参加和组织工会的权利；《关于加强互联网信息服务算法综合治理的指导意见》和《互联网信息服务算法推荐管理规定》中也从算法治理角度保障劳动者免受算法偏见、算法滥用的负面影响。

2. 对特殊群体的保护力度加大

我国不断完善未成年人、老年人、残疾人等特殊群体的网络权益保障。

对未成年人的保护，是一项长期性、系统性的工作。[①] 2021 年《未成年人保护法》生效，除了在社会保护、司法保护等章节体现网络保护外，还设置“网络保护”专章。此后，《关于进一步严格管理切实防止未成年人沉迷网络游戏的通知》《关于加强网络文化市场未成年人保护工作的意见》《未成年人节目管理规定》等文件，对未成年人在游戏、电视节目、网络环境等方面的保护进一步做出细化完善的规定。

互联网的发展扩大了“知识鸿沟”，老年人因缺乏对现代科技的掌控力、适应力而在信息接入、使用、知识等方面屡屡碰壁。[②] 为了解决老年人的数字困境，国务院在 2021 年政府工作报告中回应老年人数字需求，工信部发布《关于印发互联网应用适老化及无障碍改造专项行动方案的通知》等相关文件，回应老年人使用互联网网站、移动手机应用等面临的难题。

在对残疾人的保护方面，从阅读到专利，提高无障碍化的普及率。全国人大常委会于 2021 年 10 月批准了《马拉喀什条约》，一方面扩大了受益人的范围，明确受益人不仅包括盲人还包括更广义的视力障碍者和其他印刷品阅读障碍者；另一方面扩大了无障碍格式版的范围，充分保障受益人可获取

① 牛凯、张洁、韩鹏：《论我国未成年人网络保护的加强与改进》，《青少年犯罪问题》2016 年第 2 期。

② 黄晨熹：《老年数字鸿沟的现状、挑战及对策》，《人民论坛》2020 年第 29 期。

的作品资源。阿里巴巴、蚂蚁集团等企业共同发起成立“信息无障碍技术和知识产权开放工作组”，宣布将向社会免费开放信息无障碍技术专利，首批开放28件。[①]

（五）网络知识产权保护呈现新特点

1.短视频版权治理成为关注热点

短视频中对长视频进行切条、搬运现象日渐普遍，对长视频著作权人的利益造成了巨大冲击。2021年4月，70多家影视机构和500多名艺人发布联合抵制短视频侵权行为的倡议，长短视频版权争议爆发。中宣部版权管理局和国家电影局表示要加大对短视频领域侵权行为的打击力度，探索建立影视产业链各方版权保护和利益分享机制，并将短视频版权治理列入“剑网2021”专项行动中。截至2021年9月，各级版权执法监管部门推动网络视频、网络直播等相关网络服务商清理各类侵权链接846.75万条。[②] 12月，中国网络视听节目服务协会发布《网络短视频内容审核标准细则（2021）》，规定短视频不得“未经授权自行剪切、改编电影、电视剧、网络影视剧等各类视听节目及片段”，保护长视频版权人权益，打击短视频侵权行为。加强短视频版权的治理对规范短视频内容，更好地发挥短视频在作品宣传、评论等方面的积极作用有深刻意义。[③]

2.新类型案件确立规则

2021年网络知识产权治理硕果累累，互联网时代带来的新问题在实务中得到回应，确立了若干新类型案件规则。虎牙诉斗鱼电竞直播著作权侵权及不正当竞争一案确定电竞赛事直播画面属于作品，为电竞赛事衍生的IP开发、二次创作等问题提供指引；深圳脸萌公司、北京微播视界与杭州某科

---

① 《七家互联网企业成立“信息无障碍技术和知识产权开放工作组”》，人民网，http：//sh.people.com.cn/n2/2021/1109/c134768-34997482.html。

② 《剑网2021专项行动取得阶段性成效》，新华网，http：//www.xinhuanet.com/politics/2021-09/28/c_1127912191.htm。

③ 董天策、邵铄岚：《关于平衡保护二次创作和著作权的思考——从电影解说短视频博主谷阿莫被告侵权案谈起》，《出版发行研究》2018年第10期。

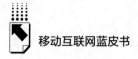

技公司等著作权侵权纠纷案首次确定短视频模板构成类电作品，在保护知识产权与促进创新之间寻求平衡。这些新类型案件规则的确立丰富了网络知识产权治理的内涵，为新问题的解决提供了指引。

（六）加强互联网反垄断监管

互联网的发展伴随着经济红利的机遇，也面临着资本无序扩张的危机，数据、流量等新竞争的挑战。[①] 在互联网反垄断监管方面，我国在设计完善顶层制度的同时，反垄断的执法监管也如火如荼。

1. 反垄断立法完善

在中央层面，全国人大常委会对《反垄断法（修正草案）》进行了审议；国务院反垄断委员会发布《关于平台经济领域的反垄断指南》；国家市场监管总局起草《禁止网络不正当竞争行为规定（公开征求意见稿）》《互联网平台分类分级指南（征求意见稿）》《互联网平台落实主体责任指南（征求意见稿）》。在地方层面，天津、江苏和陕西等出台地方性反垄断指南。从中央到地方，从上位法到实施细则，不断优化我国反垄断立法的层级配置与衔接。

2. 反垄断执法力度加大

2021 年我国明确设置反垄断主管部门，对互联网巨头连开反垄断罚单，态度果决严厉，呈现穿透式、多元化监管的特点。[②] 一方面，为了贯彻中央的反垄断和反不正当竞争工作要求，国家反垄断局正式挂牌成立。另一方面，反垄断执法聚焦“二选一”与经营者集中等违法行为，国家市场监督管理总局对阿里巴巴集团涉及“二选一”行为，处以 182.28 亿元的罚款；对美团“二选一”行为处以 34.42 亿元罚款；叫停虎牙、斗鱼的合并，对包括腾讯在内的多家平台巨头开出违法实施经营者集中行政处罚罚单。

---

① 于凤霞：《平台经济》，电子工业出版社，2020，第 40~64 页。
② 叶林、吴烨：《金融市场的“穿透式”监管论纲》，《法学》2017 年第 12 期。

三　移动互联网法规政策趋势展望

（一）继续探索数字经济监管新模式

2022 年，习近平总书记在中央政治局第三十四次集体学习时指出，发展数字经济要完善数字经济治理体系，规范数字经济的发展。[①] 近年来，物联网、区块链、人工智能、虚拟现实（VR）等技术催生若干新业态，其中“元宇宙”引起巨大关注，但其仍处于“亚健康”状态，未来可能面临数字安全、舆论泡沫、资本操纵等风险。[②]

对于新业态新技术，我国相应的立法和执法需不断跟进，2021 年个人信息保护、数据安全、反垄断等领域监管力度空前，但系列措施的具体落地效果有待观察和评估。监管应注意区分商业模式创新、正常竞争策略与违法不当经营的边界，[③] 推动传统监管模式转型，探索包容审慎监管与维护国家数字安全的新模式。

（二）知识产权保护进一步强化，平台责任规则更加明晰

互联网时代将知识产权的外延不断扩大，大数据、人工智能、区块链、基因技术等新领域新业态知识产权保护规则将进一步落实，知识产权市场化运营机制政策、运营交易规则也将进一步完善。[④] 冲突激烈的长短视频间应

---

① 《不断做强做优做大我国数字经济》，求是网，2021 年 1 月 15 日，http：//www.qstheory.cn/dukan/qs/2022-01/15/c_ 1128261632.htm。

② 《2020-2021 中国元宇宙产业白皮书》，中国市场信息调查业协会官网，2021 年 12 月 30 日，http：//www.camir.org/2021/12/29/%e3%80%8a2020-2021%e4%b8%ad%e5%9b%bd%e5%85%83%e5%ae%87%e5%ae%99%e4%ba%a7%e4%b8%9a%e7%99%bd%e7%9a%ae%e4%b9%a6%e3%80%8b%e6%ad%a3%e5%bc%8f%e5%8f%91%e5%b8%83/。

③ 戚聿东、杨东、李勇坚等：《平台经济领域监管问题研讨》，《国际经济评论》2021 年第 3 期。

④ 《国家知识产权强国建设纲要和“十四五”规划实施年度推进计划》，国家知识产权局官网，2022 年 1 月 5 日，https：//www.cnipa.gov.cn/art/2022/1/7/art_ 53_ 172644.html。

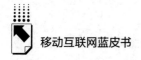

搭建合理的授权机制，实现双方共赢；知识产权侵权行为打击力度持续加大，适用惩罚性赔偿的司法实践将迎来春天；互联网平台作为网络知识产权发展的主要阵地，平台责任的边界还将进一步明确。

（三）反垄断和不正当竞争进一步加强，互联互通成为大趋势

对于垄断和不正当竞争行为，主管部门未来将落实全流程监管，推动监管由事后向事前、事中延伸，[①] 加速《反垄断法》的出台，建立健全互联网市场竞争规范的顶层制度框架，完善市场竞争状况评估制度，推动构建风险监测预警体系。执法将更加常态化，明确强制下架、断开链接等新型监管手段的法律性质、效力和救济手段，[②] 积极应对未来可能出现的算法共谋、轴辐协议、“大数据杀熟”等新型案例。

随着政策逐渐明朗、监管要求逐渐明确，我国的互联网发展必将打破网址屏蔽壁垒，走向互联互通。各互联网主体应主动拆除“围墙花园”，[③] 拥抱互联网开放共享、包容合作的新态势，激发新的创新活力。

（四）加强多方共治，打造清朗网络生态

互联网时代使国家与社会、政府与公民、国家机构与非国家机构产生新的良性互动，扁平化的工作模式逐渐取代立体化、中心化的工作模式，[④] 非政府主体成为互联网建设中不可或缺的一部分。打造清朗的网络生态需要政府、行业协会、互联网平台、MCN 机构、网民等主体共同发力。政府应完善相关规则，明确监管标准，探索长效监管机制；行业协会应完善自律规

① 《南财发布〈互联网反垄断与投资影响报告 2021〉》，21 世纪经济报道网，2022 年 1 月 21 日，http：//www.21jingji.com/article/20220121/herald/607fccbcfd50453c0220e1413d1dccfc.html。

② 张凌寒：《平台“穿透式监管”的理据及限度》，《法律科学》（西北政法大学学报）2022 年第 1 期。

③ 蔡润芳：《“围墙花园”之困：论平台媒介的“二重性”及其范式演进》，《新闻大学》2021 年第 7 期。

④ 王名、蔡志鸿、王春婷：《社会共治：多元主体共同治理的实践探索与制度创新》，《中国行政管理》2014 年第 12 期。

范，制定奖惩细则；互联网平台应把控平台生态，切实履行平台社会责任；MCN 机构应依法管理和引导签约人员行为；网民应增强互联网法治意识和道德素养，依法解决纠纷和维护权益。各主体各司其职，共同构建法治和自治相互融合的开放系统。

参考文献

李梦琳：《论网络直播平台的监管机制——以看门人理论的新发展为视角》，《行政法学研究》2019 年第 4 期。

黄晨熹：《老年数字鸿沟的现状、挑战及对策》，《人民论坛》2020 年第 29 期。

戚聿东、杨东、李勇坚、陈永伟、崔书锋、金善明、刘航：《平台经济领域监管问题研讨》，《国际经济评论》2021 年第 3 期。

张凌寒：《平台"穿透式监管"的理据及限度》，《法律科学》（西北政法大学学报）2022 年第 1 期。

王名、蔡志鸿、王春婷：《社会共治：多元主体共同治理的实践探索与制度创新》，《中国行政管理》2014 年第 12 期。

B.3
移动互联网推动实现农村共同富裕

郭顺义*

摘　要： 共同富裕是当前农业农村发展的主题。移动互联网融合其他新一代信息技术，深度应用于农业生产全过程，能够有效促进农业提质增效降本，提高农民经营性收入。基于互联网的新业态新模式不断创新发展，创造更多就业机会，提高农民工资性收入。互联网拓展农村要素市场，激活土地、农房等要素资源价值，提升农民财产性收入。在利用移动互联网促进农民增收的同时，要注意防范各类风险，着力提升农民的数字素养，优化数字基础设施，不断推动农产品的标准化、品牌化。

关键词： 移动互联网　共同富裕　数字素养　农业农村

在全面建成小康社会后，中国开始发力“共同富裕”。促进共同富裕，最艰巨最繁重的任务在农村。充分发挥移动互联网的优势，推动农业生产模式和农民生活方式的根本性变革，有利于进一步缩小城乡收入差距，让广大农民在共同富裕的道路上不断增加获得感、幸福感。

* 郭顺义，中国信息通信研究院产业与规划研究所主任，高级工程师，研究领域为信息通信发展规划、网络扶贫、数字乡村等。

一　农村共同富裕的背景

（一）共同富裕的内涵

习近平总书记指出，共同富裕是全体人民共同富裕，是人民群众物质生活和精神生活都富裕，不是少数人的富裕，也不是整齐划一的平均主义。共同富裕的内涵可以从三个层面来理解。

首先，共同富裕是全体人民的富裕，强调的是“地不分南北，人不分老幼”，是让全体人民都能过上幸福、美满的生活，不让一个人掉队，也不让一个区域落下。

其次，共同富裕是精神和物质层面的双富裕，既要“富口袋”又要“富脑袋”。要在缩小城乡、区域、居民收入差距，提高城乡居民收入的同时，满足人民群众多样化、多层次、多方面的精神文化需求。精神富裕以物质富裕为基础，物质富裕要以精神富裕为依托。

最后，共同富裕是先富带动后富。由于历史原因和资源分布不均匀，以及各生产单位和劳动者之间内部条件与外部条件存在差异，一些地区和群体在收入获取方面具有优势，成为先富起来的那一部分。实现共同富裕是一个长期的过程，要通过让一部分地区、一部分人先富起来，以先富带动后富、先富帮助后富的方式来逐步实现。

（二）农村是实现共同富裕的短板

经过几十年的发展，我国农业农村取得了长足进步。特别是党的十八大以来，解决好“三农”问题已经成为党和国家的工作重心，农业农村发展取得了历史性成就。粮食生产连年丰收，实现历史性的“十七连丰”。我国农民人均收入也有了大幅提升，农民生活水平得到极大提高，农业现代化水平快速提高。

但是，与城市地区相比，农村居民的收入水平仍然较低，城乡之间的差距还很明显。近几年，我国城乡居民的可支配收入实现了较为快速的增长。2017~2021 年，全国居民人均可支配收入从 25974 元增加到 35128 元，增长 35.2%。其中城镇居民人均可支配收入从 36396 元增加到 47412 元，增长 30.3%；农村居民人均可支配收入从 13432 元增加到 18931 元，增长 40.9%。[①] 农村居民人均可支配收入增速快于城镇居民，城乡收入比值在逐年缩小，从 2017 年的 2.7∶1 下降到 2021 年的 2.5∶1。但是，这个比例还是高于改革开放之初的水平，1985 年城乡收入比值为 1.86∶1。从收入差值来看，城乡之间可支配收入绝对值的差距逐年拉大，由 2017 年的 22964 元扩大到 2021 年的 28481 元。

二　移动互联网助力实现农业农村共同富裕

我国城乡收入差距的成因比较复杂，既有历史原因，也有农业产业附加值低、农民信息闭塞等原因。要提升农民的收入，主要是提高农民的经营性收入、工资性收入和财产性收入。移动互联网融入农业生产、流通、消费等各个环节，可以有效提升农业产业价值，实现降本增效，充分激活农村要素资源，全面提升农民收入水平，丰富农村居民的文化生活。

（一）助力农业产业提质增效

移动互联网与多种信息技术相互融合，在大田种植、园艺作业、畜禽养殖、水产养殖、设施农业等农业生产领域渗透应用，能够有效提升农产品价值和生产效率。

移动互联网促进农产品价值提升。首先是促进农产品品质提升。通过农作物土壤墒情、酸碱度和农业大棚温湿度、光照等方面的监测和控制，可以按照用户订单要求，生产不同甜度、口感的农产品，产品品质提高了，价格

① 光明网，https：//m.gmw.cn/baijia/2022－01/17/1302766678.html，2022 年 1 月 17 日；央广网，https：//baijiahao.baidu.com/s？id＝1589916147034673374&wfr＝spider&for＝pc，2018 年 1 月 18 日。

也就相应走高。例如浙江象山的“红美人”柑橘、新疆阿克苏的冰糖心苹果，借助精准农业种植配合互联网品牌营销，从普通水果变身为高档消费品。其次是促进农产品附加值提升。消费者普遍重视食品安全，愿意为安全、有机、绿色的农产品买单。移动互联网与区块链等技术结合，使农产品溯源成为农业信息化领域最广泛的应用。借助二维码、无线射频识别（RFID）等手段，消费者可以看到农产品的成长轨迹，愿意为这样的产品支付溢价。

移动互联网等信息技术应用大幅提升农业生产效率。移动互联网作为网络承载层，承载着农业物联网。通过农业物联网，农户可以对作物种植环境、长势等进行监控，通过远程监测作物水分、土壤、空气等环境参数，实现自动现场控制，确保作物始终处于适宜的生长环境，大幅提高农作物产量。例如，通过测土配方施肥等方式实现精准施肥，可以提高5%~20%的作物产量，大大提高农产品产量。

（二）助力增加农民工资性收入

农民总收入中工资性收入占比超过四成，增加工资性收入是农民过上幸福生活的关键。近几年我国消费互联网发展迅速，网络购物、订餐等方式带来大量的快递员、外卖员等就业机会。农民已经成为我国外卖和快递等行业的主力军，对于增加收入起到了关键性作用。美团调查报告显示，2020年有471.7万骑手在美团平台获得收入，其中77%的骑手来自农村。[①] 农民从事互联网相关行业获取收入高于打工平均收入。国家统计局发布的数据显示，2020年农民工月均收入为4072元。[②] 从美团研究院问卷调查结果看，全国外卖骑手的月均收入为4950元，其中专送骑手月均收入为5887元，二者都高于全国农民工月均收入。

① 美团研究院：《骑手职业特征与工作满意度影响因素分析》，2021年7月。

② 国家统计局：《2020年农民工监测调查报告》，2021年4月。

（三）助力农村新业态发展

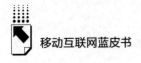

农产品网络销售成为农民增收的首选。据推算，农产品整个价值链条上，农民和农场的投入大约占到总投入的55%，但是在农产品增值环节他们只得到22%的收益。[①] 流通环节过于冗长复杂，成为农民增收的桎梏。而互联网是优化农产品流通环节的最佳手段。近些年，随着农村电商平台发展和物流基础设施的逐步完善，产地直采等农村电商新形式大大促进了农产品上行，为农村居民增收提供了有力保障。根据商务部统计，2021 年我国农产品网络零售额达到 4221 亿元，同比增长 2.8%。[②]

移动互联网在乡村旅游、观光农业、认养农业等领域得到普及应用，为农村新业态发展注入活力。一方面，通过网络扩大了这些新业态的品牌传播和营销范围，让更多的人了解这些新玩法。另一方面，可以通过网络将卖产品和产品的生产过程结合起来，提高客户的消费黏性和产品价值。例如在认养农业方面通过视频监控手段使认养客户随时查看认养作物、畜禽的生长状况，通过拓展体验经济来提升价值。

（四）助力激活农村要素资源

城乡收入差距大的一个原因是农民缺少财产性收入，当前，农民财产性收入仅占总收入的3%左右。土地和农房是农民最重要的资产，但是这些资产的财产功能还没有有效发挥，大部分处于沉睡状态。移动互联网可以为激活土地、农房等要素资源提供重要平台，拓宽资源要素流通渠道，帮助农民通过网络流转土地、出租房屋，获取财产性收入。例如，成都市龙泉驿区发展“数字农交”模式，通过高清影像多维度、可视化呈现农村产权信息数据及周边地理环境，通过“数字农交”掌上看地小程序，农村产权项目可以实现在线实景踏勘、线上报名、网络电子竞价等，推动农村资源要素在交

① 《数字农业时代来了》，《天下网上》2021 年 2 月增刊。

② 商务部例行新闻发布会，2022 年 1 月 27 日。

易市场的自由流动。

互联网特有的创业创新方式有效激活了农村人力资源要素。近些年，许多大学生、农民工积极返乡创业，他们一般都具有较高的数字素养，愿意主动接受新鲜事物。通过电商直播、共享农场等，这些“新农人”向外部积极推销农产品，带动农村居民收入增加。据统计，到“十三五”期末，我国返乡入乡创业人员达到1010万人①，农业农村部监测数据显示，有超过50%的返乡创业人员从事与互联网相关的行业。

（五）助力降低农民生产生活成本

移动互联网大幅降低农业生产成本。借助4G/5G网络连接各类智能传感器和控制设备，采用无人机植保等方式开展精准施药，可以大幅减少农药使用量。据大疆无人机实验统计，与传统喷药方式相比，使用无人机植保可以减少农药使用20%~30%。既降低用药成本，减少了农药残留，也减少了对操作人员的人身伤害。从长远看，农药减量使用有利于保护耕地，也减少了未来治理污染的成本。对农业设施进行联网控制，还可以大幅节约人力成本。在采用移动互联网技术的智慧大棚中，农民利用简单的按键操作就能遥控大棚升降棉被，实现自动浇水、施肥。传统的温室大棚管理模式一般需要2~3个人管理1个大棚，而采用智慧大棚模式，1个人可以管理2~3个棚。

移动互联网大幅降低农村居民生活成本。在传统的农村市场中，商贸流通体系比较落后，工业品需要通过层层批发方式进入农村市场，限制了优质工业品在农村的铺货范围。由于流通环节的层层加价，农村地区往往要以更高的价格买到与城市地区相同品质的工业品。借助移动互联网承载的农村电商渠道，农民可以直接网购各类工业品，在增加消费选择的同时也大幅降低了生活成本。根据商务部统计，2021年我国农村网络零售额达2.05万亿元，比上年增长11.3%，② 农村居民越来越习惯从网络上购买各类商品。

---

① 《“十四五”农业农村人才队伍建设发展规划》，2022年1月25日。

② 商务部例行新闻发布会，2022年1月27日。

（六）助力丰富农民文化生活

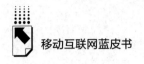

与城镇地区相比，我国农村地区的文化生活单一，文化建设还比较薄弱。移动互联网为丰富农村居民精神文化生活提供了新手段。首先是打破以往相对封闭的传播模式，扩展了农村居民获取文化资源的范围和渠道。过去难以在农村地区接触到的各类文化产品，现可通过互联网源源不断地输送过来，极大丰富了农村居民的精神生活。其次是改变了农村居民参与文化活动的方式，使之由被动接受变为主动参与。农村居民通过拍摄短视频、开直播的方式展现农村传统文化和风土人情，有效传播了我国优秀的传统文化，大大提升了农村居民文化的繁荣度和参与度。

三　移动互联网推动农村共同富裕过程中要注意的问题

（一）避免产生新的收入鸿沟

移动互联网的扁平化特征为农村居民带来销售农产品和购买工业品的便利。但是需要注意的是，移动互联网还有“赢者通吃”的游戏规则，这会打破农产品原有的市场结构，在一段时间内影响本地品种农产品的销售。笔者在调研中发现，由于网购逐渐普及，一些地方的本地优良品种农作物逐渐被其他地区大宗农产品所取代。例如在贵州，过去本地大米主要在当地销售。由于本地大米品种属于小规模种植，与东北地区的大规模机械化作业相比成本较高。当本地消费者可以通过互联网购买到更便宜的商品时，本地大米就出现销售不畅的情况。移动互联网也是一把“双刃剑”，在带来更多便利和实惠的同时，也带来市场结构的变化。互联网平台上一家独大的市场结构会冲击到原有的农村本地分层市场结构，如果处理不当，可能会引起一部分农户的收入损失。

（二）注意防范各类网络风险

水能载舟亦能覆舟，移动互联网在助力农民增收的同时，也会带来一些安全风险。我国农村留守老人、妇女、儿童多，他们大多缺乏安全防范意识，对于假种子、假农药、假冒伪劣产品等网络虚假信息的辨别能力不足，容易被虚假信息所蒙骗，遭受财产损失。农村地区信息较为闭塞，“三留守”人员对购物诈骗、中奖诈骗等网络诈骗惯用伎俩了解较少，比较容易上当受骗。聚众赌博曾经是农村的顽疾，每到春节假期，因赌博输掉辛苦一年打工钱的新闻不时见诸报端。随着农村智能手机的逐渐普及，网络赌博成为掏空农民家底的罪魁祸首，与以往的聚众打牌、打麻将相比，网络赌博隐蔽性强、金额大，对农民的生活影响越来越大。移动互联网为农村带来丰富的网络文化生活，需要警惕的是，一些封建迷信、攀比低俗、非法宗教等消极文化也可能会借助网络在农村地区蔓延，污染农民的精神世界。这些风险伴随移动互联网在农村的普及而来，如果不加控制，将会严重影响农村实现共同富裕进程。

（三）探索形成持续增收模式

农村实现共同富裕是一个长期的过程，运动式的发展难以形成持久生命力。要用移动互联网等新一代信息技术彻底改变农村落后的生产方式，结合地方特有的资源禀赋和人才优势，探索具有特色、长期有效的发展模式。近年来，直播电商比较火爆，各地纷纷以直播方式推销农产品。但是由于缺乏特色，直播电商的同质化越发严重，很多地方在热度消退以后难以持续性发展。造成这些问题的根源在于没有找到可持续的商业模式。建立本地可持续的发展模式，关键还在于将移动互联网与本地产业相结合，聚焦优势产业，实现生产、运输、销售全产业链的数字化改造，为产业发展充分赋能，形成持续的增收能力。

（四）激发农民主体内生动力

乡村振兴的主体是农民，实现共同富裕的关键在于激发农民的内生动力，形成一种自我造血能力。首先是促使农民在思想上形成致富主体意识，树立正确的劳动观念，克服依赖心理和攀比心态。其次是要让农民成为受益主体，从根本上调动农民借助互联网发展乡村产业的积极性。例如，在农村电商发展过程中，特别是电商品牌建设和经营中，要建立利益联结机制，注意调和规模化、组织化经营与小农户自身利益之间的矛盾，提升农户参与电商的积极性。

四　深入推动移动互联网应用促进共同富裕的建议

（一）提升农民数字素养和技能

我国农村居民的数字素养不高、技能不足，成为制约农民利用移动互联网实现增收的主要因素。中国社会科学院的一项调查显示，数字素养城乡发展不均衡的问题非常突出。城市居民数字素养平均得分为 56.3，农村居民平均得分仅有 35.1，比城市居民平均得分低了 37.5%。值得注意的是，农村居民使用手机等智能终端主要是为了娱乐，真正把它作为新农具的人还不多。调查显示，35.8%的农村居民使用智能手机仅为进行娱乐消遣活动，32.9%的农村居民认为手机或电脑的应用对个人就业/创业及收入提升“没有起到任何作用”。[①] 提升农村居民的数字素养是推动数字乡村长久发展的重要基础，要从以下两个方面同时发力。

一要加大数字技能培训力度。调动社会各界的积极性，广泛开展农村居民的信息技能培训。加大对村支部书记等农村基层干部培训力度，发挥第一书记、驻村工作队人员、科技特派员等的主体作用，带动本地居民提升信息技能水平。更好地发挥返乡创业大学生、农民工的作用，让这些“新农人”在返乡创业过程中，注意培训左邻右舍的数字使用技能，在把家乡产业发展起来的同时，带动农村居民数字素养和技能的整体提升。

二是开发易用好用的终端和互联网应用。要鼓励软硬件企业面向农村地

① 中国社会科学院信息化研究中心：《乡村振兴战略背景下中国乡村数字素养调查分析报告》，2021 年 3 月 11 日。

区的居民需求和技能水平，开发和推广功能简单、易于学习的智能终端和互联网应用产品。对于那些与农业生产息息相关的信息服务应用产品，需要简化不必要的功能，让使用者容易上手、易于掌握。面向农村的老年人和残疾人还需要提供更多适老化、无障碍化的终端和互联网应用，让数字技术为他们增加便利。

（二）优化完善农村地区网络基础设施

网络基础设施是农村居民充分利用移动互联网增收致富的数字底座。近年来，随着“宽带中国”战略深入实施和电信普遍服务试点的逐步深入，我国乡村网络基础设施不断完善，通信服务水平大幅提升。截至 2021 年 11 月，现有行政村已全面实现“村村通宽带”，全国行政村通 4G 比例超过 99%，农村和偏远地区通信基础设施水平显著提升。截至 2021 年 12 月，我国农村网民规模接近 3 亿人，农村地区互联网普及率达 57.6%。[①] 但是，我国乡村网络基础设施发展仍然不平衡不充分，东、中、西部的网络覆盖水平和服务质量还有较大差距，偏远地区、自然村仍存在覆盖盲点，服务应用质量有待提升。

要加大对农村地区特别是偏远农村地区信息基础设施的支持力度。持续做好电信普遍服务工作，进一步夯实宽带网络覆盖深度和广度，优化提升农村宽带网络和 4G 网络质量。按照先进适用、按需建设的原则，逐步推动 5G 网络向乡村地区延伸。在一些偏远地区，积极采用微波、卫星等多种手段，重点提升农村学校、基层卫生院的网络接入能力。同步推进农村地区公路、物流、水利、电力等传统基础设施的优化升级，为上游的智慧农业发展提供坚实基础。

（三）推动农产品标准化、品牌化

近几年我国的农村电商发展比较快，农产品上行数量逐年增加。但是，

① 《第 49 次〈中国互联网络发展状况统计报告〉》，2022 年 2 月 25 日。

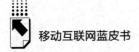

我国大部分地区农产品生产规模小、生产个体多，缺乏生产标准化应有的规模基础和大规模生产规范化管理的必要条件。我国农产品品牌少、发展缓慢、科技含量低，在提升产品价值方面也存在较大不足。特别是中西部地区，“一家一户”的生产方式与电商平台的规模化经营产生了冲突。近几年，一些地方政府与互联网公司合作为本地农产品引流，但是在需求激增的情况下，出现了供货跟不上、发货不及时等问题，反而损害了地方农产品的品牌。而东部一些地区采取工厂化的农产品生产方式，保证产品稳定的品质和产量，逐渐在电商平台上形成较好的品牌形象。

未来农村电商要取得更大的发展，必须着力强化农产品的标准化。要构建农产品标准化体系，构建以国家标准为基础，行业标准、地方标准和企业标准相配套的产前、产中、产后全过程标准体系。农产品标准还要适时进行修订，确保标准的先进性、适用性和有效性。要加强农产品标准的推广与应用，推动标准入户，引导农民自觉从事标准化生产。例如，云南西双版纳仓地甜糯合作社，建立玉米甜糯比的行业标准，引导农民按订单、按标准生产，年销售额已经突破千万元。

（四）持续开展网络帮扶

共同富裕是全体人民的富裕，一个都不能少。实现农业农村共同富裕，已脱贫地区和脱贫户是短板中的短板，需要重点进行帮扶。2020 年我国取得了脱贫攻坚历史性的胜利，移动互联网在助力我国脱贫攻坚取得成功过程中发挥了巨大的作用，借助网络扶贫的“五大工程”，许多贫困县和建档立卡贫困户摆脱了贫困状态。但是脱贫地区和已脱贫的建档立卡户收入还不稳固，很容易重新陷入贫困。因此，国家在接续推进乡村振兴的同时，要求巩固拓展脱贫攻坚成果。要延续在网络扶贫过程中形成的各种扶贫政策和模式，重点关注脱贫不稳定户、边缘易致贫户，以及因刚性支出较大或收入大幅缩减基本生活严重困难户。持续通过网络扶智，着力提升这部分人群的内生动力和自我发展能力。

参考文献

厉以宁：《共同富裕：科学内涵与实现路径》，中信出版社，2022。

霍学喜、阮俊虎：《以数字技术促进共同富裕》，《农民日报》2021年11月10日。

《如何把握共同富裕的科学内涵?》，《农民日报》2021年12月7日。

国务院新闻办公室：《中国的全面小康白皮书》，2021年9月28日。

郭顺义：《数字乡村：数字经济时代的农业农村发展新范式》，人民邮电出版社，2021。

B.4

以移动互联网推动基层治理能力现代化

唐斯斯　张延强　单志广*

摘　要： 当前，我国提出推动国家治理现代化，对基层治理能力和水平的提升提出了新的要求。依托现代信息技术，尤其是借助移动互联网促进基层治理的变革与重塑是推进基层治理能力现代化的重要途径。本报告在阐述移动互联网时代基层治理新内涵新特征的基础上，着力论述了移动互联网对提升基层治理的作用与意义，尤其是在打造治理新模式、重塑治理新形态、开辟治理新渠道、拓展治理新空间等“四新”方面的重要作用及成效，并提出了提升基层治理能力的政策建议。

关键词： 移动互联网　基层治理　治理能力　现代化

当前，以移动互联网为代表的新一代信息技术与经济社会发展快速融合，并逐步渗透到基层治理领域，大大丰富了基层治理的手段，推动基层治理呈现新的特征，预示着基层治理现代化正在进入新的阶段。自 2021 年 4 月国家提出实施“互联网+基层治理”行动以来，从国家有关部门到地方政府均积极推动移动互联网在基层治理领域的创新应用、深度融合，一定程度上实现了基层治理的数字化变革与智能化重塑。移动互联网在打造治理新模

* 唐斯斯，博士，副研究员，国家信息中心综合管理部科研管理处处长、学术办主任，智慧城市发展研究中心副主任；张延强，博士，国家信息中心信息化和产业发展部战略规划处副处长，高级工程师，智慧城市发展研究中心首席工程师；单志广，博士，研究员，国家信息中心信息化和产业发展部主任，智慧城市发展研究中心主任。

式、重塑治理新形态、开辟治理新渠道、拓展治理新空间等“四新”方面已经发挥了重要作用并显现了巨大成效。未来进一步以移动互联网提升基层治理能力，还需要在织密数据网格、统一政务网络、拓展应用场景、强化问题导向、用好数字科技等方面持续发力，为推进国家治理体系和治理能力现代化提供有力支撑。

一　我国基层治理步入新阶段

从历史发展进程看，信息化带来的每一次技术革命都将引起治理方式的重大变化。移动互联网的蓬勃发展和广泛应用，不仅给人民的生产生活带来巨大影响，也带来了基层治理的变革与重塑，正在从广度、深度、长度等不同方面不断拓展基层治理的新内涵。

（一）基层治理定位从“末梢”向“前哨”转变

基层是社会治理的基础和重心，是国家治理体系的“末梢”所在，也是治理现代化的前沿阵地、创新的源泉。实现国家治理体系和治理能力现代化，关键要抓好基层治理。特别是在移动互联网时代，随时随地的信息传播、畅通无阻的沟通渠道不断缩短着政府和居民的距离，更加凸显了基层治理在整个治理体系中的地位和作用。

党的十八大以来，国家高度重视社会治理，在多次重要会议上进行了相关部署（见表1），将社会治理的重心下移到了基层，落实到了社区，推动基层治理不断改革和创新。在移动互联网应用不断拓展的背景下，基层政府能否有效借助数字技术，实现居民办事第一时间得到有效解决、公众诉求第一时间得到反馈、社会风险隐患第一时间得到消解，直接反映着基层治理的能力大小。国家在《关于加强基层治理体系和治理能力现代化建设的意见》中明确提出了将建设基层管理服务平台，这为移动互联网赋能基层治理提供了工具手段，有助于推动基层治理的触角通过网络覆盖更多公民，并通过网络以最快速度反馈至中央和国家决策部门。反过来，国家层面的有关政策部署，也可以迅速便捷地传导到基层社会。可见，移动互联网的应用使整个国家治理体系的感知能力和决策效率进一步提升，基层治理也实现了从“末梢”向“前哨”的转变，从而承担更加重大的使命。

表1　党的十八大以来党和国家对社会治理[①]的相关会议部署

会议名称	召开时间	具体内容
党的十八届三中全会	2013年11月	提出创新社会治理体制
党的十九大	2017年10月	提出完善党委领导、政府负责、社会协同、公众参与、法治保障的社会治理体制
党的十九届四中全会	2019年10月	在总结基层治理经验基础上，提出完善党委领导、政府负责、民主协商、社会协同、公众参与、法治保障、科技支撑的社会治理体系，使社会治理体系要素更完备、结构更合理
党的十九届五中全会	2020年10月	把“社会治理特别是基层治理水平明显提高”作为“十四五”时期我国经济社会发展主要目标的重要内容。通过的“十四五”规划提出，到2035年基本实现国家治理体系和治理能力现代化，国家治理效能得到新提升，社会治理特别是基层治理水平明显提高

（二）基层治理理念由供给导向转向需求导向

推进基层社会治理，必须始终坚持“以人民为中心”的发展理念，以提升群众获得感、幸福感为目标。基层社会治理直接面对人民群众，移动终端的每一次点击、每一次选择都有可能是公众满意度的直接表达，要求基层治理更加重视群众需求。这就要求基层治理转变过去政府“端菜式”的服务方式，由政府主导变成需求牵引，从供给服务到需求响应，并通过在线服务、即时回应，让基层政府可以随时连接公民、服务公民，让“指尖办”“随时办”成为现实，让“最多跑一次”“一件事一次办”成为常态。同时，切实缩短与治理对象的距离，将公众的体验和评价作为基层治理效果评

① 社会治理具有两层内涵，即社会治理体制和具体社会事务治理。根据党的十九大精神，新时代我国社会治理体制的内涵是“党委领导、政府负责、社会协同、公众参与、法治保障”，当社会治理意指具体社会事务治理时，社会治理概念约等于基层治理概念。

价的主要标准，推动政府与公民双向互动治理格局的构建。此外，还可以通过移动客户端等方式，及时共享信息，回应群众关切，切实维护基层群众的知情权、参与权、监督权。

（三）基层治理主体转向多元治理共同体

移动互联网不断拓展和完善群众参与基层社会治理的范围和途径，重塑基层治理的结构与决策过程，推动基层治理从单一主体向多方协同转变，从行政管理向协同治理转变，多元协同共治格局加速形成。一方面，基层原有的碎片化、单一化管理模式已不能适应新的形势，在互联互通的思维逻辑下，社会公众参与治理的意愿较过去大大增强，一直制约共同治理的规模化难题在移动互联平台上获得了极大缓解。包括政府和公众在内的多方治理主体被置于同一个时空平台上，只要愿意均可共话协商，社区治理共同体实现了从相对封闭的“居委会”“村委会”向开放的“扁平化社会”转型。另一方面，基层治理变得更加复杂化和精细化，过去“单兵突进”“各负其责”的治理模式难以为继，需要增强横向与纵向的协同意识与合作机制。纵向维度上需要构建上下层级之间的联动机制，充分整合现有的各类管理资源与管理力量，畅通执行链条，确保社会问题的及时发现、向上传递与有效解决。横向维度上需要构建跨部门、跨区域、跨层级组织之间的协同机制，共同应对跨领域的复杂性和动态化的社会问题，推动基层社会事务治理更加精细化、精准化和高效化。

（四）基层治理体系面临组织架构流程化再造

从一般意义上讲，基层治理架构是基层党组织、社会组织、政府、个人等，在党组织的领导下，以各街道为基础，通过多个部门协同配合形成的组织体系。移动互联网视角下的治理组织架构要求以业务需求为导向进行治理体系调整，本质上是从优化服务的角度出发，坚持系统论、整体性，推动服务流程再造和组织架构再造。一方面，从治理业务链条看，基层治理可以分为基础设施层、数据信息层、业务应用层、展现层与用户层，这些共同构成了基层治理的体系架构。基础设施层是整个“互联网+基层治理”体系的骨架，数据信息层是整个“互联网+基层治理”体系的原料，业务应用层是整个“互联网+基层治理”体系的核心，展现层是整个“互联网+基层治理”体系的入口，为各类、各层级用户提供丰富多样的接入形式，用户层是整个“互联网+基层治理”体系的“触角”。另一方面，从内部形态看，移动互联网下的治理体系不仅仅是对流程本身的一次变革，更为重要的是深化政府自身改革，通过内部组织结构的重塑支持外部业务流程的运行。要进行横向纵向整合，重新构建面向公众的集成式、主题式、链条式的组织结构，将分散的权力和条块式的职能架构变成服务于过程的“流程式”组织，形成与业务流程相适应的高效的组织架构。

二　移动互联网提升基层治理能力的成效

（一）移动互联网打造基层治理新模式

近年来，移动互联网普及率越来越高，为基层治理提供了有效的技术支撑，推动基层治理实现网格化动态化、精准化精细化、智慧化便捷化，不断重塑基层服务格局。

一是移动互联网助力网格化动态化管理。运用移动互联网、大数据技术，可以把基层街道和社区按一定标准分成若干“格”，有助于实现网格动态化管理，推动不同网格的联动与合作，达到“多网合一”的动态管理效果。同时，通过基层网格化大数据上报，推动形成基层治理的大数据思维，做到基础数据“一屏感知”，赋能基层智慧治理。如安徽合肥在全国首创“五社联动”模式，即“社会服务平台+社会工作者+社会组织+社会资源+社区自治组织”模式，形成社会力量和基层政府共同推进基层治理“大合唱”新格局。山东滨州在全国首创“全民网格员”工作机制，鼓励群众利用信息化技术手段参与网格化服务管理工作。江苏南京栖霞区全区共划分为929个网格，逐步形成“网格化+雪亮工程”“网格化+桩钉工程”“网格化+

积分制”等系列“网格化+”子品牌，进一步丰富了网格化治理的内涵。

二是移动互联网助力精准化精细化管理。一方面，依托大数据管理平台既可以从整体上把握整个治理区域的总体分布特征，也可以从微观上精准掌握每个个体的基础信息，治理主体可以通过大数据对海量个体信息进行汇聚、甄别和深度分析，从而形成对服务对象与公共需求的精准画像，实现资源的精准测量和匹配并进行全程跟踪。另一方面，依托移动互联网、大数据与区块链技术，构建大数据融合技术与系统平台，实现对各项信息资源的搜索、过滤、检测与整合，通过数据挖掘、数据分析与数据研判，将数据转化为决策，助推政府实现精细化管理。如广东肇庆建设的基层公共服务平台，通过与社区居民共享社区资源，帮助居民及时了解基层政府工作动态，同时通过设置线上互动功能，畅通了居民与社区沟通渠道，为完善社区多元化服务和构建服务新格局提供支撑。

三是移动互联网助力智慧化便捷化管理。移动互联网与大数据、物联网、云计算等数字技术的集成应用、综合应用，推动基层治理实现了智慧管理、智慧决策。近年来，智能停车、智能井盖、智能抄表、智能路灯、智慧安防等智能应用实现了智能管理和远程调度，让城市管理更加便捷高效。很多城市搭建了“城市大脑”，可以实现对城市体征的全面感知、精准分析、整体研判和协同治理，也成为实现基层治理全面数字化转型的重要途径。如天津打造的“城市大脑”以“物联感知城市、数联驱动服务、智联引领决策”为目标，通过场景牵引和数字赋能，打造“轻量化、集中化、共享化”的城市智能中枢，搭建数字驾驶舱，构建城市运行生命体征指标体系，赋能基层治理。浙江衢州依托城市数据大脑，以未来社区数字化为起点，积极探索数字孪生机制，打造“镜像城乡”智慧版图，实现了基层治理的精密智控。

（二）移动互联网重塑基层治理新形态

基于移动互联网技术搭建的治理平台可以进一步加强和改善党的领导，推动治理主体之间的有效协调，最大限度整合内外部资源，正在推动基层治理实现体系重塑、系统集成、功能优化，逐渐形成党建统领的“整体智治”

新形态。

一是助力基层党建管理，提升党建统领能力。一方面，依托移动互联网技术，扩大基层党组织服务的覆盖面。包括助力基层党组织增加社区、企业党建互动频次，便于党员及时了解最新政策动向，解决流动党员管理难问题，增强党建工作的灵活性、实效性。如重庆市万州区实现党建基层治理体系线上线下融合，持续整顿党组织约 100 个，解决问题约 2000 个，整改率为 98.5%。[①] 通过积极探寻村党组织、乡镇街道与驻区单位党员交叉任职，形成纵向到底、横向到边的区域化网络化党建格局。另一方面，借助移动客户端等介质搭建的党建管理和服务新平台，开启了党建工作新模式和党建服务新通道。如上海市宝山区开通“社区通”，促进基层党组织和社区的联系，打通服务群众的“最后一公里”，有效推进了社区各项工作的持续改进。陕西省铜川市不断完善“互联网+党建”体系建设，党组织可以利用网络地图查询党员社区服务及履职情况，借此分析党员队伍工作状态，为后续管理提供参考依据。

二是助力多方参与治理，提升基层治理协同能力。移动互联网技术的应用为公众参与基层治理提供了新的渠道，居民通过政府建设的移动应用软件平台，随时随地上传照片、视频、定位，与政府直接对话，形成政府、企业、公众协同治理的渠道模式，进一步增强政府制定政策的针对性，真正实现“让数据多跑路、群众少跑腿”。同时，移动互联网的参与突破了过去面对面沟通的规模限制、时间限制、地点限制，大大提高了公众对基层治理的参与度。如杭州市临安区锦南街道创新推出线上“e 治理”+线下居民议事客厅平台，发动居民参与社区事务讨论，在线进行停车、垃圾分类、消防、噪声等小区事务的处理，大大延伸了居民诉求表达和参与治理的渠道，拓展了居民自治和社会共治的范畴。

三是助力形成部门共治格局，增强治理整体实效。移动互联网时代，以浙江为代表的先进地区积极探索基层治理新思路，围绕资源共享、审批协同

① 关杨：《“互联网+党建”激发基层治理新动能》，《旗帜》2021 年第 6 期。

和要素保障，从整体观和系统观出发构建省市县乡一体的整体治理格局，推动基层治理组织跨层级协作、跨部门合作、跨区域协同，把部门化服务系统集成为“一站式”服务，实现政府协同高效运作。在“最多跑一次”改革的基础上，浙江又提出以数字化改革为引领、以整体智治为目标，以“一件事”集成改革优化资源分配体系，在市场要素配置、公共服务供给、事中事后监管等方面加大改革攻坚力度，大大减少了办事过程中的“奇葩”证明、重复证明、烦琐证明等现象，政务服务从“碎片化”转变为“一体化”，办事从“找部门”转变为“找政府”。

（三）移动互联网开辟基层治理新渠道

移动互联网与物联网、人工智能、区块链等数字技术的融合应用，为基层社会治理体制机制创新提供了新思路，开辟了新渠道。

一是区块链助推基层治理监督可追溯。区块链服务网络通过打造底层公用基础设施，有效破解了当前区块链应用技术门槛高、成链成本大、运营成本高、底层平台异构、运维监管难等瓶颈问题，促进区块链应用与基层治理相结合，拓展了基层治理空间。区块链的“去中心化”机制，能够实现数据的分散收集、共同维护、区域流通，并运用于产品溯源和过程监督，从而推动权力运行实现全过程留痕管理、可追溯全程化监督。目前，一些先行地区已经在探索利用区块链对资金使用和流向进行全程留痕监管，在很大程度上杜绝了资金挪用等方面的腐败现象，破解了基层财务管理“灯下黑”的难题。如南京江北新区建立基于区块链技术的“链通万家”小区自治应用平台，围绕小区公共事务决策、公共资金透明化监管等，实现“区块链+社会治理”应用场景落地，着力打造新区“智慧网格”新亮点。苏州市相城区将区块链作为推进现代治理的监督手段，以“三资”监管为切入口，开展全周期、全流程、全方位“链上治廉”的实践探索，着力推进发展链、治理链、创新链的有机统一，开创监督新模式。

二是物联网助推基层风险治理提前感知。以物联网为代表的感知技术通过城市基础设施数字化感知，实现“物流”“人流”的实时管控，辅助政府提前预判风险隐患。基于视频监控系统和传感设备，实时定位、人口追踪等都可以通过物联网实时监控来实现，烟感探头、智能井盖监控系统、一键报警系统等应用促进社区治理安全可靠。同时，通过在物联网技术信息处理层中的图像处理、语音分析、文本提取、情绪分析等应用，在监测预警平台中引入应急预案数据库，实现对社会潜在危机和风险预见的多重保障，提高风险预警的精确性。很多地区积极推进的物联网智慧社区建设，把社区硬件设备、物品与互联网相连接，实现智能化识别、定位、监控和管理，涵盖安全防范、能源管理、社区服务、智能家居等诸多治理内容。

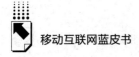

三是人工智能助力基层治理处置效率提升。借助先进的人工智能分析技术，自动且精准地感知与识别不同目标群体的服务需求，并综合利用情感分析、语义识别、自动问答、AI 和可视化等多种技术手段，可以为需求日趋多元化的公民提供精准的个性化民生服务。如以人工智能为基础的智能机器人可以代替人工处理一般性民事纠纷，提高普法宣传的质量和效率，还可以通过文本挖掘和语义识别等技术实现舆情监测与民意调查等。以深圳龙岗区城管局为例，通过 AI 赋能平台主动抓取一些事件，会自动推送给城管执法系统，由执法人员主动上门解决相关问题，弥补了城管局夜间执法的空白。此外，人脸识别、虹膜识别等集成了图像采集与处理、模式识别、机器学习等技术，被广泛应用于疫情防控，为居民出行提供了重要保障。

（四）移动互联网拓展基层治理新空间

移动互联网的发展突破了时空限制，大大拓展了基层治理的空间和时间，推动打造全地理范围覆盖、全天候即时响应、虚实交互的治理新空间。

一是无接触服务促使基层治理的空间局限性被打破。由于人与人之间的沟通由线下转向线上，空间范畴变得更加宽泛，“全域治理”成为一种新的治理创新。以浙江省德清县为代表的一些地区已经开展了“全域数字化治理试验区”的探索，治理目标聚焦在通过数字化手段拓展治理空间范围，推动治理全域覆盖。同时，疫情常态化管控对基于移动互联网的无接触式基层治理和服务创新提出了需求。一些基层政府积极推动社区无接触商业服务设施加快布局，如设置无接触配送存放点、无接触购物储存柜等，同时探索政务服务方面的无接触模式，创新了就医看病等方面的无接触服务，比如四川省成都市武侯区的高碑社区推出专家在线健康服务咨询等系列无接触服务活动，有效防范了人与人之间的交叉传染。

二是全时段服务大大缩短了基层治理的响应时间。移动通信的广覆盖、部署快、易连接等优点，推进公众与政府间的实时交流与沟通，形成公众与政府间合作互动的良性循环。“365 天全天候”“24 小时不打烊”等基层治理的新做法被公众称赞，大大提升了基层治理的时效性。山东提出通过融合线上线下做“乘法”，大力推动数字技术与政务服务深度融合，将全面构建“互联网+政务服务”新格局，建设“24 小时不打烊”的网上政府。江西在省、市、县、乡四级政务服务大厅全面推行延时错时预约服务，全省政务服务 365 天“不打烊”，大大增强了政府公信力和群众获得感。

三是基层治理空间向线上线下双重中心转变。依托移动互联网搭建的平台，基层治理空间由物理中心向虚拟现实双重中心转变。政务 APP 依托其点对点服务的优势，已经成为基层治理的重要平台，打破了原有的物理空间的局限性，使基层治理向网络空间延伸，形成了“实+虚”相向拓展的双重空间架构。治理平台功能定位由以“信息发布”为主升级为政府“在线服务”“在线办事”“在线投诉”等平台，将基层治理的空间从物理空间搬到了网络空间，实现了职能部门与公众间零距离沟通。比如，浙江温州打造的“智慧村社通”平台，将线下治理搬到了线上，基层治理的村务管理、日常监管、公共服务等功能都可以在平台实现；同时，除了社区日常治理以外的其他基层治理也实现了空间范围的拓展，如湖北武汉开发“智慧平安社区”APP，将治安管理的空间延伸到网络空间，涵盖一键报警、安全教育、安全活动等多项功能。

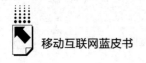

三　进一步提升基层治理能力的政策建议

（一）织密数据网格，加快基础数据资源共享

坚持党领导下的基层政府的主导地位，发挥网格化社会治理机制，以建立智慧社区统一平台、完善智慧社区一体化管理服务体系为目标，推动城市管理、综合治理、劳动保障、民政等管理系统的整合统筹，实现“多网合一”。统筹数据网格建设，整合网格管理系统和服务资源，汇聚人、地、物、事、组织等的社区治理基础数据，避免数据重复采集。推动基层治理信息资源共建共享，建立社区治安、社区矫正、社区防疫、社区养老、特殊人群关爱、住房管理、物业管理、垃圾管理、社区消防和社区自治等社区治理业务协同共管机制和数据采集共享机制。

（二）统一政务网络，促进基层治理业务协同

围绕破解专网林立、基层业务协同难等问题，推动非涉密政务专网向电子政务外网整合。进一步从全局层面统一规划、部署、整合系统，打造基层治理技术系统平台，做好各类信息系统与基层业务协同平台的有效衔接，将基层治理的在线平台与上级政务信息平台联通起来，推动各类应用系统的集成与整合。统一基础数据资源建设标准，构建数据资源共享交换目录体系，完善数据资源跨层级、跨部门流通共享的规范和机制，强化各类渠道信息的统一归集、分流，实现基层治理信息“一个口子进、一个端口出”，切实将多部门业务转化为政府内部流程。

（三）拓展应用场景，丰富基层社会治理内容

聚焦基层治理中的急难险重问题，充分发挥移动互联网的技术优势，拓展应用深度，推动移动互联网从基层治理的单一领域拓展到更广泛的应用。加快推进基层管理服务平台建设，不断丰富平台功能，拓展便民服务场景，

夯实基层智慧管理底座。延伸智慧治理触角，推动各地政务服务平台向基层延伸，打造“区政府—街道—社区（村）—网格—住户”纵向联通的智慧管理传导渠道，打通服务群众“最后一公里”。聚合智慧管理功能，在强化政策宣传、便民服务、民意诉求等功能的基础上，不断拓展环境、治安、就业、教育等综合治理方面的移动应用，创新技术赋能应用场景，扩大应用覆盖面和受益群体范围，打造“基层治理智慧生活圈”。

（四）强化问题导向，推动基层治理机制创新

聚焦当前基层治理中的“碎片化”问题，利用移动互联网技术面向前台构建以业务需求为导向的系统平台，面向后台不断完善基层治理组织和上级政府部门纵向协同和基层治理主体之间横向协同机制，打破条块分割、各自为阵的管理困境。聚焦基层治理中的治理对象参与度低的问题，依托移动互联网积极推动社会协同共治，以基层党组织为领导，组织调动群众主体作用，激发群众的积极性、主动性、创造性，引导他们逐渐成为基层社会治理的主体，实现基层治理成果共建、共治、共享。聚焦基层治理中的智慧化资源要素供给不足问题，强化信息化专业技术人才招引，加大信息化建设财政支持力度，形成与智慧化发展需要相匹配的资源要素保障机制。

（五）用好数字科技，推动基层治理工具创新

充分发挥移动互联网技术与其他技术手段的叠加优势，创新基层治理工具手段，实现数字化发展与基层治理全生命周期的深度融合。依托移动互联网建立自动预警系统，强化资源整合，通过大数据的分析、追踪、预测及时发现风险和隐患，提前采取措施干预，提高基层治理组织的预测预警能力，实现对基层的超前治理。搭建人工智能辅助科学决策平台，通过多维数据深度分析提供科学决策方案，开展政策执行效果评估，推动基层治理由依靠经验转向依靠数据分析，提升治理效能。依托区块链等技术完善基层治理监督管理平台，对基层政策执行过程进行全程把控和监督，拓展群众参与基层社会治理监督的渠道，推动基层治理内部管理更加透明、规范、有序。

参考文献

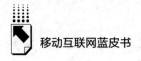

郝彬山：《“互联网+基层社会治理”的优势与思考》，《山西青年》2020 年第 9 期。

杜琛：《“互联网+”对创新城市基层社会治理的作用探讨》，《福建质量管理》2019 年第 6 期。

王虎、张磊、于世航：《“互联网+”基层社会治理体系实现》，《计算机与网络》2020 年第 7 期。

门理想、王丛虎：《“互联网+基层治理”：基层整体性治理的数字化实现路径》，《电子政务》2019 年第 4 期。

何晓斌：《大数据技术下的基层社会治理：路径、问题和思考》，《西安交通大学学报》（社会科学版）2020 年第 1 期。

B.5

2021年移动互联网安全威胁与治理

孙宝云　齐　巍　王　玎*

摘　要： 2021年，勒索病毒肆虐全球，对我国民生影响日益增强；“飞马”间谍事件震惊世界，应用程序安全隐患凸显；恶意程序传播依然猖獗，移动互联网安全仍待加强；安全漏洞数量持续攀升，互联网企业依法护网能力亟待提升。相关部门密集推出治理新法新规，中国特色网络安全治理法治体系初步形成。网络空间生态环境净化，APP治理取得阶段性成果。展望2022年，移动互联网安全法治建设将进一步加强，网络数据处理和个人信息保护将更加精细化、规范化。

关键词： 移动互联网　网络安全　网络治理

一　2021年移动互联网主要安全威胁及影响

2021年，中国移动网络安全问题较为突出。中国互联网络信息中心发布报告显示，截至2021年12月，22.1%的网民遭遇个人信息泄露，16.6%的网民遭遇网络诈骗，9.1%的网民遭遇设备中病毒或木马，6.6%的网民遭遇账号或密码被盗（见图1）。其中，虚拟中奖信息诈骗是最常见的网络欺诈类型，占比为40.7%，网络购物诈骗占35.3%，网

* 孙宝云，博士，北京电子科技学院教授，主要研究方向为保密管理、网络安全治理；齐巍，博士，北京电子科技学院讲师，主要研究方向为网络安全治理、公共政策；王玎，博士，北京电子科技学院讲师，主要研究方向为保密管理、网络安全法律。

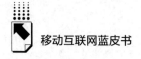

络兼职诈骗占比为 26.8%，冒充好友诈骗占 25%，钓鱼网站诈骗占比为 23.8%。①

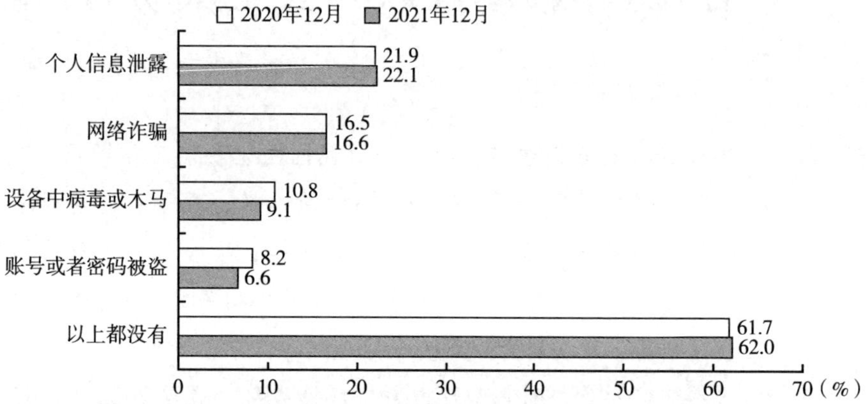

图 1　2021 年和 2020 年网民遭遇各类网络安全问题的比例

资料来源：CNNIC：《第 49 次〈中国互联网络发展状况统计报告〉》，2022 年 2 月 25 日。

（一）勒索病毒肆虐全球，对我国民生影响日益增强

2021 年，全球范围内网络攻击事件动机、手段更加复杂，网络攻击的频度、强度及影响均明显加大。以勒索软件攻击为例，据不完全统计，全球范围内 2021 年上半年发生了 1200 多起勒索软件攻击事件，已比肩 2020 年全年发生的（约 1420 起），其中针对医疗系统和教育行业的攻击增长了 45%，平均赎金从上年的 40 万美元提高到 2021 年上半年的 80 万美元。② 同时，以使用勒索软件为主要作案工具的网络犯罪团伙也发生了翻天覆地的变化，有的宣布停止运营，如 Ziggy 和 Avaddon 勒索软件；有的暂时停止攻击活动，如 Egregor 和 Maze 勒索软件；也有不少新兴勒索团伙涌现，其中比较

① CNNIC：《第 49 次〈中国互联网络发展状况统计报告〉》，2022 年 2 月 25 日，http：//www. cnnic. net. cn/hlwfzyj/hlwxzbg/hlwtjbg/202202/P020220318335949959545. pdf。

② 安恒威胁情报中心：《2021 年上半年全球勒索软件趋势报告》，2021 年 6 月 25 日，https：//ti. dbappsecurity. com. cn/blog/articles/2021/06/25/2021-half-year-ramsomware/。

活跃的是 Revil、DarkSide、Avaddon、Conti 和 Babuk 等。2021 年上半年勒索团伙攻击事件占比分布如图 2 所示。

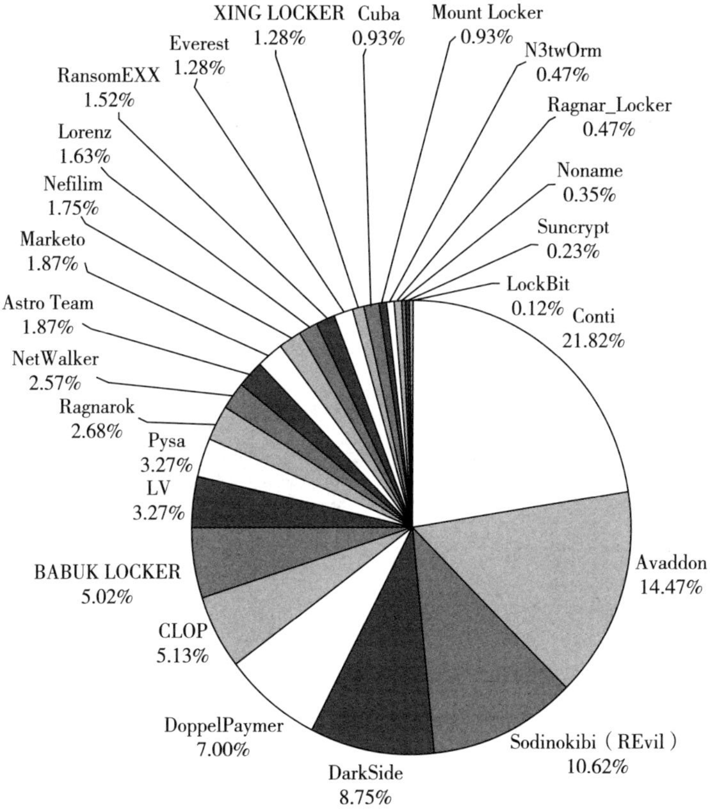

图 2　2021 年上半年勒索团伙攻击事件占比分布

资料来源：安恒威胁情报中心：《2021 年上半年全球勒索软件趋势报告》，2021 年 6 月 25 日。

从国内情况看，勒索病毒感染事件也处于高发态势。为加强勒索软件防范应对工作，国家互联网应急中心 2021 年 11 月联合国内头部安全企业，成立“中国互联网网络安全威胁治理联盟勒索软件防范应对专业工作组”，协调开展勒索软件信息通报、情报共享、日常防范、应急响应等方面工作，并定期发布勒索软件动态。截至 2021 年底，累计发布 8 期动态周报，收集捕获的勒索软件样本高达 317.9 万个，监测发现勒索软件网络传播 18156 次。

勒索软件下载 IP 地址 583 个，其中，位于境外的勒索软件下载地址 377 个，占比达 64.7%。勒索病毒软件传播速度快、危害大，以 Wannacry 勒索软件为例，在 8 周监测时间内共发现 33507 起我国单位设施感染事件，累计感染 684411 次[①]，其中大部分为政府部门和教育科研单位。如 2021 年 12 月 18 日至 24 日一周监测数据显示[②]，共发现 5417 起我国单位设施感染 Wannacry 勒索软件事件，累计感染 91947 次。其中，政府部门占 57.76%，教育科研占 23.66%，是 Wannacry 勒索软件的主要攻击目标（见图 3）。

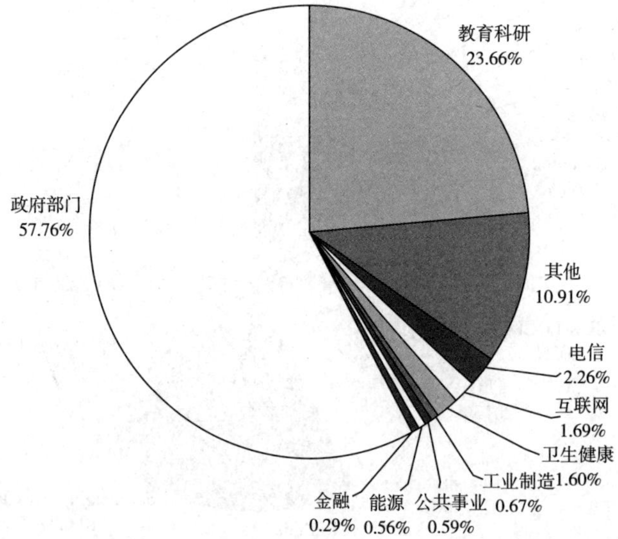

图 3 感染 Wannacry 用户的行业分布（2021 年 12 月 18~24 日）

资料来源：《国家互联网应急中心 CNCERT 勒索软件动态周报》（第 7 期）。

需要特别注意的是，尽管 Wannacry 勒索软件在联网环境下无法触发加密，但依然能依靠“永恒之蓝”漏洞（MS17-010）占据勒索软件感染量榜首。2021 年 12 月 25~31 日勒索软件入侵方式占比如图 4 所示。这反映了很

① 《国家互联网应急中心 CNCERT 勒索软件动态周报》（第 1~8 期）（20211106-20211231），https：//www. cert. org. cn/publish/main/44/index. html。

② 《国家互联网应急中心 CNCERT 勒索软件动态周报》（第 7 期）（12 月 18 日-12 月 24 日），https：//www. cert. org. cn/publish/main/44/2021/20211230103055659654009/20211230103055659654009_ . html。

多机关单位不重视高危漏洞修复，大量主机没有进行合理加固，使勒索软件得以通过早已被发现的“永恒之蓝”这样的漏洞进行攻击，机关单位的网络安全管理亟待加强。

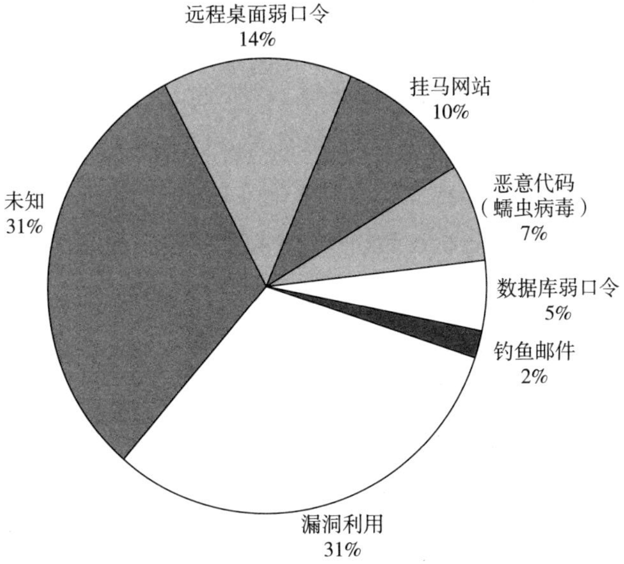

图 4　勒索软件入侵方式占比（2021 年 12 月 25~31 日）

资料来源：《国家互联网应急中心 CNCERT 勒索软件动态周报》（第 8 期）。

（二）“飞马”间谍事件震惊世界，应用程序安全隐患凸显

当智能手机成为越来越多的应用程序载体后，应用程序的安全隐患也日益凸显，成为移动互联网安全的主要威胁来源。从国际层面看，典型案例是 2021 年 7 月曝光的以色列软件监控公司 NSO 利用间谍软件“飞马”（Pegasus）非法监听事件，涉及全球 600 名政界人士、85 名人权活动分子、65 名企业负责人和 180 名记者，受到监控的电话号码据称多达 5 万个。[①] 据报道，“飞马”间谍软件侵入手机系统后，不仅能自动提取短信、照片和邮

① 泠汐、张婕：《“飞马”揭开中东情报战冰山一角》，《南方日报》2021 年 7 月 25 日。

件，而且能在使用者完全不知情的情况下，远程开启手机的麦克风和摄像头，并对通话进行录音，对数据安全造成极大威胁。已披露的监听名单中有14位重量级政治人物，包括法国总统马克龙、南非总统拉马福萨、原巴基斯坦总理伊姆兰·汗等国家领导人，还包括世界卫生组织总干事谭德赛、欧洲理事会主席夏尔·米歇尔等国际组织的负责人。[①] 事件曝光后，不仅软件生产国以色列政府受到了来自各方的潮水般的批评指责，作为软件使用国家之一的印度政府的形象也因此受到很大影响。因为曝光的文件显示，印度政府利用该间谍软件对反对党成员及巴基斯坦总理进行监听。为此，印度多个反对党的议员在议会举行抗议活动，甚至撕烂了电子和信息技术部部长关于“飞马”软件的声明，议会不得不休会。[②] 巴基斯坦外交部也发表强烈谴责声明，并呼吁联合国对此事展开全面调查。

在国内，手机应用程序存在的网络安全问题主要包括以下三方面。一是启动弹窗索要无关权限问题突出。其中历趣应用商店、西西软件园、绿色资源网此类问题最多，分别是2.4万、2.2万、1.7万。二是存在超范围收集个人信息和强制收集个人信息问题。在2021年国家网信办累计通报的12类351款APP中，有257款属于“违反必要原则收集与其提供的服务无关的个人信息”问题；强制收集个人信息位列前五的是华军软件园、西西软件园、历趣应用商店、绿色资源网和360手机助手。三是存在违反“知情同意”原则问题，包括频繁索要无关权限、同意隐私政策前收集个人信息、无法关闭定推等问题。以频繁索权为例，部分APP每次重启都会索要权限，直到用户不堪打扰而开启权限，行为十分恶劣。存在重启频繁索权问题的主流应用商店APP分布情况如图5所示。

（三）恶意程序传播依然猖獗，移动互联网安全仍待加强

国家计算机网络应急技术处理协调中心（CNCERT）监测数据显示，

① 《外媒曝“飞马”监听丑闻多国政要手机疑被长期监听》，2021年7月22日，https：//www.chinanews.com.cn/gj/2021/07-22/9526048.shtml。

② 黄培昭、甄翔：《马克龙换手机，印度政府遭批……软件监听搅动多国政坛》，《环球时报》2021年7月24日。

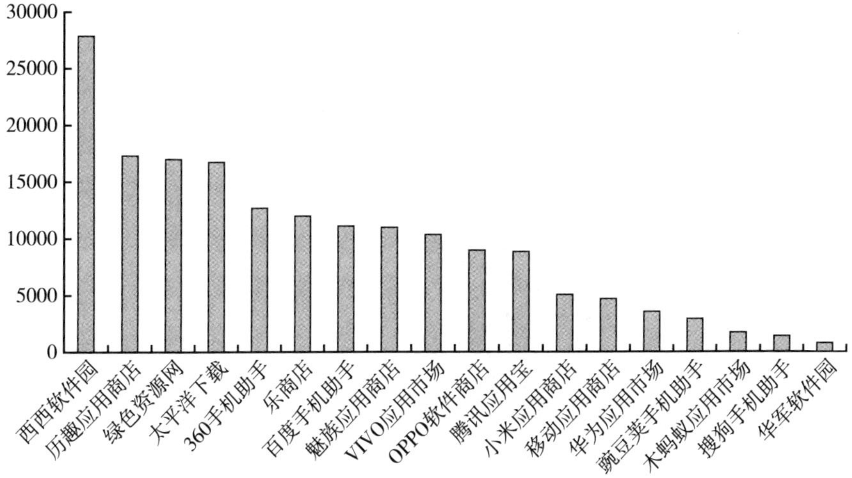

图 5　存在重启频繁索权问题的主流应用商店 APP 分布情况

资料来源：CNCERT、中国网络空间安全协会：《App 违法违规收集使用个人信息监测分析报告》，2021 年 12 月 9 日。

2021 年全年捕获恶意程序样本数量约 3958 万个[①]，比 2020 年减少 242 万个。其中，2021 年上半年恶意程序涉及约 20.8 万个家族，平均每日传播次数达到 582 万余次。按照传播来源统计，境外来源主要为美国、印度和日本等（详见图 6）。从攻击目标的 IP 地址看，有近 3048 万个 IP 地址受到恶意程序攻击，约占我国 IP 地址总量的 7.8%。[②]

2021 年上半年，中国境内约有 446 万台计算机感染恶意程序，比上年同期增长 46.8%。绝大部分计算机恶意程序控制服务器来自境外，其中约 4.9 万个服务器控制了中国境内约 410 万台主机。从规模分布看，位于美国、中国香港和荷兰的控制服务器控制规模分列前三位，分别控制我国境内约 314.5 万、118.9 万和 108.6 万台主机（见图 7）。[③]

① 《CNCERT 互联网安全威胁报告》（2021 年 1 月～2021 年 12 月），https：//www.cert.org.cn/publish/main/45/index.html。

② CNCERT：《2021 年上半年我国互联网网络安全监测数据分析报告》，2021 年 7 月 31 日，https：//www.cert.org.cn/publish/main/46/2021/20210731090556980286517/20210731090556980286517_.html。

③ CNCERT：《2021 年上半年我国互联网网络安全监测数据分析报告》，2021 年 7 月 31 日，https：//www.cert.org.cn/publish/main/46/2021/20210731090556980286517/20210731090556980286517_.html。

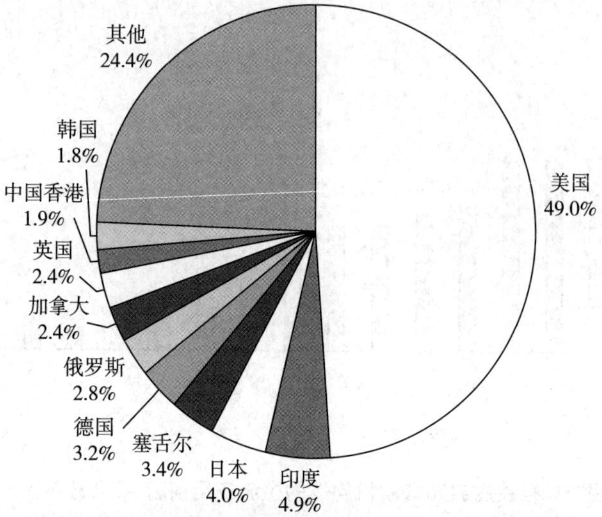

图6　2021年上半年恶意程序传播源位于境外的分布情况

资料来源：CNCERT：《2021年上半年我国互联网网络安全监测数据分析报告》，2021年7月31日。

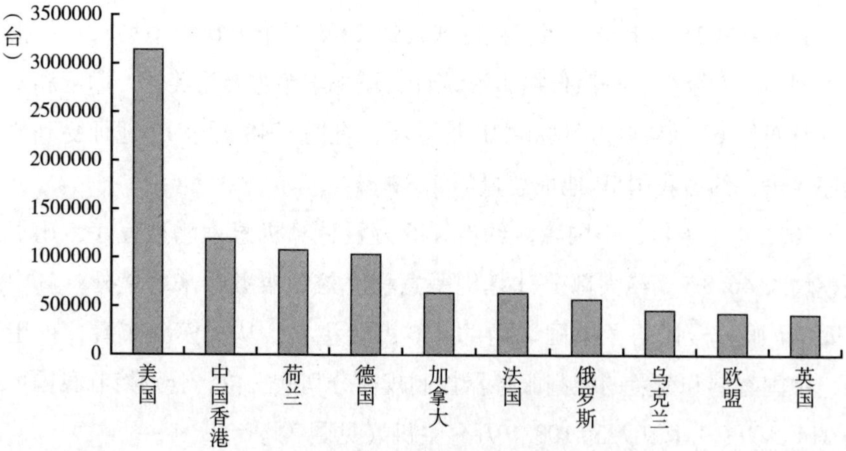

图7　控制我国境内主机数量前十的国家（地区）

资料来源：CNCERT：《2021年上半年我国互联网网络安全监测数据分析报告》，2021年7月31日。

为有效防范移动互联网恶意程序的危害，严格控制移动互联网恶意程序传播途径，CNCERT协调国内204家提供移动应用程序下载服务的网络平台下架25054个移动互联网恶意程序，有效防范其危害。2021年上半年，通过自主捕获和厂商交换发现新增移动互联网恶意程序86.6万余个，同比下降47%。从恶意行为分布类别看，排名第一的是流氓行为类恶意程序，占比为47.9%；第二是资费消耗类恶意程序，占比为20.0%；第三是信息窃取类恶意程序，占比为19.2%①（见图8）。

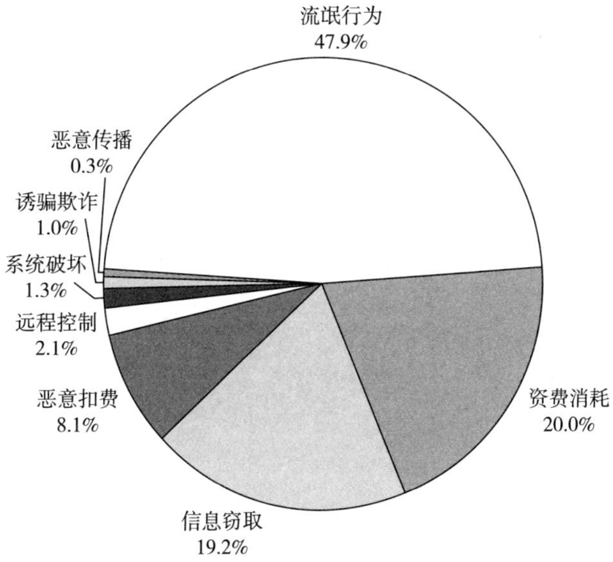

图8　2021年上半年移动互联网恶意程序数量分布（按行为属性统计）

资料来源：CNCERT：《2021年上半年我国互联网网络安全监测数据分析报告》，2021年7月31日。

（四）安全漏洞数量持续攀升，互联网企业依法护网能力亟待提升

2021年信息系统安全漏洞数量持续攀升，根据国家信息安全漏洞共享平台（CNVD）收集整理的数据，全年发现安全漏洞高达26568个，同比增长28.3%。其中，高危漏洞7284个，可被利用来实施远程攻击的漏洞有

① CNCERT：《2021年上半年我国互联网网络安全监测数据分析报告》，2021年7月31日，https：//www.cert.org.cn/publish/main/46/2021/20210731090556980286517/20210731090556980286517_.html。

17724 个。① 此外，2021 年上半年，CNVD 验证和处置涉及政府机构、重要信息系统等网络安全漏洞事件近 1.8 万起。按影响对象分类统计，排名前三的漏洞分别是应用程序漏洞（占 46.6%）、Web 应用漏洞（占 29.6%）、网络设备漏洞（占 11.6%）（详见图 9）。

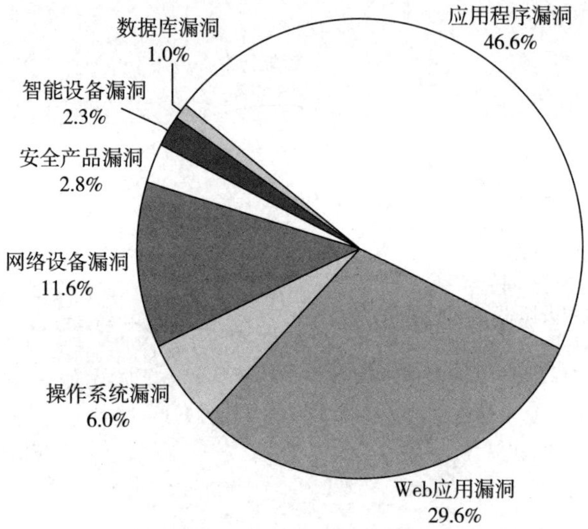

图 9　2021 年上半年 CNVD 收录安全漏洞分布（按影响对象分类统计）

资料来源：CNCERT：《2021 年上半年我国互联网网络安全监测数据分析报告》，2021 年 7 月 31 日。

需要特别说明的是，随着国内互联网企业技术能力的不断提升，企业技术团队的漏洞发现能力也获得大幅提高，但是互联网企业管理人员的网络安全法治素养和依法护网能力存在明显短板。如 2021 年 11 月 24 日，阿里云团队率先发现阿帕奇 Log4j2 组件存在远程代码执行漏洞，该组件是基于 Java 语言的开源日志框架，被广泛用于业务系统开发。因此，该漏洞可能导致设备远程受控，进而产生敏感信息窃取、设备服务中断等严重危害，属于

① 《CNCERT 互联网安全威胁报告》（2021 年 1 月 ~2021 年 12 月），https：//www. cert. org. cn/publish/main/45/index. html。

高危漏洞。但遗憾的是，阿里云发现这个可能是“计算机历史上最大的漏洞”后，只是先向阿帕奇软件基金会披露了该漏洞，并未及时向主管部门报告，导致该团队的率先发现并未能有效支撑工信部开展网络安全威胁和漏洞管理。直到 12 月 9 日，工信部网络安全威胁和漏洞信息共享平台才收到有关网络安全专业机构报告，并立即组织开展漏洞风险分析研判，通报督促阿帕奇软件基金会及时修补该漏洞，向行业单位进行风险预警，[①] 此时距阿里云发现漏洞已过去半个月。而根据工信部、国家互联网信息办公室、公安部联合发布的《网络产品安全漏洞管理规定》，网络产品提供者应当履行的网络产品安全漏洞管理义务之一就是“应当在 2 日内向工业和信息化部网络安全威胁和漏洞信息共享平台报送相关漏洞信息”。但作为工信部网络安全威胁和漏洞信息共享平台合作单位的阿里云，显然没有履行及时报告义务。为此，工信部网络安全管理局研究后决定暂停阿里云作为上述合作单位 6 个月。[②] 该事件具有很强的警示意义，互联网企业应该充分吸取教训，认真学习网络安全治理相关法律及规章制度，积极履行互联网企业的责任和义务，为维护网络空间安全做出自己的贡献。

二　2021年移动互联网安全治理成果

（一）密集推出治理新法新规，治理法治体系已初步形成

2021 年是我国移动网络安全治理实现跨越式发展的一年。全国人大颁布了 2 部法律、国务院发布了 1 部法规、相关部委联合发布了 5 个部门规章以及 3 个规范文件（见表 1）。加上已经颁布实施的《民法典》《网络安全法》等法律，中国特色网络安全治理法治体系已初步形成。

---

① 《关于阿帕奇 Log4j2 组件重大安全漏洞的网络安全风险提示》，2021 年 12 月 17 日，https：//wap. miit. gov. cn/jgsj/waj/gzdt/art/2021/art_ d0cd32999d9941209ba9358a2e62638c. html。

② 吕栋：《发现严重漏洞未及时报告，阿里云被暂停工信部网络安全威胁信息共享平台合作单位 6 个月》，2021 年 12 月 22 日，https：//www. guancha. cn/economy/2021_ 12_ 22_ 619431. shtml。

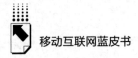

在法律法规层面，2 部法律和 1 部法规分别是《中华人民共和国个人信息保护法》（以下简称《个人信息保护法》）、《中华人民共和国数据安全法》（以下简称《数据安全法》）、《关键信息基础设施安全保护条例》。上述法律法规的正式颁布实施，标志着我国依法保护个人信息进入新的阶段。其中，《个人信息保护法》为个人信息权益保护、信息处理者的义务以及主管机关的职权范围提供了全面系统的法律依据，覆盖个人信息收集、存储、使用、加工、传输、提供、公开、删除等全流程、全周期，涉及自动化决策、个人信息跨境提供等各个环节，与《民法典》《网络安全法》《数据安全法》一起，构成了我国个人信息保护的法律框架，对加强个人信息保护具有里程碑意义。

在规章文件层面，5 个部门规章均由多部委联合发布，充分体现了网络安全治理的综合性、复杂性和跨部门的特点。其中，《互联网信息服务算法推荐管理规定》由国家网信办、工信部等四部委联合发布。《网络安全审查办法》由国家网信办、国家发改委等十三部委联合发布。《网络产品安全漏洞管理规定》由工信部、国家网信办等四部委联合发布。《汽车数据安全管理若干规定（试行）》由国家网信办、国家发改委等五部委联合发布。《互联网宗教信息服务管理办法》由国家宗教事务局、国家网信办等五部委联合发布。

在规范性文件层面，3 个规范文件分别是国家网信办发布的《互联网用户公众账号信息服务管理规定》，国家网信办、全国“扫黄打非”工作小组办公室等七部委联合印发的《关于加强网络直播规范管理工作的指导意见》，以及国家网信办秘书局、工信部办公厅等四部门联合发布的《常见类型移动互联网应用程序必要个人信息范围规定》。

表 1　2021 年制定发布的网络安全治理新法新规概览

序号	名称	发布时间	生效时间	目的
1	《个人信息保护法》	2021 年 8 月 20 日	2021 年 11 月 1 日	为了保护个人信息权益，规范个人信息处理活动，促进个人信息合理利用
2	《数据安全法》	2021 年 6 月 10 日	2021 年 9 月 1 日	为了规范数据处理活动，保障数据安全，促进数据开发利用，保护个人、组织的合法权益，维护国家主权、安全和发展利益

续表

序号	名称	发布时间	生效时间	目的
3	《关键信息基础设施安全保护条例》	2021 年 7 月 30 日	2021 年 9 月 1 日	为了保障关键信息基础设施安全,维护网络安全
4	《互联网信息服务算法推荐管理规定》	2021 年 12 月 31 日	2022 年 3 月 1 日	为了规范互联网信息服务算法推荐活动,弘扬社会主义核心价值观,维护国家安全和社会公共利益,保护公民、法人和其他组织的合法权益,促进互联网信息服务健康有序发展
5	《网络安全审查办法》	2021 年 12 月 28 日	2022 年 2 月 15 日	为了确保关键信息基础设施供应链安全,保障网络安全和数据安全,维护国家安全
6	《网络产品安全漏洞管理规定》	2021 年 7 月 12 日	2021 年 9 月 1 日	为了规范网络产品安全漏洞发现、报告、修补和发布等行为,防范网络安全风险
7	《汽车数据安全管理若干规定(试行)》	2021 年 8 月 16 日	2021 年 10 月 1 日	为了规范汽车数据处理活动,保护个人、组织的合法权益,维护国家安全和社会公共利益,促进汽车数据合理开发利用
8	《互联网宗教信息服务管理办法》	2021 年 12 月 3 日	2022 年 3 月 1 日	为了规范互联网宗教信息服务,保障公民宗教信仰自由
9	《互联网用户公众账号信息服务管理规定》	2021 年 1 月 22 日	2021 年 2 月 22 日	为了规范互联网用户公众账号信息服务,维护国家安全和公共利益,保护公民、法人和其他组织的合法权益
10	《关于加强网络直播规范管理工作的指导意见》	2021 年 2 月 9 日	2021 年 2 月 9 日	为了进一步加强网络直播行业的规范管理,促进行业健康有序发展
11	《常见类型移动互联网应用程序必要个人信息范围规定》	2021 年 3 月 12 日	2021 年 5 月 1 日	为了规范移动互联网应用程序(APP)收集个人信息行为,保障公民个人信息安全

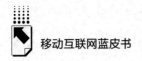

（二）开展“净网2021”专项行动，净化网络空间生态环境

2021 年，按照公安部的统一部署，各地公安机关精心组织、周密安排，坚持“全链打击、生态治理”策略，聚焦网上突出违法犯罪和网络乱象，重点打击侵犯公民个人信息犯罪、黑客攻击犯罪、窃听窃照违法犯罪、非法黑公关、“网络水军”违法犯罪等十大类犯罪行为。全年共侦办案件 6.2 万余起，抓获犯罪嫌疑人 10.3 万名。其中，有 3309 名人员参与了黑客攻击活动或者为攻击活动提供工具、洗钱等服务，有 341 个制售木马病毒、开发攻击软件平台团伙被铲除，有力保障了重要信息系统和网络安全。破获侵犯公民个人信息案件近万起，抓获 1.7 万余名犯罪嫌疑人。抓获 783 名私装窃听窃照设备偷拍的犯罪嫌疑人，捣毁 13 个制售窃听窃照专用器材窝点，查获 4100 余件相关器材及零部件，下架 3.4 万余件非法窃听窃照在线商品。针对实施网络犯罪的四类关键物料“黑卡、黑号、黑线路、黑设备”，公安机关全面发起“四断”行动，共侦办此类案件 1.3 万余起，抓获犯罪嫌疑人 3.1 万余名，清理手机黑卡 300 万余张，关停网络黑号 1000 万余个，捣毁接码平台 63 个，缴获“猫池”等黑产设备 1 万余台。①

通过强力打击网络违法犯罪，持续深化整治网络生态秩序，网络空间安全环境得到明显改善。截至 2021 年第 3 季度，12321 网络不良与垃圾信息举报受理中心共收到用户有关骚扰电话的投诉 82783 件（见图 10），与上年同期相比下降 48.21%；受理用户有关垃圾短信的投诉 30742 件（见图 11），与上年同期相比下降 14.0%。②

① 《公安部新闻发布会通报部署全国公安机关开展“净网 2021”专项行动的工作举措和取得的成效等情况》，2022 年 1 月 14 日，https：//www.mps.gov.cn/n2253534/n2253535/c8329772/content.html。

② 《工业和信息化部关于电信服务质量的通告》（2021 年第 4 号），2021 年 12 月 6 日，https：//www.miit.gov.cn/zwgk/zcwj/wjfb/tg/art/2021/art_4cb023a796ab4595ae8b8dee1d9abdc9.html。

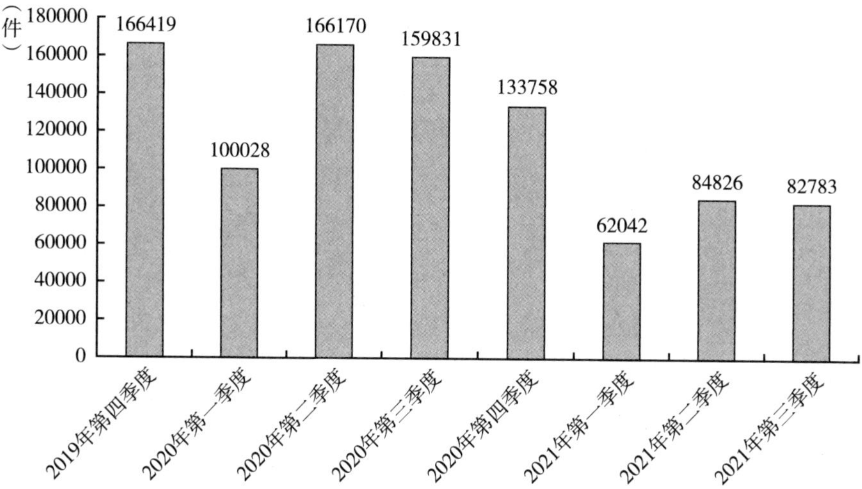

图 10　骚扰电话投诉情况

资料来源：《工业和信息化部关于电信服务质量的通告》（2021 年第 4 号），2021 年 12 月 6 日。

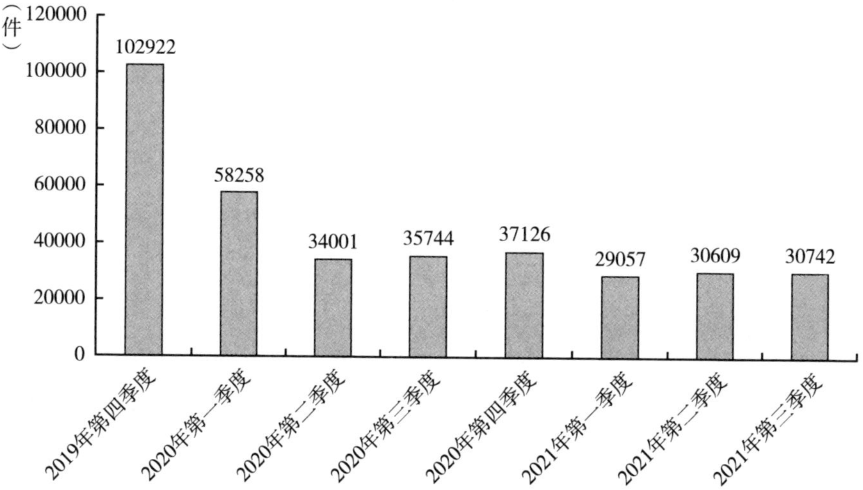

图 11　垃圾短信投诉情况

资料来源：《工业和信息化部关于电信服务质量的通告》（2021 年第 4 号），2021 年 12 月 6 日。

（三）强力整治违法违规问题， APP 治理取得阶段性成果

2021 年，工业和信息化部、公安部、国家互联网信息办公室（简称国

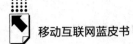

家网信办）均采取专项行动，强化 APP 侵害用户权益行为的整治，综合治理效果十分显著。

工业和信息化部专项行动。截至 2021 年 3 月，连续发布 12 批次对外通报，完成 73 万款 APP 的技术检测工作，3046 款违规 APP 被责令整改，179 款拒不整改的 APP 被下架。其中，针对 2021 年中央广播电视总台“3.15”晚会曝光的 APP 违规收集老年人个人信息问题[①]，工信部开展专项治理，责令整改“存在欺骗误导用户下载问题”的 APP 300 款、公开通报 37 款、下架 3 款；责令整改存在“违规处理个人信息问题”的 APP 75 款、公开通报 20 款、下架 1 款。2021 年第三季度，工信部对国内主流手机应用商店的 55 万款 APP 进行技术检测，公开通报了 601 款存在违规收集使用个人信息及强制、频繁、过度索权等问题的 APP，163 款拒不整改的 APP 被下架，互联网企业开屏信息“关不掉”问题基本解决，“乱跳转”误导用户问题发现率大幅下降至 1%。[②] 2021 年 12 月 9 日，依据《个人信息保护法》《网络安全法》等相关法律，工信部对 106 款 APP 进行下架处理，其中包括看看新闻、妈妈网孕育、爱回收、豆瓣、唱吧。[③]

公安部专项行动。一是通过“净网 2021”专项行动，摧毁 370 余个非法 APP 推广团伙，80 余个非法建站团伙，11 个非法 APP 签名团伙以及 230 余个其他技术支撑团伙。同时，查处 60 个违法违规即时通信工具、30 余个违法 APP 封装或分发平台，办理 80 余起涉动态 IP 代理服务案件，关停 5000 余个非法宽带账号。[④] 二是集中整治诈骗 APP 实施的电信网络诈骗案件。2021 年在公安部统一指挥下，多地公安机关同步开展行动，从诈骗网

---

① 《工业和信息化部严厉查处“3·15”晚会曝光“诱导老年人下载 APP”“APP 违规收集老年人个人信息”等违规行为》，2021 年 3 月 16 日，http://www.gov.cn/xinwen/2021-03/16/content_5593303.htm。

② 《工业和信息化部关于电信服务质量的通告》（2021 年第 4 号），2021 年 12 月 6 日，https://www.miit.gov.cn/zwgk/zcwj/wjfb/tg/art/2021/art_4cb023a796ab4595ae8b8dee1d9abdc9.html。

③ 《豆瓣、唱吧等 106 款 APP 被下架》，2021 年 12 月 9 日，工信微报，https://news.ifeng.com/c/8BpqKORbrdr。

④ 《公安机关深入推进“净网 2021”专项行动取得阶段性显著成效》，2021 年 10 月 14 日，https://app.mps.gov.cn/gdnps/pc/content.jsp?id=8168058。

站入手，梳理出专门为诈骗团伙提供域名解析等非法网络服务的犯罪团伙线索211条，涉及全国23个省区市，涉及诈骗案件1065起。2022年1月，公安部组织各地公安机关同步集中收网，抓获违法犯罪嫌疑人210余名，缴获电脑、手机等作案设备250余台。① 三是开展中小学网课网络环境专项整治工作。全年摸排、检查网络教育、游戏等重点领域网站及APP 1.2万余个，行政处罚违法违规企业852家，限期整改2609家；清理色情低俗文学作品40万余部、各类违法有害信息104万余条②，全力守护青少年身心健康。

国家互联网信息办公室专项行动。2021年，国家网信办持续开展APP违法违规收集使用个人信息专项治理工作，加大执法监管力度，组织对39种常见类型的公众大量使用的1425款APP开展了专项检测，已对其中存在严重违法违规问题的351款APP进行了公开通报，③ 责令限期整改。对未在规定时限内整改的依法采取了相关处罚措施，有些企业甚至多次被处罚直至下架。以豆瓣网为例，2021年1~11月，国家网信办指导北京市网信办，对豆瓣网实施处置处罚20次，多次予以50万元顶格罚款，累计罚款900万元，但是并未取得明显效果。2021年12月1日，国家网信办负责人约谈豆瓣网相关责任人，指出近期豆瓣网及其账号屡次出现违法违规信息的问题，情节严重，责令其立即整改，严肃处理相关责任人。随后，北京市网信办依法对豆瓣网运营主体北京豆网科技有限公司予以罚款150万元的行政处罚。④ 12月9日，豆瓣出现在工信部下架的应用软件名单中，所涉问题是超范围收集个人信息。

2021年的专项治理有力震慑了违法违规行为，APP运营者对个人信息保护工作的重视程度得到大幅提高。工信部的数据显示，2021年前三季度，

---

① 《公安机关再次对电信网络诈骗犯罪开展集中收网行动》，2022年1月28日，https://app.mps.gov.cn/gdnps/pc/content.jsp?id=8355497。

② 《公安部新闻发布会通报部署全国公安机关开展“净网2021”专项行动的工作举措和取得的成效等情况》，2022年1月14日，https://www.mps.gov.cn/n2253534/n2253535/c8329772/content.html。

③ 《APP违法违规收集使用个人信息监测分析报告》，2021年12月9日，http://www.cac.gov.cn/2021-12/09/c_1640647038708751.htm。

④ 《国家网信办依法约谈处罚豆瓣网》，2021年12月2日，http://www.cac.gov.cn/2021-12/02/c_1640043205326056.htm。

12321 网络不良与垃圾信息举报受理中心共接到不良手机应用有效投诉 120545 件次，同比下降 11.7%（见图 12），[①] 多部委的治理行动效果十分显著。

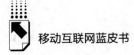

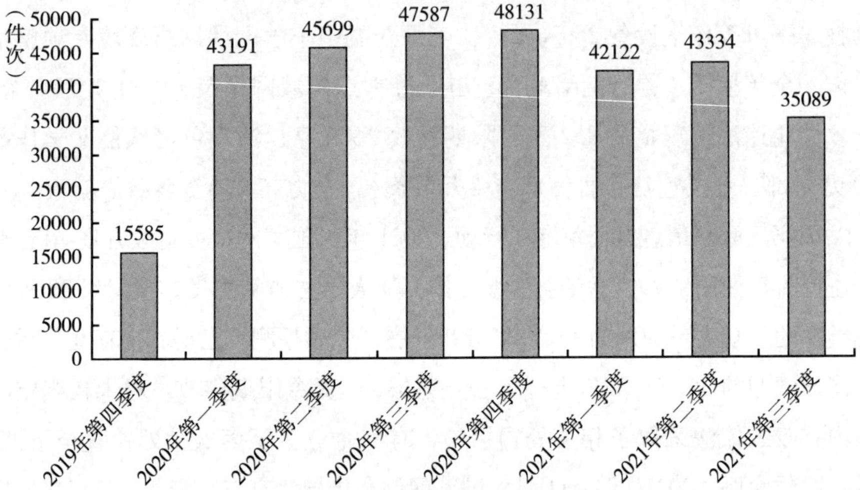

图 12　不良手机应用投诉情况

资料来源：《工业和信息化部关于电信服务质量的通告》（2021 年第 4 号），2021 年 12 月 6 日。

三　2022年移动互联网安全展望

进入 2022 年，移动互联网安全形势依然不容乐观，恶意程序、勒索病毒、安全漏洞、APP 安全隐患仍将是主要的安全威胁。相关部门的监测数据显示，2022 年第一周内，我国境内计算机恶意程序传播次数就达到 6638.8 万次、感染计算机恶意程序主机数量超过 100 万个；新增信息安全漏洞数量 528 个，其中高危漏洞数量 118 个。[②] 在 2022 年第二周内，相关部

① 《工业和信息化部关于电信服务质量的通告》（2021 年第 4 号），2021 年 12 月 6 日，https://www.miit.gov.cn/zwgk/zcwj/wjfb/tg/art/2021/art_4cb023a796ab4595ae8b8dee1d9abdc9.html。

② 国家互联网信息中心：《网络安全信息与动态周报》（1 月 3 日~1 月 9 日），https://www.cert.org.cn/publish/main/upload/File/Weekly%20Report%20of%20CNCERT-Issue%202%20%202022.pdf。

门收集捕获勒索软件样本 2027863 个，监测发现勒索软件网络传播 1078 次，单位设施感染 Wannacry 勒索软件事件 3311 起，累计感染 82802 次，较上周上升 198.5%。① 因此，在新的一年里，要继续提升移动互联网安全威胁应对能力，建立长效机制，完善全链条监管，加强技管结合。同时，要坚持综合治理，引导行业自律，落实企业主体责任、强化自我约束，最大化保护用户权益并推动互联网行业健康发展。

展望 2022 年，我国移动互联网法治建设将会进一步加强。目前，有 4 项移动互联网安全相关法规已公开征求意见。一是国家互联网信息办公室 2021 年 11 月 14 日发布的《网络数据安全管理条例（征求意见稿）》，首次提出建立数据分类分级保护制度，按照数据对国家安全、公共利益或者个人、组织合法权益的影响和重要程度，将数据分为一般数据、重要数据、核心数据，不同级别的数据采取不同的保护措施。二是国家互联网信息办公室 2021 年 10 月 29 日发布的《数据出境安全评估办法（征求意见稿）》，规定了数据处理者向境外提供数据应当申报数据出境安全评估的四种情形，数据处理者应事先开展数据出境风险自评估的六方面重点事项，申报数据出境安全评估应当提交的材料，数据出境安全评估重点评估数据出境活动可能对国家安全、公共利益、个人或者组织合法权益带来的风险以及相关管理制度等。三是国家互联网信息办公室 2021 年 10 月 26 日发布的《互联网用户账号名称信息管理规定（征求意见稿）》，包括五部分内容，分别是总则、互联网用户账号使用者、互联网用户账号服务平台、监督管理、附则，明确了国家网信部门负责对全国互联网用户账号名称信息的注册、使用实施监督管理工作。四是工业和信息化部信息通信管理局 2021 年 4 月 26 日发布《移动互联网应用程序个人信息保护管理暂行规定（征求意见稿）》。该征求意见明确了各方管理职责，规范了 APP 个人信息处理活动。

预计在 2022 年这些办法及规定正式实施后，我国移动互联网治理机制

① 《国家互联网应急中心 CNCERT 勒索软件动态周报》（2022 年第 2 期）（2022 年 1 月 8 日～1 月 14 日），https://www.cert.org.cn/publish/main/upload/File/Weekly%20Report%20of%20CNCERT-Issue%207%202022.pdf。

将得到进一步完善，网络数据处理和个人信息保护将更加精细化、规范化。同时，相关部门也将继续加大专项整治行动的力度，深入推动协同共治，全力打造政府监管、企业自律、媒体监督、社会组织和用户共同参与的网络安全综合治理新格局。

参考文献

中国互联网络信息中心：《第49次〈中国互联网络发展状况统计报告〉》，2022年2月25日，http：//www.cnnic.net.cn/hlwfzyj/hlwxzbg/hlwtjbg/202202/P020220318335949959545.pdf。

国家计算机网络应急技术处理协调中心（CNCERT）：《2021年上半年我国互联网网络安全监测数据分析报告》，2021年7月31日，https：//www.cert.org.cn/publish/main/46/2021/20210731090556980286517/20210731090556980286517_.html。

安恒威胁情报中心：《2021年上半年全球勒索软件趋势报告》，2021年6月25日，https：//ti.dbappsecurity.com.cn/blog/articles/2021/06/25/2021-half-year-ramsomware/。

国家计算机网络应急技术处理协调中心（CNCERT）、中国网络空间安全协会：《App违法违规收集使用个人信息监测分析报告》，2021年12月9日，http：//www.cac.gov.cn/2021-12/09/c_1640647038708751.htm。

《工业和信息化部关于电信服务质量的通告（2021年第4号）》（工信部信管函〔2021〕334号），2021年12月6日，https：//www.miit.gov.cn/zwgk/zcwj/wjfb/tg/art/2021/art_4cb023a796ab4595ae8b8dee1d9abdc9.html。

B.6

2021~2022年全球移动互联网发展报告

——在不确定的浪潮中寻找新的确定性*

钟祥铭　方兴东**

摘　要： 在全球新冠肺炎疫情持续流行，美国拜登政府遏制中国科技崛起策略，以及中美欧三地掀起的互联网反垄断浪潮下，2021年全球移动互联网面临三重不确定性的叠加。世界各国政府开始积极地介入互联网与高科技的发展与治理之中，成为主导性的力量。2021年全球人工智能治理取得实质性突破，智能鸿沟成为新时期数字鸿沟的全新特征。如何在人类网络命运共同体的理念下，建立全球性的共识，是我们走出共同的困境、迎接人类数字文明的关键。

关键词： 不确定性　反垄断　平台治理　AI治理　全球治理

一　导语：政府强势回归下的全球移动互联网发展与治理格局

2021年，全球移动互联网面临三重不确定性的叠加：新冠肺炎疫情继

---

* 本报告系2021年国家社科基金重大专项（批准号：21VGQ006）和2019年度国家社科基金重点项目“新媒体环境下公共传播的伦理与规范研究”（19AXW007）的阶段性成果。

** 钟祥铭，博士，浙江传媒学院互联网与社会研究院助理研究员，主要研究领域为数字治理、互联网历史、新媒体；方兴东，博士，浙江大学融媒体研究中心副主任，研究员，浙江大学社会治理研究院首席专家，主要研究领域为数字治理、平台经济、互联网历史与文化、新媒体。

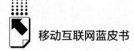

续全球流行造成的不确定性，美国总统拜登上台之后继续奉行遏制中国科技崛起的全球地缘政治带来的不确定性，以及中美欧三地同时掀起的互联网反垄断浪潮带来的不确定性。乌尔里希·贝克预言的风险社会[①]，加上全新的数字社会，风险叠加风险，制造了更大的风险；不确定性叠加不确定性，带来了更大的不确定性。

放眼全球，中美欧围绕数字治理和平台治理的制度建设和制度创新，开启了前所未有的联动、协同、互鉴与博弈态势。2021 年，刚刚上台的拜登政府，继续着诸多“后特朗普式”的科技政策，用了整整一年时间搭建美国反垄断“新布兰代斯主义”“三驾马车”的新班子，为后续针对互联网巨头的反垄断做准备。2021 年是我国“十四五”开局之年，也是反垄断工作“大年”。中国在强化反垄断和防止资本无序扩张方面雷厉风行、后来居上，通过对阿里和美团“二选一”的重罚、对滴滴上市引发的数据安全审查以及对即时通信互联互通的重磅整治，引领了 2021 年全球平台治理的浪潮。欧洲也没有“闲着”，《数字市场法案》和《数字服务法》都在稳步推进，其核心的“守门人”理念，超越“事后监管”的反垄断制度框架，创造了全新“事前监管”的治理范式。而在欧盟还没有正式通过之前，中国已经将“守门人”理念落实在已经生效的《数据安全法》和《个人信息保护法》之中。2022 年，中美欧在移动互联网时代的反垄断、数字治理和 AI 治理等领域的制度创新、构建与实施，将继续以快马加鞭的节奏推进，并开始全面落地。三地制度创新的联动与博弈无疑将重塑整个人类社会的未来新格局。

在技术、生活、社会和政治等各个层面，全球范围都面临巨大不确定性的今天，政府依然是发展和治理的“定海神针”。世界各国政府都开始更加积极地介入互联网与高科技的发展与治理之中，成为主导性力量。政府有企业和社会所不可比拟的强大力量，发挥政府的积极作用，同时界定政府有所为有所不为的边界，是世界在不确定中寻找确定性的必由之路。显然，政府

① 乌尔里希·贝克（Ulrich Beck），德国著名社会学家，“风险社会”概念提出者，慕尼黑大学和伦敦政治经济学院社会学教授，被认为是当代西方社会学界最具影响力的思想家之一。风险社会的主要特征在于人类面临着威胁其生存的由社会所制造的风险。

的所作所为将极大改变了互联网和高科技的未来进程。

总之，2021 年和 2022 年，身处漩涡之中，无论企业、社会还是国家，都首先需要在不确定中寻找新的确定性。无论是基础层面的数据治理、技术治理、AI 治理和平台治理，还是核心层面的城市治理、社会治理和国家治理，以及延伸层面的国际治理和全球治理，数字技术和应用成为全球冲突与社会失序的重要催化剂，甚至成为原动力。只有继续沿着这一角度，才能更系统、全面地梳理和总结 2021 年移动互联网的重大事件和内在变化规律。

二　综合篇：全球移动互联网新进程与新范式

新冠肺炎疫情的全球肆虐贯穿了 2020 年和 2021 年两个整年，并将继续延续至充满未知的 2022 年。联合国发布的《2022 年全球经济前景报告》指出，在经历 2021 年经济的强劲复苏之后，全球经济增长势头正在失去动力，前景面临重大不确定性和风险。[①] 然而，新冠肺炎疫情背景下的最大确定性之一，就是人类进一步加快进入数字生活的进程，疫情无疑是迄今为止数字化进程的最大动力和催化剂。上网成为人们工作、生活、学习的必要方式。

根据国际电信联盟（ITU）数据（见图 1），2021 年底，全球上网人口达到 49 亿，大约占全球人口的 63%。两年来，全球上网人口比疫情出现的 2019 年（41 亿）增长了 19.5%，新增加了 8 亿网民，网民普及率提升了将近 10 个百分点。其中，2020 年全球网民增长率再次达到两位数，达到 10.2%，为十年来的最高速度。其中发展中国家增长率是 13.3%，尤其是非洲、亚太和其他欠发达国家的网民普及率平均猛增了约 20 个百分点。2021 年，全球网民增长速度已恢复至 5.8%，回到常态。如今，全球依然还有 29 亿人无法上网，其中 96%处于发展中国家，约 3.9 亿人甚至生活在没有移动宽带信号覆盖的地区。

① United Nations, World Economic Situation Prospects, https: //www.un.org/development/desa/dpad/wp-content/uploads/sites/45/publication/WESP2022_ web.pdf.

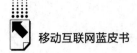

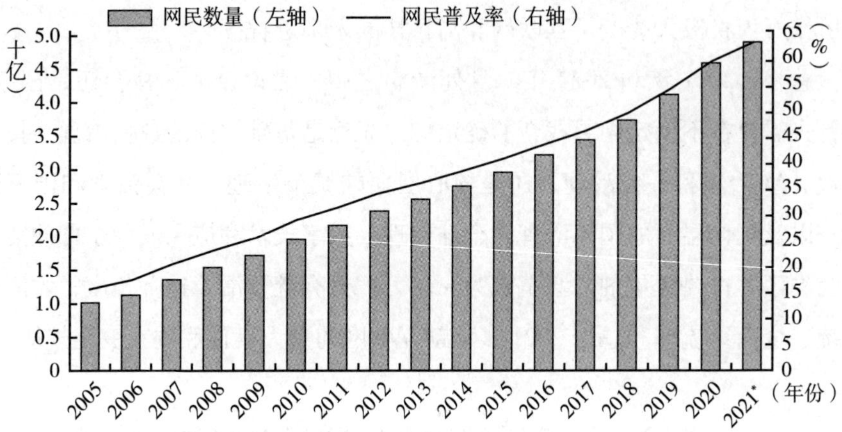

图 1　2005~2021 年全球网民数量和普及率走势

注：* 表示估计值，下同。
资料来源：国际电信联盟（ITU）。

在国际局势动荡、地缘政治复杂化和疫情大流行持续的 2021 年，全球移动网络连接数已超过 100 亿，5G 也进入一个新阶段。全球移动供应商协会（GSA）数据显示，截至 2021 年 12 月底，全球 78 个国家/地区已有 200 多家运营商至少推出一项符合 3GPP 标准的 5G 服务，5G 终端已发布 850 余款。全球各个大洲都出现了 5G 网络覆盖。① 据全球移动通信系统协会（GSMA）预测，2025 年将有 405 张网覆盖 125 个国家。移动宽带网络（3G 或以上）已经成为大多数发展中国家连接上网的主要方式，而且通常也是唯一方式。② 95%的全球人口可以通过移动宽带连接互联网（见图 2）。截至 2022 年初，单独用户（unique users）达 53.1 亿。相较于 10 年前，在过去的一年中，全球移动用户总数增长 1.8%，自上年同期以来新增约 9500 万移动用户。③ 全球移动通信系统协会研究智库（GSMA Intelligence）首席经济学家 Kalvin Bahia 认为，移动互联网的采用率在近几年中并不会产生巨大的飞跃。

---

① GSA，5G Market Snapshot 2021-end of Year，https：//gsacom.com/paper/5g-market-snapshot-2021-end-of-year/.

② GSMA，The Mobile Economy 2021，https：//www.gsma.com/mobileeconomy/wp - content/uploads/2021/07/GSMA_ MobileEconomy2021_ 3.pdf.

③ GSMA，The State of Mobile Internet Connectivity 2021.

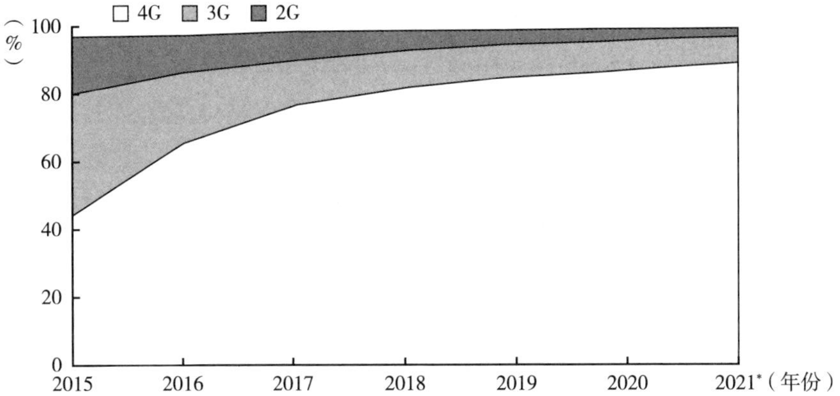

图 2　2015~2021 年移动通信技术全球覆盖情况

资料来源：国际电信联盟（ITU）。

2015~2021 年，4G 网络覆盖率增长了 1 倍，达到全球人口的 88%。亚太地区、独联体、欧洲和美洲，90% 的人口可以使用移动宽带网络覆盖（3G 或以上）（见图 3）。自 2020 年以来，非洲 4G 网络覆盖率增加了 21 个百分点，但仍有 18%的人口无法接入移动宽带网络，覆盖率差距仍然较大。

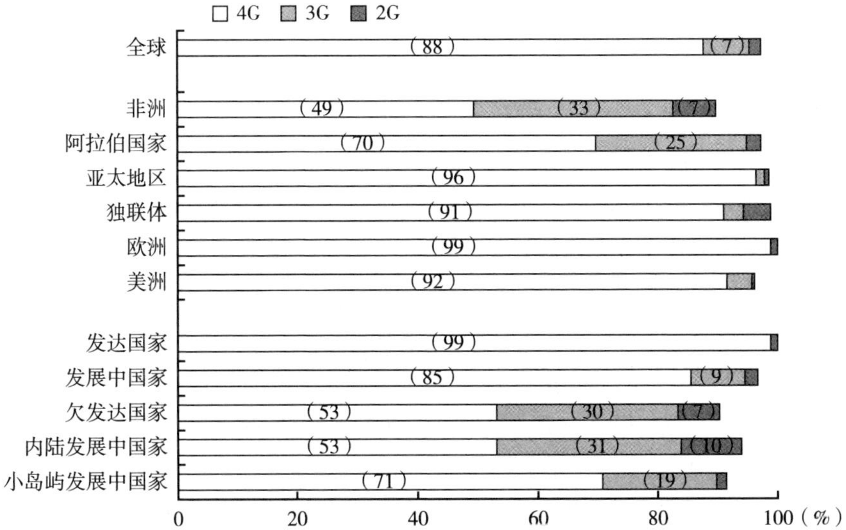

图 3　2021 年全球各区域和不同国家移动通信技术覆盖情况

资料来源：国际电信联盟（ITU）。

2021年移动网络承载的流量几乎是十年前的300倍，网络速度增长数百倍［不包括固定无线接入（FWA）］。从移动流量年度曲线的变化（见图4、图5）可以发现，移动流量的增长不仅由需求驱动，而且对网络能力、运营商收费、流量塑造和市场法规等因素较为敏感。①

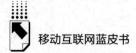

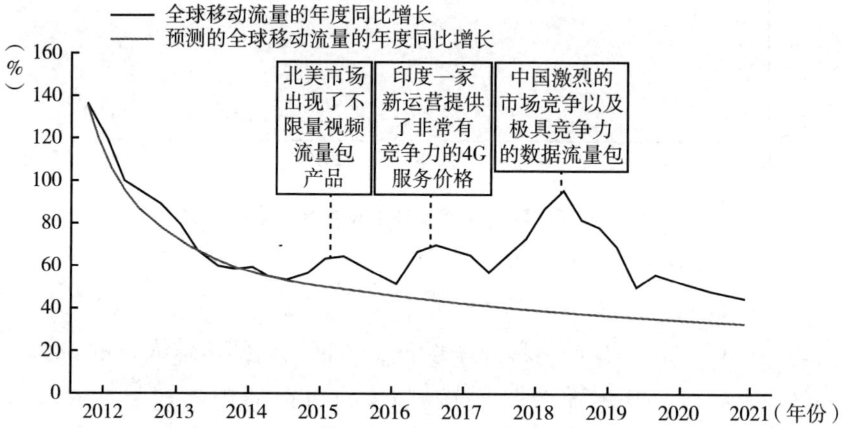

图4　全球移动流量的年度同比增长

资料来源：《爱立信移动市场报告2021》（*Ericsson Mobility Report 2021*）。

2021年，全球人工智能治理取得实质性突破，人工智能技术取得显著进展，产业发展势头强劲。根据专业调研机构托特斯（Tortoise Intelligence）的报告，2020年以来，全球对人工智能行业的投资增长115%。2021年AI投资总额达到775亿美元。美国占据着AI行业的领导地位，中国紧随其后，英国位居第三。② 斯洛文尼亚、土耳其、爱尔兰、埃及、马来西亚、巴西、越南和智利等8个国家正式发布人工智能的政府战略。欧盟发布一系列政策提案，寻求监管与发展的平衡，以独特的欧洲价值观推动AI的发展和部署。此外，2021年9月22日，英国发布《国家人工智能战略》，致力于为英国

① Ericsson Mobility Report 2021, November, 2021, https://www.ericsson.com/en/reports-and-papers/mobility-report/reports/november-2021.

② Tortoise Intelligence, AI Boom Time, 2021-12-02, https://www.tortoisemedia.com/2021/12/02/ai-boom-time/.

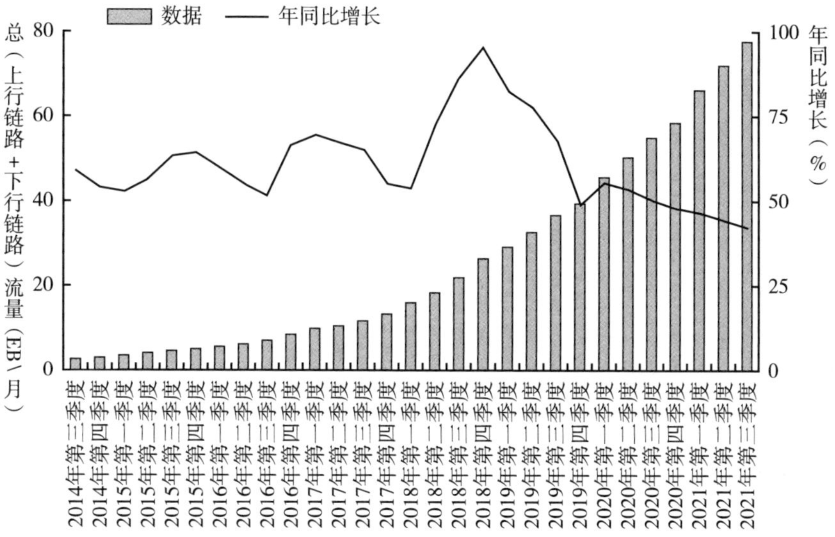

图 5　全球移动网络数据流量和同比增长率（EB/月）

资料来源：《爱立信移动市场报告 2021》（*Ericsson Mobility Report 2021*）。

未来十年人工智能发展奠定基础。2021 年 10 月 27 日，俄罗斯签署首份人工智能道德规范，该规范也将成为俄罗斯联邦人工智能项目和 2017~2030 年信息社会发展战略的一部分。

联合国将互联网接入视为“基本人权”。确保每个人都能平等地接入互联网是数字时代最重要的使命，但仍然有很长的路要走，全球未上网人口分布及数量如图 6 所示。如今，随着智能技术开启大众化浪潮，资本驱动、缺乏基本治理架构的智能技术的滥用，成为驱动数字鸿沟的主导性力量，也成为人类社会发展的最大威胁。智能鸿沟成为新时期数字鸿沟的全新特征。未来基本的格局和现实表现为接入鸿沟、素养鸿沟和智能鸿沟三重叠加的数字鸿沟，这与各个国家的发展水平逆相关。换言之，越落后的国家和区域，将面临更严重的数字鸿沟挑战。对于西方发达国家来说，接入鸿沟和素养鸿沟已经基本解决，智能鸿沟的治理能力也相对较强。而对于广大欠发达国家来说，三重鸿沟将全面叠加，相互耦合，相互强化。

此外，在移动应用方面，大多数国家和地区应用商店（App Store）在

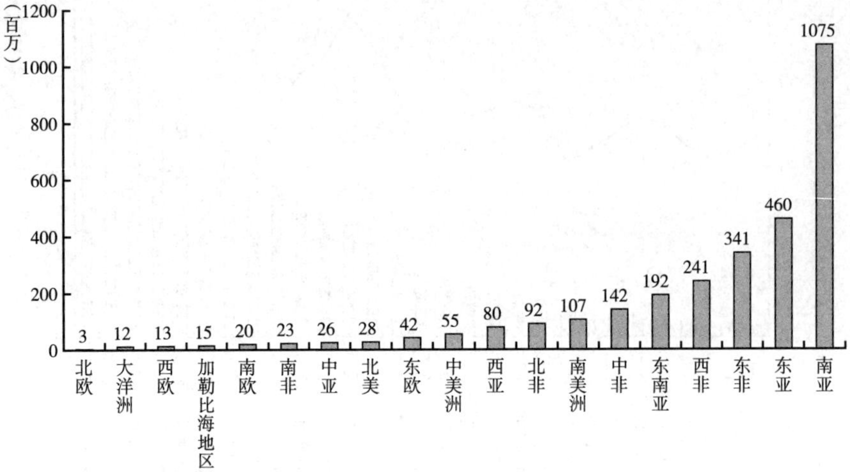

图 6　全球未上网人口分布及数量

资料来源：《全球数字报告 2022》（*Digital 2022*）。

线 APP 数量呈下降趋势。其中，受疫情影响教育类应用数量最多，在线游戏数量下降明显。2021 年全球 APP 更新活跃率偏低，一半以上的 APP 没有更新，社交类应用平均更新次数较高。① 移动应用商业情报分析机构 Sensor Tower 发布的《2021 年第四季度移动应用报告》显示，2021 年抖音海外版（TikTok）保持领先地位；NFT（非同质化代币）开始进入移动领域。OpenSea 和 VeVe 等一些顶级应用程序在 2021 年获得了关注，其他加密货币应用程序则增加了 NFT 支持。②

三　美国篇：拜登时代美国科技走势与反垄断进程

2021 年 2 月，美国总统拜登在接受访问时提出，美国和中国“不必发

① 七麦数据：《2021 年移动互联网行业白皮书》。

② Q4 2021, Store Intelligence Data Digest.

生冲突”，但双方都可能在全球经济舞台上进行“极端竞争”（extreme competition）。[①] 拜登政府执政后，美国开始调整特朗普政府时期的单边主义政策，强调盟友的重要性，并致力于打造“四个联盟”的对华战略，即科技联盟、地缘联盟、民主治理联盟和经贸联盟。同时，拜登政府继承了特朗普政府时期强调的“面对中国的崛起，美国国家安全需要重回‘国家中心主义’”的争斗模式。拜登政府对华战略在人权、安全、经济与科技四个领域共同打压中国。高科技竞争的跨空间性改变了大国竞争的传统地缘模式。高科技研发和尖端制造业领域已经成为美国对华遏制战略的主战场。

对内，拜登政府通过发展中长期战略竞争不断提升本国的科技和产业竞争力。2021年6月8日通过的《2021年美国创新和竞争法案》（USICA）旨在扩大对产业和科技的投资以应对中国的挑战；对外则通过组建科技领域所谓的“民主国家同盟”，在产业链、供应链等领域联合更多国家建立起针对中国的“小院高墙”。2021年9月，美国与欧盟宣布成立美欧贸易与技术委员会（TTC）以加强美欧之间合作。此外，拜登政府通过争夺全球技术标准的制定权遏制中国高科技产业的创新。2021年9月15日，美英澳安全和军事联盟架构——“奥库斯”（AUKUS）联盟建立，这将成为可能的对华开展数据围堵战略的起点，并依此构建更大的联盟。“奥库斯”联盟的建立旨在让美英澳三国与东盟、太平洋国家、五眼联盟合作伙伴、四方安全对话机制等区域伙伴建立国际伙伴关系，并随着战略环境的演变，在必要时进一步升级这种关系。美英澳发布的联合声明表示，将加强三方联合、情报共享、人工智能、量子技术等领域的发展。此外，拜登政府正在积极寻求印度—太平洋区域国家的建设性合作。

特朗普政府和拜登政府在对中国的主动竞争上保持一贯态度，区别于特朗普政府为“破坏”行为，而拜登政府更重视“建设”。2021年3月，拜登在宾夕法尼亚州的一次讲话中提及将推出高达2万亿美元的基

① BBC News, Joe Biden: Expect ‘extreme competition’ between US and China, https://www.bbc.com/news/av/world-us-canada-55974668.

础设施计划，作为“重建更美好未来”愿景的一部分。2021 年 11 月 15 日，拜登签署包括建设宽带相关设施在内的 1 万亿美元的基础设施改革法案，被称为美国版“新基建”法案。这是美国半个世纪以来最大规模的基础设施投入，为重建美国基础设施提供了法律保障，其战略意图直指中国。

2021 年 3 月，拜登任命哥伦比亚大学教授、“网络中立”一词的提出者吴修铭（Tim Wu）为美国国家经济委员会总统助理，开启了拜登政府反垄断进程的序幕。吴修铭认为，反垄断的目的不能局限于消费者福利，日益庞大的科技巨头构成了对民主制度的威胁。因此，他抛弃以“消费者福祉”衡量反垄断法的一贯理论基础，主张重新审视竞争法的意义，让竞争法扮演更大的角色，考虑拆解企业、并购审查、市场调查、集团诉讼等选项，以解决这些企业垄断所产生的问题。

2021 年 6 月，美国总统拜登任命作为“新布兰代斯主义”旗手的年仅 32 岁的哥伦比亚大学法学副教授莉娜 · 汗（Lina Khan）为美国联邦贸易委员会主席，其和吴修铭共同引领的新布兰代斯运动，颠覆了长期主导美国反垄断进程的芝加哥学派的理论框架。2017 年，莉娜 · 汗在耶鲁法学杂志发表论文《亚马逊的反垄断悖论》（*Amazon's Antitrust Paradox*），从多个角度揭露在线电商平台亚马逊滥用垄断的行为。莉娜 · 汗通过该文一战成名，被媒体赞扬为“反垄断思想新学派的领导者”。她提出，反垄断法要重新审视对于竞争结构的保护。

2021 年 7 月 20 日，美国总统拜登宣布提名科技巨头的批评者乔纳瑟 · 坎特（Jonathan Kanter）担任司法部反垄断负责人。坎特长期以来是谷歌、苹果等科技巨头的批评者，被称为“谷歌宿敌”。至此，由吴修铭、莉娜 · 汗和乔纳瑟 · 坎特构成的拜登政府掌舵反垄断的三人组到位，预示着美国反垄断的历史性转向。

2021 年 6 月 8 日，美国参议院通过了《美国创新与竞争法案》（*U. S. Innovation and Competition Act*）。该法案为旨在提升美国制造业和科技实力的立法措施。同时，也显示了美国在调整产业创新政策思路、重塑国家创新体系、维护先进技术全球领先地位等方面的决心，以及美国全面遏制中国发展的态度。全政府思维成为美国制定对华法案的指导思想，《美国创新与竞争法案》标志着美国正通过立法形式开启全面遏华时代。

美国联邦政府将在未来 5 年内为法案中的相关措施提供 2500 亿美元，其中科技创新相关部分达 1600 多亿美元（见表 1），占比超过 60%。[①] 尽管美国在过去半个世纪的技术创新中处于领先地位，但随着中国在科技创新研发方面投入的不断增加（见图 7），中国正在从制造到研发再到标准制定的技术价值链中崛起。

表 1　2022~2026 财年美国法案与科技创新相关拨款及研发投入情况

单位：亿美元

相关机构与计划	2022财年	2023财年	2024财年	2025财年	2026财年	5年合计	5年研发投入增量合计
美国国家科学基金会总计	108.0	128.0	166.0	195.0	213.0	810.0	
技术创新学部	18.0	32.0	63.0	84.0	93.0	290.0	395.0
既有学部	90.0	96.0	103.0	111.0	120.0	520.0	
美国国防部高级研究计划局	70.0	70.0	70.0	70.0	70.0	350.0	175.0
制造业推广伙伴关系计划	4.8	4.8	4.8	4.8	4.8	24.0	16.5
能源部实验室	—	—	—	—	—	169.0	169.0
半导体研发项目	—	—	—	—	—	105.0	105.0
美国国家航空航天局	—	—	—	—	—	100.32	100.32
区域技术中心	—	—	—	—	—	100.0	100.0
合计	—	—	—	—	—	1658.32	1060.82

2021 年 6 月 11 日，美国国会众议院公布《终止平台垄断法》《美国创新与选择在线法案》《收购兼并申请费现代化法案》《平台竞争和机会法案》《通过启用服务切换（ACCESS）法案》等五项法案（草案），体现了美国数十年来在反垄断领域全面的改革计划。

① 孙浩林、程如烟：《〈2021 财年美国创新与竞争法案〉将大幅增加美国研发投入》，《科技中国》2021 年第 10 期。

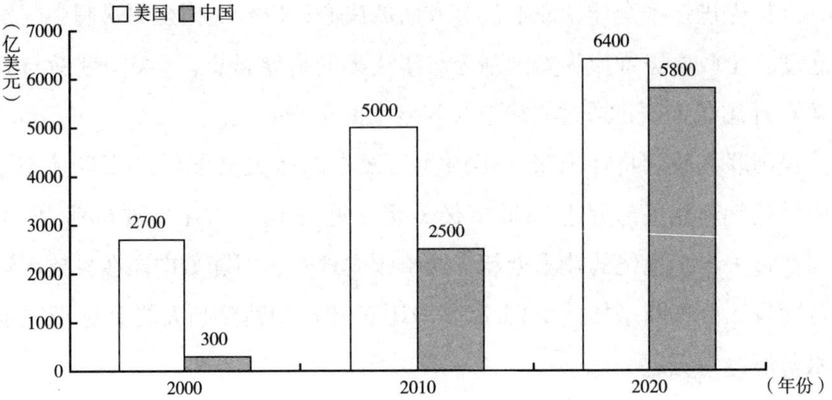

图7　2000 年、2010 年、2020 年中美研发支出总额

资料来源：Allison, G. , Klyman, K. , Barbesino, K. , Yen, H. , The Great Tech Rivalry: China vs the U. S. Belfer Center Harvard Kennedy School, 2021, https: //www. belfercenter. org/publication/great-rivalry-china-vs-us-21st-century.

四　欧洲篇:《数字市场法案》“守门人”理念背后的范式转变

2010 年代开始，欧洲就彰显了在数字治理层面的制度创新和引领能力。从 2010 年代在全球最早开启互联网反垄断，针对美国互联网巨头谷歌（Google）、脸书（Facebook）、亚马逊（Amazon）和苹果（Apple）等开出一系列巨额罚单，到 2018 年推出的《通用数据保护条例》（GDPR），迅速成为全球个人信息和数据保护的制度样板，再到 2020 年《数字市场法案》草案，以“守门人”为理念的一系列平台治理的制度框架，以及 2021 年欧洲将要落地的人工智能治理法案，如同欧洲为人类现代社会提供思想和制度源泉一样，今天的欧洲也在为人类数字时代的建章立制贡献其独特的智慧。

2020 年 12 月 15 日，欧盟委员会发布《数字服务法案》（DSA）和《数字市场法案》（DMA）两份数字新规草案。尤其是《数字市场法案》草案的“守门人”理念，成为最近十年来全球数字治理最大的理念创新和制度创新。从“守卫”新闻传播的内容之门，到“守卫”平台治理的社会之门，“守门人”理念的范式转变反映了技术进步与时代发展的必然趋势，延续了人类文明内在一致的时代精神，也代表着整个数字时代人类社会传播与治理的范式转变。如今，“守门人”的新内涵正在为人类数字时代的治理路径和制度创新提供重要的参照与启示。

数字技术开始真正深度主导人类生活和社会。新冠肺炎疫情极大地促进了数字经济的发展，也极大地激化了数字治理的全方位挑战。中美欧共同掀起的此轮平台反垄断的本质不仅是经济问题，而且是政治问题；平台与政府的博弈不仅仅是利益问题，还有深层次的权力问题。超级平台的有效治理不仅是中国面临的巨大挑战，也是美国和欧洲等全球主要区域面临的共同挑战。

继《通用数据保护条例》和《数字市场法案》之后，欧盟又采取一项具有奠基性的制度创新举措。2021 年 4 月 21 日，欧盟委员会发布了《人工智能法》提案。该提案是欧盟首个关于人工智能的具体法律框架。该提案的主要特点在于设置了一种重视风险且审慎的监管结构，对人工智能风险等级进行了精细的划分，制定了有针对性的监管措施。[①]《人工智能法》的推出体现了欧盟在人工智能监管领域扮演引领全球的角色和提升竞争力的决心。

以数字制度创新崛起的欧洲，无疑是中美迈向数字时代制度创新难得的借鉴样板，同时地缘政治竞争不断激化的背景，也重构了中美欧制度博弈与地域竞争的未来新图景。当然，竞争和博弈只要控制在良性的范围之中，那就是彼此最好的动力，也是整个人类面向数字时代未来的福音。

五　世界其他地区：不同的国情与处境，共同的挑战和困境

截至 2022 年 1 月，印度互联网普及率为 47%，网民数量达 6.58 亿，仍然有 7.42 亿人处于“离线”状态。印度的移动连接数（mobile connections）

① MacCarthy, M., Propp, K., Machines learn that Brussels writes the rules: The EU's new AI regulation, 2021-04-29, https://ai-regulation.com/wp-content/uploads/2021/04/machines-learn-tht-bssl-write-the-rules.pdf.

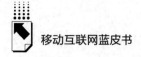

占总人口的81.3%。2021~2022年，印度的移动连接数增加了3400万，增幅约3.1%。[①] 印度在全球移动互联网版图中的地位日渐凸显。而在印度移动互联网市场最活跃的中国企业和中国资本，继续遭遇政治因素的围剿和打击，这使印度市场面临了更大的不确定性。

对互联网应用缺乏必要的认识和较高的数据流量费用成了印度移动互联网发展的主要障碍。自积极的定价策略推出以来，印度的移动互联网使用量一直处于增长状态。但劣质和悬殊较大的网络服务对移动互联网市场也带来了负面影响。

印度政府推行“数字印度”计划，旨在利用数字技术的潜力来应对本国重大的社会经济挑战。包括“数字印度”计划在内，人口结构变化、消费者行为、智能手机需求和价格下调、社交网络的普及等因素都是促进印度移动互联网市场增长的主要驱动力。根据《2022年印度网络广告报告》数据，印度网络广告行业市场规模从2020年的1578.2亿印度卢比增长到2021年的2135.3亿印度卢比，增长率为35.3%。印度移动设备使用量的快速增长和互联网基础设施的改善推动移动数字广告支出份额达到75%。[②]

印度正在积极谋划对华网络战。2021年9月27日，印度副总统奈杜（M. Venkaiah Naidu）宣称：印度准备好不仅在常规战争中占据主导地位，还要在新出现的冲突领域确立优势，如网络信息战。2020年6月，印度政府依据所谓“国家安全”封禁超200个中国手机应用程序，2022年2月，据多家印度媒体报道，印度政府将再度以所谓“安全威胁”为由，禁用54款中国手机应用程序。而当地缘政治的影响足以彻底排斥正常的市场竞争时，印度最终也很难成为笑到最后的胜利者。

联合国发布的*Economic Development in Africa Report 2021*显示，过去十年中，非洲的贫困水平总体有所下降，但不平等扩大。2021年，发展中国家和全球的平均增长率分别为6.4%和5.5%。非洲的经济增长率为3.8%，仍

① Digital 2022 India, 2022-02-15, https://datareportal.com/reports/digital-2022-india.

② Dentsu, Digital Advertising in India 2022.

然是全球经济复苏最慢的地区之一。非洲人口数达 13 亿，其中网民数接近 5 亿，占总人口的 38%。非洲还拥有世界上最年轻、增长最快的人口和日益城市化的劳动力。在网民占比上，肯尼亚网民占 83%，尼日利亚网民占 60%，南非网民占 56%。[①]

非洲是世界上受新冠肺炎疫情影响最严重的地区，2021 年贫困人口率增加了 3 个百分点。一方面，新冠肺炎疫情对经济和社会造成了严重的破坏，另一方面，其迫使非洲国家进行创新和数字化。《非洲数字转型战略（2020—2030）》旨在利用数字技术和创新改变非洲社会和经济现状。非洲国家承诺继续共同努力，促成一个综合、包容的数字社会和经济，提高所有非洲人的生活质量。根据投资监测机构 Investment Monitor 发布的 *African e-Connectivity Index 2021*，南非是互联网连接质量最高的非洲国家，之后是毛里求斯、埃及、肯尼亚和突尼斯。非洲的互联网通信市场需要向更多的服务提供商和电信公司解除管制并开放，以便宽带能够覆盖包括农村地区人口在内的非洲大陆数百万人。金融科技、电子商务、健康科技等多个行业正在引领非洲的数字化转型。根据 GSMA 的数据，从医疗保健到金融服务，非洲已经有 1200 余个数字平台，其中尼日利亚、南非、肯尼亚、埃及和加纳占 80%。[②]

相较于决策者，非洲的市民社会更愿意接受数字技术。在没有政府资助的情况下，数字技术产业通过孵化器和初创企业、技术中心和数据中心在非洲发展。非洲的年轻人正在运用数字技术应对疫情带来的挑战。[③] 一些国家的政府也通过政策积极推动数字化发展。例如，卢旺达在数字基础设施方面投入大量资金，该国 90%的人口接入互联网，75%的人口拥有手机，利用数字技术实现通过疫情数字地图实时追踪疫情传播、扩大远程医疗等。肯尼亚

---

① UNCTAD, Economic Development in Africa Report 2021, 2021-12-08, https://unctad.org/system/files/official-document/aldcafrica2021_ en.pdf.

② Mitchell, J., African e-Connectivity Index 2021: The final frontier and a huge opportunity, 10 November, 2021, https://www.investmentmonitor.ai/tech/africa-connectivity-index-2021.

③ Duarte, C., In rebuilding after COVID-19, policymakers must invest in innovative technology to leapfrog obstacles to inclusive development, https://www.imf.org/external/pubs/ft/fandd/2021/03/africas-digital-future-after-COVID19-duarte.htm.

本土数字技术与电商企业发展步入“快车道”。肯尼亚首都内罗毕拥有50余个本土金融科技公司，其中大部分聚焦移动支付行业。[①] 总体而言，非洲的数字化程度仍然较低，数字鸿沟问题依然严重，还面临网络犯罪威胁以及其他基础设施的缺乏。无论数字技术演变为社会发展带来多么重大而关键的基础设施，社会发展本身依然是数字基础设施的基础和保障。

新冠肺炎疫情同样迫使拉美的数字化转型进程加速。截至2021年底，拉丁美洲有约1.8亿人没有上网。由于固定无线接入（FWA）适用于传统固定宽带难以接入的地点，因此被视为实现“连接所有人”（Connect the Unconnected）的最佳方案。该地区的许多国家正在积极部署FWA。拉丁美洲对5G的兴趣日益浓厚，5G的部署和普及带来了巨大的机会，有助于整个拉美地区的经济复苏和社会包容性。哥伦比亚、巴西、秘鲁和波多黎各等国已经推出了5G商用服务。继巴西、智利和多米尼加共和国成功地拍卖了频谱后，预计更多的拉美国家/地区将在2022年部署新的5G服务。[②]

六　展望2022年：经历2021年大变局之后的新格局

无论是移动互联网还是数字科技，人类重大的创新和发展，首先基于社会的稳定和良好的秩序。社会的动荡和世界的混乱，无疑是创新的杀手。任何对疫情的乐观预测都依然飘摇，在面临着更多风险的2022年，我们依然需要怀抱乐观和积极的态度，展望移动互联网为我们创造的更好的新世界。2022年，几大热点值得移动互联网领域特别关注与期待。

首先，依然是反垄断与平台治理进一步的制度突破。欧洲一直保持着互联网与高科技领域反垄断的先锋地位。2020年之前，全世界有一半与科技巨头相关的立法提案都出自欧洲。仅2019年上半年，就出台了约200项反

① Mureithi, C., Which African country has the best-value mobile internet?, Quartz Africa, 2021, https://qz.com/africa/2026680/which-african-country-has-the-best-value-mobile-internet/.

② Ericsson Mobility Report 2021, November, 2021, https://www.ericsson.com/en/reports-and-papers/mobility-report/reports/november-2021.

垄断的新政策。2020 年推出的《数字市场法案》和《数字服务法案》草案，成为迄今为止全球互联网反垄断最重磅的制度利器。2022 年，这两大法案的生效和实施，将重塑整个全球反垄断的格局。2022 年 1 月 20 日，欧洲议会表决通过了《数字服务法案》，接下来《数字服务法案》将提交给欧盟各成员国议会审议，在获得各国批准后生效实施。和 2020 年底提交的草案相比，最新版《数字服务法案》新增了对超大型平台的内容审查、个性化广告、算法推荐等方面内容。如同 GDPR 一样，欧盟《数字市场法案》和《数字服务法案》必将成为全球反垄断和平台治理的制度样板和标杆。

美国是全球互联网和高科技发展强国，也是过去百年来反垄断的引领者。自 21 世纪初期微软反垄断案之后，美国反垄断沉寂近 20 年，最近几年也酝酿着“火山”再度喷发的一系列立法和执法举措。经历了 2021 年的排兵布阵，2022 年更多实质性举措将陆续展开。2022 年 1 月 27 日，包括由 35 名州检察长组成的联盟、微软和电子前沿基金会（EFF）等在内的大量组织提交了法庭之友书状以支持埃皮克游戏开发公司（Epic）的上诉。在这场斗争中，Epic 试图证明苹果垄断了 iOS 应用程序，并要求做出改变，以有效地迫使苹果在该商店的所有交易中占据较小比重。如果 Epic 成功推动苹果接受第三方支付，将极大地改变这个世界上最赚钱公司利润丰厚的运营方式。2022 年 2 月 4 日，美国参议院司法委员会以 20∶2 的结果通过《开放应用市场法案》，后续将递交全院投票。这一法案将要求苹果、谷歌允许应用开发商在 iOS 和安卓系统中使用其他支付系统，并且允许消费者安装第三方应用商店。

中国在互联网反垄断方面，以短平快的节奏开始进一步予以加强。2021 年 12 月 30 日，国家市场监管总局局长张工在全国市场监管工作视频会议上表示，将深入实施新《反垄断法》，完善配套制度规则。具体包括：加快制修订《经营者集中申报标准》《禁止垄断协议暂行规定》《禁止滥用市场支配地位暂行规定》《禁止网络不正当竞争行为规定》《互联网广告管理办法》等，加强制度性研究，为资本设置好“红绿灯”。2022 年 1 月 27 日，在国务院新闻办举行的新闻发布会上，国家市场监管总局价格监督检查和反不正当竞争局局长袁喜禄透露将进一步完善公平竞争规制规则。2022 年将以修订出台的《反垄断法》为核心，以《关于强化反垄断深入推进公平竞争政策实施的意见》为遵循，加快完善反不正当竞争法律规则，不断健全多层次的竞争监管规则体系，为市场主体提供一个明确的预期。

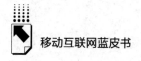

其次，作为平台治理新的重中之重的 AI 治理，代表了当今数字治理的新前沿、新挑战和新范式。而中美欧在 AI 治理制度创新方面的进展尤其值得重点关注。

2022 年 2 月 3 日，美国参议员罗恩—怀登（Ron Wyden）、参议员科里—布克（Cory Booker）、纽约州众议员伊维特—克拉克（Yvette Clarke）提出了《2022 年算法责任法案》，要求自动化决策系统具有新的透明度和问责制。作为一项具有里程碑意义的法案，该法案为软件、算法和其他自动化系统带来新的监督，这些系统被用来对美国人生活的几乎每个方面做出关键决定。

2022 年，欧盟预计将正式通过并实施《人工智能法案》（AIA），相当于 AI 领域的 GDPR。这是全球首部 AI 管制法律，目标是规范人工智能系统，高风险 AI 系统将受强监管。2021 年 4 月，欧盟发布《人工智能法》提案，提出了 AI 统一监管规则，旨在从国家法律层面限制 AI 技术发展带来的潜在风险和不良影响，使 AI 技术在符合欧洲价值观和基本权利基础上的应用创新得到进一步加强，让欧洲成为可信赖的全球 AI 中心。

中国将发挥自身体制优势，先试先行。2022 年 3 月，《互联网信息服务算法推荐管理规定》将正式生效，这是中国第一部聚焦于算法治理的部门规章，也是全球第一部系统性规制算法的法律文件。2022 年，可以称得上是“中国算法监管元年”。

2022 年，中美欧三方依然是塑造全球移动互联网新格局的关键所在。三大区域都在“厉兵秣马”。2022 年 2 月 4 日，美国众议院通过了 *America COMPETES Act of 2022*。该法案名为增强美国竞争力，实为遏制和打压中国的创新与发展，维护美国的全球霸权地位。2022 年 2 月 8 日，欧盟公布《芯片法案》，将投入超过 430 亿欧元的公共和民间投资，以使欧盟能够实现到 2030 年在全球芯片市场占有率较现阶段翻一番，达到 20%的目标。欧盟高调加入全球芯片竞赛，希望借此减少欧盟在半导体方面对亚洲的依赖。

面对不断升级的科技竞争，中国依然稳步推进自己的积极防御战略。“科技政策要扎实落地”是2021年中央经济工作会议部署的七大任务之一。2021年，中央部署系列科技改革任务，包括科技发展规划、各领域科技行动计划、重大改革举措工作方案，全面形成了“十四五”的开局部署。2022年的工作主轴就是抓落实。

2022年，美国政府越来越强势主导下的互联网与高科技，依然面临重重挑战。从特朗普到拜登，美国政府在互联网和高科技领域越来越意识形态化、政治化和武器化的所作所为，无疑已经使之成为巨大的“麻烦制造者”。因此，如何在人类网络命运共同体的理念下，建立全球性的共识，是我们走出共同的困境、迎接人类数字文明的关键。

在不确定的世界中总结2021年、展望2022年，寻找新的确定性，是我们的必由之路，哪怕这种确定性是那么脆弱，我们也依然要为之不懈努力。新的格局不可能在2022年中脱颖而出，但是，新的格局一定在2022年酝酿和蜕变。

参考文献

方兴东、钟祥铭：《互联网平台反垄断的本质与对策》，《现代出版》2021年第2期。

王先林：《反垄断和公平竞争政策进入顶层设计视野》，《法制日报》2022年1月14日。

朱锋、倪桂桦：《拜登政府对华战略竞争的态势与困境》，《亚太安全与海洋研究》2022年第1期。

孙浩林、程如烟：《〈2021财年美国创新与竞争法案〉将大幅增加美国研发投入》，《科技中国》2021年第10期。

Dufva T., Dufva M, “Grasping the future of the digital society”, *Futures* 2019 (107): 17-28.

产业篇

Industry Reports

B.7 2021年中国无线移动通信发展及应用趋势分析

潘 峰　刘嘉薇　李泽捷*

摘 要： 当前，世界百年变局和世纪疫情交织叠加，新一轮科技革命和产业革命深入发展。在此背景下，我国无线移动通信发展迅猛，尤其以5G为代表的新型基础设施，在网络、应用、产业生态等方面形成系统领先优势。秉持“适度超前”原则，我国5G网络覆盖日渐完善，5G应用正向着规模化逐步发展。随着5G标准和用户需求逐步清晰，行业应用不断走深向实；随着5G用户数量稳步攀升，个人应用市场持续培育。

* 潘峰，中国信息通信研究院无线电研究中心副主任，高级工程师，主要从事宽带无线移动通信技术的战略规划、政策研究、网络规划、测评优化、产业发展等工作；刘嘉薇，中国信息通信研究院无线电研究中心无线应用与产业研究部工程师，主要从事5G市场、产业和应用等相关技术研究和标准化工作；李泽捷，中国信息通信研究院无线电研究中心无线应用与产业研究部工程师，主要从事“新基建”5G/NB-IoT网络建设、新技术、融合应用等领域研究和咨询工作。

关键词： 5G 规模化应用　数字经济　无线移动通信

一　2021年无线移动通信网络及业务发展状况

（一）“十四五”开局政策频出，推动5G 全面发展

2021 年是我国“十四五”规划开局之年，也是我国社会主义现代化建设中的重要一年。我国要在“十四五”期间持续保持经济平稳增长，必须充分释放以 5G 为代表的前沿数字技术创新对经济社会高质量发展的基础和带动作用。

我国高度重视 5G 发展，相关政策相继出台，在“十四五”开局之年为 5G 商用全面发展指明了方向。“十四五”规划纲要将 5G 发展放在一个重要位置，提出要“加快 5G 网络规模化部署，用户普及率提高到 56%”，并指出要“构建基于 5G 的应用场景和产业生态”。在 2022 年的政府工作报告中指出要“建设数字信息基础设施，推进 5G 规模化应用，促进产业数字化转型”。

为全面贯彻落实党中央、国务院指示精神，工信部在信息通信业“1+2+9”规划体系中强化 5G 发展引导，制定“十四五”信息通信行业发展规划，明确 5G 未来 5 年重点任务和目标。2021 年初，工信部编制印发了《“双千兆”网络协同发展行动计划（2021～2023 年）》，从网络建设、应用场景、产业发展等方面加强政策指导和支持，引导各方合力推动 5G 和千兆光网协同发展。在应用方面，工信部等十部门印发《5G 应用“扬帆”行动计划（2021～2023 年）》（简称《扬帆行动计划》）。《扬帆行动计划》提出了八个专项行动 32 个具体任务，从面向消费者、面向行业以及面向政府三个方面明确了未来三年重点行业 5G 应用发展方向，涵盖了信息消费、工业、能源、交通、农业、医疗、教育、文旅、智慧城市等 15 个重点领域，对于统筹推进 5G 应用发展，培育壮大经济社会发展新动能、塑造高质量发

展新优势具有重要意义。此外，工信部与其他部委间的跨部门协同不断加强。工信部联合卫生健康委开展“5G+医疗健康”应用试点，联合教育部开展“5G+智慧教育”应用试点，与发展改革委、国家能源局、中央网信办联合印发《能源领域5G应用实施方案》，并正在积极与其他行业主管部门对接沟通，不断深化5G在千行百业的赋能作用。

各地政府积极创造有利条件，因地制宜，结合地方经济产业特点，明确5G产业和重点应用发展方向和目标，为5G高质量建设保驾护航。根据中国信息通信研究院统计，截至2021年12月底，各省区市共出台各类5G扶持政策文件583个，其中省级70个、市级264个、区县级249个。[①]

（二）网络建设不断推进，5G网络质量不断提升

我国始终坚持适度超前的原则推进5G网络建设，助力千行百业数字化转型。2021年，在一系列政策的支持和指导下，5G产业各方凝心聚力，共同推进5G网络建设，使5G网络覆盖日渐完善，精准集约建网加快推进。

在过去的一年中，为有力解决基站站址报建审批、供电需求、公共资源开放等问题，各地政府积极发挥作用，出台支持政策、成立工作小组、建立联动机制，为5G网络建设开辟了便捷的通道，有力推动了我国5G网络建设全面发展。

2021年，中国电信、中国移动、中国联通、中国广电等基础电信企业更是将5G网络建设作为工作重点。截至2021年底，我国累计建成并开通5G基站142.5万个，其中电信和联通约70万个，移动和广电超过70万个，5G基站总量占全球60%以上，规模居全球首位。全国5G基站数与4G基站数比例24.3%，平均每万人拥有5G基站数10.1个。5G网络覆盖由城市逐步向县城和乡镇扩展。截至2021年底，5G网络已覆盖所有地级市城区，超过98%的县城城区和80%的乡镇镇区。[②] 我国独立组网（SA）模式的核心

---

① 中国信通院数据统计。

② 工业和信息化部数据统计。

网已建成并运营，三大运营商均已实现5G独立组网（SA）的规模部署。5G共建共享走向深入，基础电信企业共建共享5G基站超过80万个，促进5G网络集约高效发展。随着5G网络覆盖的不断完善，5G网络速率远远高于4G。中国信息通信研究院5G云测平台实测数据显示，2021年第四季度，我国4G网络平均下载速率为28.1Mbps，5G网络平均下载速率为332.5Mbps。

此外，5G行业虚拟专网也已达成产业共识，形成运营商独立品牌。5G行业虚拟专网在部署过程中逐步形成公网共用、公网专用及定制专用三大网络落地部署架构，为工业、电力、能源等领域优化生产管理、赋能转型升级提供了必要的网络条件。截至2021年底，我国建成并商用的5G行业虚拟专网已超过2300个。①

（三）移动宽带业务保持增长，行业与个人市场并进

从个人市场看，2021年我国5G用户数持续提升，与5G覆盖日渐完善及个人终端款式增多、性能增强密不可分。最新统计数据显示②，截至2021年底，三家基础电信企业的移动电话用户总数达16.43亿户，其中5G移动电话用户数达到3.55亿户，5G终端连接数达到5.18亿，5G个人用户渗透率达到28.7%。在新冠肺炎疫情时期，用户对在线购物、在线办公、远程教学等非接触式服务的需求持续提升，对网络的依赖程度加大。网络速率的不断提升也促进了短视频、在线直播等高速率、大流量应用场景的发展，移动互联网流量也持续攀升。2021年，移动互联网接入流量达2216亿GB，比上年增长33.9%。全年移动互联网月户均流量（DOU）达13.36GB/（户·月），比上年增长29.2%。5G个人用户DOU达12.7GB，增长趋势较好。③ 从增速看，在2016~2020年移动互联网流量5年平均增速高达109%的基数下，2021年仍实现比上年增长33.9%的较高增速；从总量看，2021

① 工业和信息化部数据统计。

② 工业和信息化部：《2021年通信业统计公报》，2022年1月25日。

③ 工业和信息化部：《2021年通信业统计公报》，2022年1月25日。

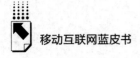

年移动流量消费是2016年的23.6倍。①

从行业市场看，5G技术激发各领域加大数字化投资。2021年，中国电信、中国移动、中国联通和中国铁塔股份有限公司共完成电信固定资产投资4058亿元，其中5G投资额达1849亿元，占全部投资的45.6%，占比较上年提高8.9个百分点。② 随着5G行业应用的深入发展，国民经济的其他行业开始增加对5G及相关ICT技术的投资。三家基础电信企业2021年上半年财报显示，5G专网服务带动中国移动DICT（数据技术与信息和通信技术融合创造的价值）增量收入超过60亿元，占同期其DICT增量收入的48%、通信服务增量收入的17%；中国联通的5G行业应用上半年累计签约金额超13亿元；而中国电信的5G应用场景较2020年底增长近1倍，市场需求呈现爆发式增长。③

二 2021年5G应用实现从“1”到“10”的突破

（一）全球积极开展5G应用推广，应用发展处于初期阶段

总体上，全球5G应用整体处于初期阶段，在工业互联网、医疗健康、智慧交通和城市、公共安全及应急等领域已有小范围落地应用，但大规模、可复制应用仍有待时日。

韩国政府强化政策支持，推进布局业务应用落地。韩国政府在2019~2021年围绕“5G+”战略连续发布3个落实计划，并在2021年再度发布《5G+融合服务发展战略》，在保障“5G+”战略实施的基础上，从开放创新能力、推广实施方案、构建融合生态和拓展海外业务等方面，重点强调了对5G融合应用的牵引策略。政府通过成立先导行业委员会、强化对内容的政策扶持、成立联盟和工作组等方式，确保“5G+”战略全面实施。韩国个人

① 工业和信息化部：《2021年通信业统计公报》，2022年1月25日。
② 工业和信息化部：《2021年通信业统计公报》，2022年1月25日。
③ 以上数据来源于三家基础电信企业2021年上半年财报。

应用市场保持领先水平，5G 个人用户在流量占比、渗透率、DOU 等方面均高于其他国家。运营商将扩展现实（Extended Reality，XR）内容作为突破口，通过专设机构、内容牵引、捆绑销售、打造产业生态四个举措驱动 5G 个人应用发展。

美国产业链主体密切合作，利用优势推动 5G 应用落地。互联网巨头、工业企业等创新主体协同，结合在边缘计算、人工智能和先进制造等领域的技术优势，利用创新中心、孵化器等实体，积极打造 5G 行业应用良好生态。值得关注的是，美国国防部重视 5G 技术的大规模试验和原型设计，正通过加大资金投入展开测试和评估，推进 5G 在美国作战人员中的应用。

日本依托奥运会创新个人应用，展示 5G 实力。日本依托 2020 年东京奥运会提供面向个人用户的 5G 创新应用，头部企业积极创新。机器人方面，奥组委发布“2020 东京奥运会机器人计划”，吸引丰田、松下等企业合作。丰田远端机器人 T-TR1 搭配大屏传输实时画面，构建“无人参赛”环境下运动员和观众们实时互动通道。赛事直播方面，奥组委与日本运营商 NTT、英特尔公司合作，在帆船、游泳和高尔夫球场馆用 5G 网络和增强现实（AR）设备传输动态高清实时图像。安全保障方面，奥组委通过配备无人机和机器人，在海量人群中甄别可疑行为。

（二）中国应用领先优势明显，正从“试水试航”走向“扬帆远航”

一是个人应用市场持续培育。基础电信企业、互联网企业积极利用“5G+大数据+人工智能+AR（增强现实）/VR（虚拟现实）”等技术组合，在游戏娱乐、赛事直播、居家服务等消费市场加大探索力度，在超高清视频、云游戏、AR/VR 等领域开展布局。例如，中国电信以天翼超高清、天翼云游戏、天翼云 VR/AR 等为主要 5G 2C 业务产品，服务超过 1 亿的 5G 用户。截至 2021 年 9 月，中国移动超高清视频用户超 2.6 亿，云游戏用户超 6300 万，云 VR 用户达 2700 万，咪咕视频获东京奥运会转播商视频 APP 评测第一名。①

① 新浪：《2020 东京奥运会官方传播商视频 App 评测》。

中国联通则推出“联通云 VR”平台和云 VR 十大应用场景。互联网企业掌握流量入口，重点关注现有应用的体验提升。例如，快手全面支持全景 4K 视频和直播播放，探索建设超高清沉浸式视频应用平台；优酷与合作伙伴在超高清增强、终端渲染等方面进行技术验证和实践，取得阶段性进展；字节跳动收购 VR 创业公司 PICO，整合优势内容资源和技术能力，进一步加强产品和解决方案的研发以及生态的构建。

二是行业应用不断走深向实。一方面，5G 不断拓展与各行业融合广度，应用场景千姿百态。据统计，第四届“绽放杯”5G 应用征集大赛共收到超过 1.2 万个创新应用项目，参赛项目数量超过了前三年的总和，其中工业互联网、智慧园区、智慧城市、信息消费、智慧医疗和文化旅游领域的参赛项目接近六成。[①] 中国的 5G 行业应用，无论在数量上还是创新性方面均处于全球第一梯队。另一方面，部分先导应用已开始规模推广。目前国民经济 20 个门类里有 15 个、97 个大类的有 39 个行业均已应用 5G，5G 应用在工业、文旅、能源、交通等领域逐步拓展，应用环节从生产辅助环节向核心环节渗透。[②] 工业行业围绕研发设计、生产制造、运营管理、产品服务等环节，形成 5G+质量检测、远程运维、多机协同作业等典型应用，如三一重工打造 5G 全连接灯塔工厂，覆盖业务生产全流程，降本、提质、增效作用彰显。在刚刚结束的北京冬奥会上，5G+8K 高清技术被首次规模化应用在开闭幕式直播以及媒体报道中，搭建高速列车的 5G 超高清演播室在全球首次亮相，5G 智慧观赛、“5G+北斗”智能车联网、5G 智慧医疗等 5G 智慧应用，也为科技冬奥赋能。此外，产业链开始初步合作探索商业模式。中国移动打破原有商业模式，探索新型多量纲定价服务，在通用网络基础上，结合 MEC 部署、专有切片等增值功能，实现基础网络（Basic）和增值功能（Advanced）的个性组合（Flexible），形成“BAF 多量纲”报价结构。中国电信除了提供通用网络服务之外，还打造了“通用”、“致远”、“比邻”和

---

① 中国信息通信研究院：《5G 应用创新发展白皮书》，http：//www.caict.ac.cn/kxyj/qwfb/ztbg/202112/P020211207595106296416.pdf。

② 工业和信息化部公开数据。

"如翼"等四种模式，以差异化方式匹配行业用户各类场景化的需求。中国联通"化整为零"的现金流模式，降低本地代理维护、远程设备维护的交易成本，进一步加快交易达成。[①] 行业龙头企业牵头探索，打通需求方内部流程，减少决策的不确定性，降低5G应用部署风险。

（三）5G应用仍处于起步阶段，发展仍面临诸多挑战

尽管我国5G行业应用探索不断深入，应用场景不断丰富，但总体上仍处于发展初期，且无现成经验可以借鉴。而且随着5G行业应用发展逐渐深化，发展潜在的问题也逐渐凸显。

在应用深度方面，我国行业种类众多，各行业、企业的数字化水平差异大，5G应用与行业原有的技术、设备、流程等融合程度较低，仍需借助政府和行业的力量做深做实。目前，5G技术主要应用于辅助生产类、信息管理类的业务，大多行业企业通过传统网络承载像生产控制类的核心业务，还需进行5G融合应用技术创新及试验验证，推动与行业核心业务的深度融合。

在供给能力方面，行业新型业务在上行带宽、时延、可靠性等传统网络指标方面对5G技术提出了更高的要求，在时延抖动、网络授时、定位等新型网络指标方面提出了明确的需求，5G技术标准以及商用设备需持续演进以满足融合应用承载需求。同时，5G面向个人应用的内容供给亟须增强。个人应用类型的拓展需要内容的支撑，当前内容制作存在制作复杂、设备昂贵等痛点，需激发内容创新活力、优化内容制作环境。

在生态构建方面，良好的生态系统有利于产业各角色相互协同，促进应用发展。相较于4G生态系统，5G生态系统更为复杂。5G行业应用尚未形成成熟的端到端解决方案，包括网络、安全、模组/终端、平台、软硬件等一系列内容，需要打通信息技术（Information Technology，IT）、通信技术（Communication Technology，CT）、运营技术（Operational Technology，OT）

---

① 中国信息通信研究院：《中国5G发展和经济社会影响白皮书（2021年）》，https：//view.inews.qq.com/a/20211208A09R3400。

三个领域，加强各方供需对接，推动5G技术向产业进行成果转化，建立深度融合的产业生态。

三　我国无线移动通信发展趋势及未来展望

（一）持续推进5G网络覆盖，加强面向行业的5G网络供给能力

5G网络覆盖将持续推进，5G网络共建共享将继续深入，逐步实现城市和乡镇全面覆盖、行政村基本覆盖、重点应用场景深度覆盖。运营商将利用多频协同强化覆盖，充分利用700M频段低频覆盖广的优势，有望在“两路一村”（高速公路、高速铁路、农村）开展接入网共建共享。同时，将加强面向行业的5G网络供给能力，持续推进行业5G虚拟专网能力的建设。不同行业的5G应用在网络需求、业务逻辑、部署模式等方面存在显著差异，行业专网在建设过程中需进一步实现行业定制化。《“十四五”信息通信行业发展规划》指出，到2025年每万人拥有5G基站数将达到26个，行政村5G通达率达80%。

（二）5G应用规模化发展，构筑全面赋能经济社会发展的新动能

一是5G个人应用规模化发展促进信息消费扩大升级。基于每一代移动通信技术均会衍生特定时代的“杀手级应用”，即用户数达到一定规模、用户群体广泛覆盖、深刻影响甚至改变了用户既有生活方式的现象级应用。从目前个人应用市场终端、内容等配套产业的发展状况看，我国5G个人应用将经历体验优化创新、交互应用创新、新型终端创新的“三步走”，将分批次实现突破。[①] 当前，我国5G网络、用户、终端等基础条件逐步完善，产业各方积极推进以云视频为信息消费主要产品形态的体验优化创新，并探索尝试如XR等产品形态的交互应用创新。但不可忽视的是，3G/4G时代我国

① 潘峰、刘嘉薇：《对5G应用规模化发展趋势及策略的探讨》，《通信世界》2022年第2期。

商用较晚，可以学习借鉴国际经验，应用创新以跟随国外先进经验的“微创新”为主；而5G时代我国处于世界引领的位置，无现成经验参考。总体来看，5G个人应用短期内将以商业模式创新为切入点，重点完善体验优化升级应用和发展新型交互体验应用，长期持续推动基于XR的沉浸式体验应用发展，分阶段实现个人应用规模化发展。5G将推动产品和服务的提升，为消费者创造生活新体检。《“十四五”信息通信行业发展规划》指出，到2025年5G用户普及率将达到56%，预计未来1~2年，基于5G网络，长/短视频、网络直播等视频类应用将提供更高的清晰度和流畅度以及服务，大幅提升用户体验感与获得感。随着XR、人工智能等技术潜力的释放，产品和服务将面向不同用户人群进行定制化和个性化，供需匹配将更加精准，逐渐形成新的业态模式和发展趋势，增加5G个人应用经济价值，推动我国信息消费加快扩大升级。

二是5G行业应用规模化发展为数字经济注入新活力。5G以其更卓越的无线接入能力，帮助工厂、园区、矿山、港口等改进现有通信网络，配合智能化技术，可以满足产业数字化转型所需的智能感知、泛在连接、实时分析和精准控制等需求，推动生产自动化、操作集中化、管理精准化和运维远程化，从而为实体经济生产各环节的效率提升和附加值提高提供了新的途径。5G应用在推动数字产业化发展的同时，也将有力提升我国产业数字化水平。从5G技术应用到各行业领域来看，需遵循商业化和产业化规律，阶段性特征将更为明显，结合5G技术演进和新技术产业化规律，可分为预热、起步、成长和规模发展四个阶段。① 现阶段，我国大部分行业正处于起步阶段，如文化旅游、智慧物流、智慧教育等行业，正在探寻行业用户需求，明确应用场景，开发产品并形成解决方案，进行场景适配。智慧城市和融合媒体等行业，行业需求正在逐步清晰，有望步入下一阶段。金融、水利等行业处于预热阶段，正在积极进行技术验证，逐步向起步阶段发展。《“十四五”信息通信行业发展规划》指出到2025年，5G虚拟专网的个数

① 潘峰、刘嘉薇：《对5G应用规模化发展趋势及策略的探讨》，《通信世界》2022年第2期。

将达到5000个。《扬帆行动计划》指出到2023年，我国将实现重点领域5G应用深度和广度双突破。结合当前5G应用现状和相关政策文件对5G行业应用发展的预判，预计在未来1~2年，各行业融合应用会逐步向下一阶段迈进。随着5G与各行各业的深度融合，行业应用发展具有倍增效应。产业力量将“拧成一股绳”，探索发展行业应用的配套支撑产品，VR/AR终端、行业模组终端、行业平台和解决方案等将出现新的发展趋势。

（三）无线移动通信成为推动数字经济与可持续发展的新引擎

5G商用使无线经济潜力进一步释放，赋能作用越发显现。无线经济是通过无线技术与实体经济深度融合，不断提高传统产业数字化、网络化、智能化水平，加速重构经济与治理模式的经济形态。无线经济已成为新旧动能转换和发展数字经济的重要驱动力。根据2021年10月中国信息通信研究院发布的《中国无线经济白皮书》测算，我国无线经济2020年规模已超3.8万亿元，占我国GDP比重约为3.8%。其中，我国无线赋能经济规模超过1.5万亿元，发展潜力巨大。初步预测，2021年我国无线经济规模约为4.4万亿元。①

无线移动技术推动产业发展质量变革、效率变革、动力变革。面对各行各业千差万别的需求，各类无线移动应用与实体经济加速融合，催生众多新产品、新模式、新业态。除了经济效益外，无线移动技术还将明显增加社会效益，在居民生活方式“绿色转型”、企业节能增效“注智赋能”、城市“低碳可持续”发展等方面提供解决方案。无线移动技术与传统高能耗行业的深度融合，如与钢铁、化工、冶金等高能耗行业在产品开发、技术创新以及数字化转型等方面互相促进，更好地提质增效和节能减排，助力“双碳”目标实现。推动5G应用规模化发展对各行各业均将产生深刻影响，最终构建数字经济新业态。

① 中国信息通信研究院：《中国无线经济白皮书》，http://www.caict.ac.cn/kxyj/qwfb/bps/202110/P020211021325729831078.pdf。

未来随着通信技术和标准不断发展，如5GR18标准以及6G技术的发展，将为制造业、民航、铁路、气象、应急、轨道交通、水上等行业和部门提供更广阔的应用场景和发展空间，促进经济社会发展的作用将愈加显现，无线经济无疑将成为我国数字经济未来快速发展的关键动力。

参考文献

中国信息通信研究院：《5G应用创新发展白皮书》，http：//www. caict. ac. cn/kxyj/qwfb/ztbg/202112/P020211207595106296416. pdf。

中国信息通信研究院：《中国5G发展和经济社会影响白皮书（2021年）》，https：//view. inews. qq. com/a/20211208A09R3400。

中国信息通信研究院：《中国无线经济白皮书》，http：//www. caict. ac. cn/kxyj/qwfb/bps/202110/P020211021325729831078. pdf。

B.8 2021年中国移动互联网核心技术发展分析

王 琼　郑文煜　黄 伟*

摘　要： 2021年全球移动互联网核心技术酝酿新一轮创新，异构计算逐渐成为主流芯片架构，微内核操作系统进入市场化阶段，在5G移动网络能力加持下云端协同发展。我国移动智能手机一家独大格局松动，为掌握发展主动权，国内企业加快打通产业全链条，在芯片层面积极自研争取发展主动权，在软件层面推动国产开源操作系统市场试水，依托万物互联新机遇合力打造新生态体系。

关键词： 芯片　移动操作系统　移动智能手机

全球移动互联网由高速成长期迈入持续深化的发展阶段，移动芯片、移动操作系统等核心技术应用范围持续扩张，逐步从移动智能手机延展至智能家居、智能汽车等新型移动智能终端领域，我国企业抢抓机遇快速跟进，积极开辟市场发展新蓝海。

* 王琼，中国信息通信研究院数字技术与应用研究部研究员，从事软件产业、移动互联网、人工智能等方面研究；郑文煜，中国信息通信研究院数字技术与应用研究部研究员，从事软件产业、集成电路、数字经济等方面研究；黄伟，中国信息通信研究院信息化与工业化融合研究所副总工，从事智能终端、操作系统、智能传感、移动芯片等方面研究。

一　移动互联网技术发展态势分析

（一）移动互联网总体发展现状

1. 5G 智能终端逐步主导全球市场

全球移动智能终端手机保持增长态势。中国和美国市场对 5G 手机的需求，以及印度、日本、中东和非洲地区市场的强劲增长，推动了整个智能手机行业的复苏。IDC 数据显示，2021 年全球智能手机出货量达 13.548 亿台，同比增长 5.7%，其中 5G 智能手机出货量约占据市场 45%的份额，成为智能手机行业的主要增长动力。① 从 2021 年全球市场格局来看，被美国持续打压的华为淡出 TOP5 之后②，三星、苹果稳居全球前两位，虽然小米 2021 年全球出货量增幅最大但只居市场第三，OPPO、vivo 则分列第四、第五位（见表 1）。从区域来讲，亚洲市场是手机增长的主要拉动市场，中国市场以 25%的市场份额保持领先，印度智能手机出货量为 1.61 亿部，市场份额达到 12%。③

表 1　全球智能手机销量 TOP5 企业情况

单位：百万台，%

企业	2021 年全年出货量	2021 年全年市场份额	2020 年全年出货量	2020 年全年市场份额	同比增幅
1. 三星	272.0	20.1	256.6	20.0	6.0
2. 苹果	235.7	17.4	203.4	15.9	15.9
3. 小米	191.0	14.1	147.8	11.5	29.3
4. OPPO	133.5	9.9	111.2	8.7	20.1
5. vivo	128.3	9.5	111.7	8.7	14.8
其他	394.3	29.4	450.5	35.2	-12.5
合计	1354.8	100	1281.2	100	5.7

资料来源：IDC。

① IDC Quarterly Mobile Phone Tracker, January 27, 2022, https://www.sohu.com/a/519555521_629453.

② 华为手机 2020 年全球出货量 1.89 亿台，市场份额 14.6%，排名第三。

③ 《IDC 中国季度手机市场跟踪报告》，http://www.199it.com/archives/1385473.html；《IDC 印度手机市场跟踪报告》，http://news.10jqka.com.cn/20220211/c636636314.shtml。

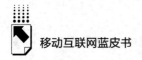

2. 移动操作系统双寡头引领发展

iOS 和 Android 双寡头格局稳固。Android 和 iOS 长期占据全球 98%的市场份额，产业链生态较为稳固，短期内领军位置难以撼动。当前两大移动操作系统功能趋同化明显，谷歌 2021 年发布的 Android 12 对标 iOS 持续提升系统流畅度、隐私保护机制等，苹果发布的 iOS 15 也在相机功能等 Android 优势领域进行了能力提升。与此同时，我国企业加快移动操作系统布局，华为在 Android 海外限供的情况下，加快自主研发，于 2021 年 6 月正式发布 HarmonyOS 2 开源操作系统并可兼容 Android 系统 APK 软件应用格式，目前 HarmonyOS 依靠新终端出货和已有终端升级，累计手机使用用户突破 3 亿。[①]

物联网操作系统处于早期，呈碎片化发展。随着设备成本下降、设备数量增多、应用场景不断丰富，不同类型的物联网操作系统开始涌现，不同操作系统适配不同应用场景。当前市场中的物联网操作系统大致可分嵌入式操作系统、基于 Android 等现有系统裁剪物联网操作系统、面向物联需求重新开发的轻量级操作系统，以及以鸿蒙、Fuchsia 为代表的万物互联操作系统。从市场分布来看，目前各类物联网操作系统势力均衡，未出现领军企业，预判未来随着行业业务场景的持续具象化，可能会在电视、可穿戴、车载等先发行业出现主导型物联网操作系统。

3. 核心芯片市场竞争持续加剧

手机芯片市场格局呈现“两超多样”特征。全球智能手机 AP（应用程序处理器）以联发科为主导，Counterpoint Foundry and AP/SoC Service 数据显示，全球智能手机 AP/SoC（系统级芯片）出货量在 2021 年第三季度同比增长 6%，其中联发科在中高端 SoC 产品组合和 4G/5G SoC 高需求的双加持下以 40%的份额主导智能手机芯片市场，高通（27%）、苹果（15%）、紫光展锐（10%）、三星（5%）列第 2~5 位。[②] 与 2020 年同期相比，5G 智能手机 SoC（系统芯片）的出货量增长近 2 倍，高通在骁龙 800 系列 SoC 和

① 华为开发者大会，https：//baijiahao. baidu. com/s？ id=1720897556995352142&wfr=spider&for=pc。

② Counterpoint Research Quarterly AP/SoC/Baseband Shipments Tracker，https：//cn. technode. com/post/2021-12-23/counterpoint-q3-2021-smart-phone-soc-shipment-report/.

其优质的5G调制解调器的带动下以62%的份额引领5G基带芯片市场，随后是联发科（28%）、三星（6%）。[①]

芯片设计厂商激烈角逐芯片5nm制程。全球手机SoC芯片领军企业实现5nm制程芯片的设计和规模化量产，苹果iPhone 12系列手机搭载的A14实现5nm芯片的全球首发，随后华为Mate40系列搭载的麒麟9000系列芯片，又成为当时工艺最先进、晶体管数最多、集成度最高和性能最全面的5G SoC，之后三星发布了全球第二款5nm制程、集成了5G基带的芯片Exynos1080，此外高通5nm的骁龙875、联发科4nm工艺的天玑9000等也逐步实现量产。

芯片制造方面3nm制程量产提上议程。台积电自2018年推出7nm节点并实现大规模量产后长期处于领先地位，其7nm芯片出货已超过10亿颗。[②]台积电当前的5nm工艺节点自2020年开始量产，已连续3个季度贡献了台积电超过10%的营收，预计2022年第四季度台积电将量产3nm芯片，帮助英特尔代工3nm处理器芯片。三星与台积电进度基本相同，同时实现7nm与5nm，预计到2022年也将实现3nm制式。但在同一工艺节点上，三星（Samsung）的晶体密度都要低于台积电（TSMC）（见图1），将导致其成本上升、功耗增大。

人工智能芯片能效迭代升级。高通全新一代的旗舰芯片骁龙888在AI算力上的突破使其成为智能芯片的领军企业，在高通第六代AI引擎的助力下，骁龙888可提供每秒26万亿次（26 TOPS）的强大算力，同时骁龙888还内置了性能强劲的Hexagon 780融合AI加速器，同时照顾到高性能和高功耗。而骁龙888 Plus的AI算力再次飙升，和骁龙888相比又提升了20%之多，高达每秒32万亿次。此外，海思麒麟9000系列、苹果A14（A14仿生芯片将NPU架构提升为16核）位列前茅，其中麒麟9000系列采用2大核1小核的NPU架构，拥有达芬奇架构2.0版本。

---

① Counterpoint Research Quarterly AP/SoC/Baseband Shipments Tracker，https：//cn.technode.com/post/2021-12-23/counterpoint-q3-2021-smart-phone-soc-shipment-report/.

② 台积电，https：//baijiahao.baidu.com/s？id=1685761949234768309&wfr=spider&for=pc。

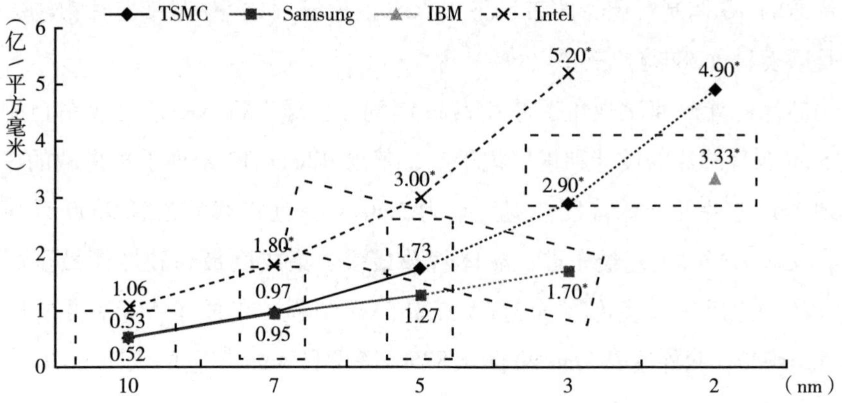

图1　全球顶级晶圆代工厂的晶体管密度比较

资料来源：DIGITIMES。

（二）2021年全球移动互联网核心技术发展趋势

1.异构计算逐渐成为主流芯片架构

异构架构为提升芯片效能开辟新路径。在 AI 和 5G 快速发展的大背景下，单纯通过半导体技术的进步和频率的提升，已无法满足智能终端性能、内存、功耗等多方面需求，引入特定单元、让计算系统变成混合结构成为发展必然。一方面，异构计算能够充分发挥 CPU（中央处理器）/GPU（图形处理器）在通用计算上的灵活性，及时响应数据处理需求，并在与 FPGA（现场可编程门阵列）/ASIC（专用集成电路）等特殊能力的搭配下，可充分发挥协处理器的效能，根据特定需求合理地分配计算资源。另一方面，由于神经网络算法和与之对应的计算架构层出不穷，单纯依靠对 ASIC 架构持续更新的方式，会导致使用成本和替换成本过高，而通过将多种计算架构进行融合的方式能有效拉长生命周期，在产业落地上具有更大的优势。

领军巨头围绕异构设计开展角逐。高通骁龙 888/骁龙 888 Plus 聚焦 AI 运算专门设计一整套异构多核架构，通过多种不同引擎协同完成 AI 任务，参与运算的核心主要包括 CPU、GPU、Hexagon DSP（数字信号处理器）处理器，此外 ISP、高通传感器中枢、安全处理单元以及调制解调器等也都有所参与，在全新设计的 AI 引擎加持下骁龙 888 可实现高达每秒钟 26 万亿次运算，骁龙 888 Plus 则在骁龙 888 的基础上又将算力增加到了 32 万亿次。苹果自 A11 开始采用 Neural Engine 设计，使 AI 芯片每两年性能提升两倍，现在 A14 的峰值算力可达 11 TOPS。A14 作为业内首款 5nm 芯片，集成了 118 亿个晶体管，相对于 A13 数量增长了近 40%，6 核心的 CPU 设计也将速度提升 50%，并且多核 GPU 也辅助提升了图像质量和整体的 iPhone 性能。

软硬纵向协同生态极大地激发异构芯片效能。对于复杂异构芯片，构建与之同步的软件生态或比设计与出芯片本身更为重要，尤其是在一些专用领域，其单芯片硬件架构趋向简化，但软件栈的实现和产品化挑战依旧很大。苹果的技术优势很大程度得益于其“封闭”的生态系统，从底层芯片到操作系统，以及严控的应用生态，在企业自我的把控下实现了“纵向优化”，使从 Foundry（代工厂）到 EDA（电子设计自动化）/IP（知识产品）的整个半导体供应链都按照苹果新机发布的节奏在推进。

2. 跨终端加速落地产业取得实质进展

跨平台“多屏协同”成为操作系统的发展新趋势。在物联网终端碎片化的发展现实状况下，“多屏协同”成为多终端智能化发展的主要趋势之一，国内外企业加速推动产业互联。国际方面，苹果从硬件层面入手，发布 M1 芯片推动终端从 Intel x86 架构向 ARM 架构转换，并在 macOS Monterey 和 iPadOS15 中加入了联动控制功能，加速 Mac、iPad 生态统一进程。微软 Windows 11 可借助编译器兼容 Android 生态，推动 PC 生态与移动生态的持续融合。国内方面，麒麟操作系统已打通手机、平板电脑、PC 等，实现多端融合；鸿蒙操作系统采用基于微内核的分布式架构，从用户层面实现应用无缝迁移，从开发者层面实现一次开发，多端部署，在未来 OpenHarmony（鸿蒙）也将与 OpenEuler（欧拉）实现能力共享、生态互通。

3. 移动生态云端协同发展趋势明显

单体智能终端操作系统难以满足各类场景的需求，以“操作系统+物联网平台”为核心构建云端协同生态体系成为布局重点。谷歌利用云计算平台优势发布 Google Cloud IoT Core 采集用户数据，海量数据在云端互联，并通过 Android Things、fuchsia 等终端操作系统面向智能网联汽车、智能家居、智能可穿戴设备、服务机器人等差异化终端构建通用型物联网平台。华为在其终端操作系统 LiteOS 的基础上，利用鸿蒙操作系统推动万物互联，并结合连接标准、IoT DA 云平台等自身优势领域，加速拓展华为物联生态圈。此外，微软的 Windows 10 IoT+Azure IoT、ARM 的 Mbed OS+ mbed 设备云服务平台等的尝试，都积极推动移动生态云端协同发展。

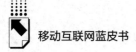

二　2021年中国移动互联网核心技术的最新进展

（一）中国移动互联网总体发展现状

1. 一家独大的终端格局发生变化

我国智能手机领军企业市场格局洗牌。华为受芯片供货影响，市场份额大幅下降，给其他终端企业留出发展空间。中国信息通信研究院数据显示，2021 年我国智能手机市场出货量约 3.5 亿台，同比增长 13.9%，小米、vivo、OPPO、苹果、荣耀为我国出货量前五，国产终端仍占据发展主动权。5G 手机已逐步渗透我国市场成为终端销量的主要驱动力，2021 年 5G 手机出货量 2.7 亿部，同比增长 63.5%，占同期手机出货量的 75.9%，[①] 与此同时，5G 手机大屏化、高分辨率化、高像素摄像头配置等高性能化发展趋势日益明显。

2. 移动操作系统国产化整体状况

我国企业推动自有操作系统产业化落地。华为微内核鸿蒙操作系统，定位于手机与智能物联设备，已有超过 1800 家硬件合作伙伴、4000 款生态设备，其应用生态 HMS 全球开发者数量已达 510 万，集成 HMS Core 开放能力

① 中国信息通信研究院，https://baijiahao.baidu.com/s?id=1722542567900241008&wfr=spider&for=pc。

的全球应用超过 17.3 万个,[①] 未来其将与服务器操作系统 Open Euler 能力共享、生态互通，实现更广泛的连接。阿里 AliOS Things 依托微内核架构，能够将在智能硬件上运行的软件容器化和在线化升级，支持终端设备连接到阿里云 Link，目前已被广泛应用在智能家居、智慧城市、新出行等领域。TencentOS Tiny 是腾讯面向物联网领域开发的实时操作系统，具有低功耗、低资源占用、模块化、安全可靠等特点，在多领域取得了广泛应用。

我国成立开放原子开源基金会，推动开源 OS 发展。2020 年由工信部主管的中国首个开源基金会——开放原子开源基金会正式成立，目前基金会已拥有华为 Open Harmony、腾讯 TencentOS Tiny、阿里 AliOS Things 等多个开源移动智能终端操作系统项目。在产品开发方面，开源基金会将持续推出稳定的操作系统社区版本，并同时支持操作系统厂商基于社区稳定版本构建衍生商业版本。在技术路径方面，基金支撑头部操作系统厂商联合开发，合作共建产业生态。此外，基金会还成立开源操作系统社区 OpenCloudOS，将致力于打造一个完全中立、全面开放、安全稳定、高性能的操作系统及生态。

3. 国内企业争取芯片发展主动权

我国企业成长之路曲折，力争突破。中国智能手机 SoC 市场在 2021 年的终端销量达到了 3.14 亿颗，同比增长了 3%，联发科和高通分别以 1.1 亿颗和 1.06 亿颗终端销量位居第一和第二位。受禁令影响，海思芯片 2021 年销量仅为 3000 万颗，同比下降了 68.6%，相较于 2020 年华为海思、高通、联发科的“三足鼎立”格局，2021 年逐步呈现联发科、高通、苹果的“两超一强”竞争格局，华为退出的市场份额被联发科、高通、苹果所瓜分。紫光展锐在低端手机市场开始崭露头角，在 2020 年芯片产量达到 10 万级别后，于 2021 年达到了 880 万颗，年同比增长 103 倍，其主要供货品牌为荣耀、中国电信、朵唯、诺基亚以及金立。[②]

① 华为开发者大会，https：//www.163.com/dy/article/GMUSGUOJ051189P5.html；https：//baijiahao.baidu.com/s？id=1714307695948578396&wfr=spider&for=pc。

② 《CINNO Research：2021 年中国智能手机市场 SoC 销量排行》，https：//baijiahao.baidu.com/s？id=1723466817732071204&wfr=spider&for=pc。

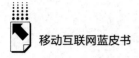

企业加速自由芯片自研。vivo 发布首款自研的 ISP 芯片 V1，其高性能、低功耗、低延时的芯片能力，使 X70 系列在计算摄影方面实现跨越式升级，此前 vivo 曾尝试与三星合作研发芯片，推出 5G SoC 芯片 Exynos 980 与 Exynos1080，实现了在芯片领域的试水。小米也加快自研步伐，发布其独立自主研发的专业影像芯片澎湃 C1，首款折叠屏手机 MIX FOLD 率先搭载，此外，早在 2017 年小米就曾发布首款独立的 SoC 芯片澎湃 S1。OPPO 同期推动相关布局，旗下芯片子公司 ZEKU（哲库科技）的 ISP 芯片已出流片，该芯片可能搭载于 2022 年上半年发布的 OPPO Find X5 手机上，除了 ISP 芯片 ZEKU 也正在研发手机 SoC 芯片。

（二）核心关键技术领域的国产化进展情况

1. 计算芯片进展

拥有自主研发的 5G 芯片。全球五大 5G 芯片厂商分别是高通、三星、联发科、华为、紫光展锐，中国占 3 家。其中华为全球首款 5nm 5G SOC 麒麟 9000 集成 5G 基带巴龙 5000，支持 NSA、SA 双模组网，集成 153 亿个晶体管，比苹果 A14 多 30%；拥有华为最先进 ISP 技术，与麒麟 990 5G 相比吞吐量提升 50%，视频降噪能力优化 48%；此外，它还是全球首个通过国际 CC EAL5+的移动终端芯片。紫光展锐 6nm 制式 5G SoC 虎贲 T7520，采用 4+4 大小核结构（A76 大核和 A55 小核），集成 4 个 Arm Mali-G57 GPU 图形核心、内存支持 2×16-bit LPDDR4X 2133MHz、存储则支持 eMMC 5.1 及 UFS 3.0，在 5G 基带性能上，其搭载马卡鲁 2.0 平台技术，采用 NSA/SA 双模组网，可满足中低端手机需求。

AI 芯片势力百花齐放。当前我国 AI 芯片呈现更加细分、多元的特征。鲲云科技推出首款数据流 AI 芯片 CAISA，定位于高性能 AI 推理，较同类产品在芯片利用率上提升了最高 11.6 倍。华为麒麟 9000 集成 24 核心的 Mali—G78 GPU，性能较麒麟 990 提升 60%。地平线旭日 3 搭载地平线第二代 BPU，等效算力达 5Tops、典型功耗为 2.5W。芯盟科技推出全球首款超高性能异构 AI 芯片，实现了数据存储、计算的三维集成。杭州国芯超低功耗 AI 芯片 GX8002，采用 MCU+NPU，其待机功耗只有 70uW，运行功耗为 0.6mW，主要用于 TWS 耳机等智能穿戴设备。

制造工艺与领军企业有 3~5 年代差。在 5G 高速率和低功耗需求的驱动下，5G 终端的基带处理芯片逐步升级到 5nm 工艺节点，其中台积电于 2020 年 Q2 实现量产、现约占全球 55%市场份额，三星于 2020 年 11 月推出 5nm EUV 工艺的芯片、现约占 17%左右市场份额，而我国中芯国际在 2019 年才实现 14nm 工艺的量产，技术已落后三代，与国际先进水平有 3~5 年差距。此外，IBM 已成功研制 2nm 芯片，代表该领域最新的一座里程碑，据 IBM 称 2nm 与广泛使用的 7nm 芯片相比，性能提高 45%，能耗则大幅降低 75%。①

2. 操作系统进展

以操作系统为核心我国企业加速软硬件协同优化。华为依托其强大的 ICT 基因，形成涵盖底层芯片硬件、操作系统、数据库等基础软件，以及编译工具、应用软件的全栈解决方案。软件层面持续发力鸿蒙操作系统与 Guass DB，硬件层面深化麒麟、鲲鹏、昇腾、鸿鹄等多系列处理器芯片能力，网络层面以 5G 技术为基础强化通信布网能力。与谷歌 Fushcia 等软件生态为主导的企业相比，华为全栈解决方案可帮助操作系统最大效力发挥硬件效能，极大推动移动智能终端生态的云管端协同发展。

三　中国移动互联网核心技术升级展望

（一）持续强化移动核心元器件的技术攻关

研判新兴技术发展态势，持续推进我国核心芯片技术的研发布局。移动通信方面，用好 5G 窗口机遇期，持续加强我国 5G 中频基带芯片与射频器件的研发，提升 5G 高频毫米波芯片批量供货能力，推动更多国产品牌中频芯片走向市场。图形处理方面，持续加强对自主创新的 GPU 核心技术攻关，

① IBM，https：//baijiahao.baidu.com/s?id=1699177665738210233&wfr=spider&for=pc.

注重 GPU 与 CPU、DSP 等多核异构 SoC 计算系统协同优化。制造工艺方面，加快实现 5nm 芯片的规模量产，增强制造设备以及封装工艺等产业链上下游支撑能力。智能应用方面，推进人工智能芯片指令集、计算、内存、通信等技术创新，鼓励国内手机利用人工智能计算模块升级手机智能核心竞争力，与物联网发展相结合推进相关芯片在智能手机、安防监控、智能硬件等重点领域产业化落地应用。

（二）打造跨终端的统一智能软件生态体系

聚焦智能家居、可穿戴设备、智能车载设备等泛智能终端市场，持续扩大移动操作系统软件市场规模、提升技术实力，逐步与手机、PC 等终端协同，打造跨平台的操作系统生态。技术方面，持续提高操作系统跨终端交互能力，加强微内核操作系统关键核心技术攻关；应用生态方面，先期采用兼容 Android 方式扩大用户群体，然后逐步过渡到自主跨终端操作系统生态。开源生态方面，加强开源社区自主发展能力建设，尽快打破软件项目由捐献厂商主导的僵局，集合设备开发企业、应用开发企业、大专院校、科研院所、个人贡献者等多方力量，共同推动消费者终端生态发展。

（三）打造软硬件协同的跨终端生态大体系

面向万物互联需求注重技术与生态双路径突破，推动移动智能终端产业国内外双循环发展。技术方面，以应用创新为牵引打造差异化产品，通过引入新型元器件、外观设计、促进硬件微创新等推动技术能力储备，实现产品和技术的相互促进发展。生态方面，推动智能移动手机、平板、PC 以及各类移动智能终端间的协同发展，利用云端协同等技术，推动用户的文件、照片、视频、联系人、备忘录、录音等数据在多设备间自由流通、同步更新，为用户提供更为智慧化的跨终端使用体验。市场开拓方面，在持续巩固国内已有基础的前提下，加快提升国产品牌在高端市场的占有率，针对海外市场差异化用户习惯和应用场景研发不同类型智能硬件，抢占重点海外市场。

参考文献

中国信息通信研究院：《中国算力发展指数白皮书》，2021 年。

中国信息通信研究院：《中国互联网行业发展态势暨景气指数报告》，2021 年。

〔美〕William Stallings：《操作系统——精髓与设计原理（第八版）》，陈向群、陈渝等译，电子工业出版社，2017。

B.9
2021年移动通信终端的发展趋势

赵晓昕　李东豫　康 劼　李 娟*

摘　要： 2021年，全球智能手机出货量和国内手机出货量呈现双增长，5G手机换机潮迎来高峰期。融合快速充电技术的研发推动产业快速健康发展，折叠屏手机也受到更多消费者青睐，影像、显示和芯片技术快速发展。可穿戴设备出货量和物联网连接数都处于高速增长状态。未来几年，融合快充技术将实现落地和应用，更多品类终端产品将实现充电协议统一，用户体验得到大幅提升，同时将减少电子资源浪费。

关键词： 智能手机　5G　融合快速充电　可穿戴设备

一　手机出货量回暖但行业规模进一步萎缩

（一）各产业开始复工复产，中国和全球智能手机出货量均回暖

经历了2020年市场需求被疫情压制后，2021年的智能手机行业较上一年有所好转，市场需求也有所回升。但零部件涨价、芯片短缺仍伴随全年，直接影响智能手机的出货情况。国际数据公司（IDC）数据显示，2021年全

* 赵晓昕，中国信息通信研究院泰尔终端实验室环境与安全部副主任，研究领域为信息与通信、电气安全；李东豫，中国信息通信研究院泰尔终端实验室工程师，研究领域为信息与通信、电气安全；康劼，中国信息通信研究院泰尔终端实验室工程师，研究领域为信息与通信、电气安全；李娟，中国信息通信研究院泰尔终端实验室工程师，研究领域为信息与通信、电气安全。

球智能手机出货量为 13. 55 亿部，同比增长 5. 70%。① 整体来看，全球手机市场在 2021 年出现回暖趋势，但是还未达到 2019 年的水平，整体涨势依旧不够理想（见图 1）。

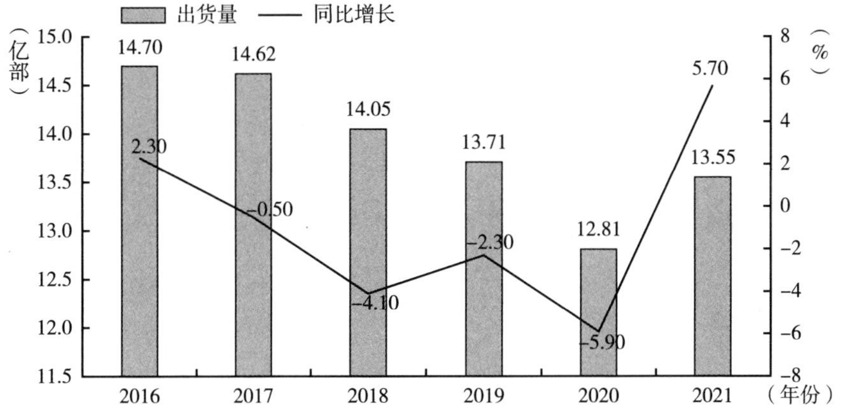

图 1　2016~2021 年全球智能手机出货量变化趋势

资料来源：IDC。

2020 年我国实现由负转正的“三个率先”，即率先控制新冠肺炎疫情、率先复工复产、率先实现经济增长，中国以实际行动交出了不凡答卷，国内智能手机市场也呈现欣欣向荣的景象。中国信息通信研究院的统计数据显示，2021 年国内手机市场总体出货量累计 3. 51 亿部，同比增长 13. 9%（见图 2）。其中智能手机累计出货量 3. 43 亿部，同比增长 15. 9%。②

（二）三星、苹果依然强势，国产品牌出现大洗牌

随着华为和荣耀的分家，各头部手机厂商在全球和国内的市场份额出现较大变化。IDC 最新公布的数据显示，2021 年，三星在全球市场依旧稳居榜首，虽然近些年在中国市场受阻，但在全球市场的占有率达到 20. 1%，

① IDC, Top 5 Companies, Worldwide Smartphone Shipments, Market Share, and Year−Over−Year Growth, Calendar Year 2021.

② 中国信息通信研究院：《2021 年 12 月国内手机市场运行分析报告》，2022 年 1 月 18 日。

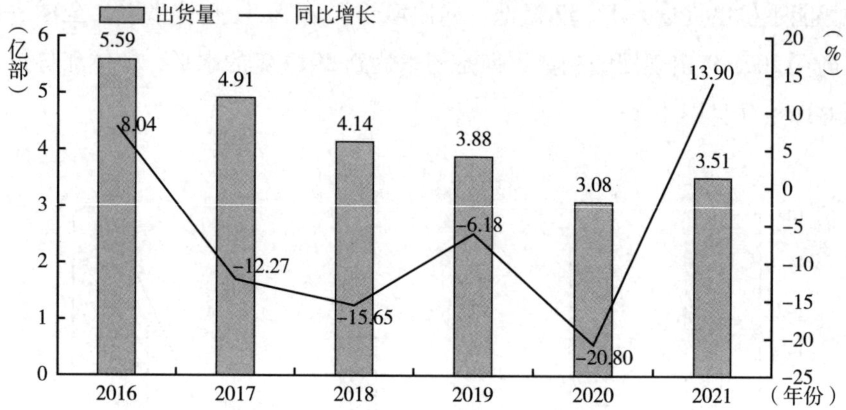

图 2　2016~2021 年中国手机出货量对比

资料来源：中国信息通信研究院。

同比增长 6.00%。苹果凭借 iPhone13 的发售，以 17.40%的占有率排名第二，出货量同比增长 15.90%。小米凭借高质量产品，跻身排行榜第三位，出货量同比增长 29.30%，市场份额达到 14.10%。OPPO、vivo 则分别位列第四、第五，全球市场占有率分别为 9.90%和 9.50%，同比增长率分别为 20.10%和 14.80%（见表 1）。①

表 1　2020~2021 年全球智能手机厂商出货量、市场份额、同比增速

单位：亿台，%

厂商	2021 年全年出货量	2021 年全年市场份额	2020 年全年出货量	2020 年全年市场份额	同比增速
三星	2.72	20.10	2.566	20.00	6.00
苹果	2.357	17.40	2.034	15.90	15.90
小米	1.91	14.10	1.478	11.50	29.30
OPPO	1.33	9.90	1.112	8.70	20.10

① IDC, Top 5 Companies, Worldwide Smartphone Shipments, Market Share, and Year-Over-Year Growth.

续表

厂商	2021 年全年出货量	2021 年全年市场份额	2020 年全年出货量	2020 年全年市场份额	同比增速
vivo	1.28	9.50	1.117	8.70	14.80
其他	3.943	29.10	4.505	35.20	-12.50
合计	13.54	100.00	12.81	100	5.70

资料来源：国际数据公司（IDC）。

在国内市场中，根据国际调研机构 Canalys 公布的 2021 年中国市场智能手机销量数据，vivo、OPPO 两家可谓是 2021 年中国手机市场的最大赢家。综观 vivo 的产品线 X 系列、S 系列和 iQOO 的产品，每一款产品都非常受市场欢迎。OPPO 方面则是和一加全面合并，进行资源整合，同时一加手机也用上了 ColorOS，有取长补短的意味。和上年不同，苹果凭借 iPhone13 系列的抢眼表现，销量跻身前三名，牢牢抓紧中国高端机市场，吃下了不少华为空出的市场份额。小米方面则是继续聚焦高端市场，拔高品牌形象。整个小米 11 系列的表现也不弱。荣耀方面算是涅槃重生，市场份额逐步恢复，发布的多款新品口碑都不错，市场逐步趋稳并开始迎来爆发期。华为目前的市场形势不容乐观，但是凭借技术积累，华为的手机业务依旧处于较高水平，发布的多款产品也成为一机难求的爆款。① 2020~2021 年国内市场智能手机厂商出货量、市场份额及同比增速如表 2 所示。

表 2　2020~2021 年国内市场智能手机厂商出货量、市场份额、同比增速

单位：百万台，%

厂商	2021 年全年出货量	2021 年全年市场份额	2020 年全年出货量	2020 年全年市场份额	同比增速
vivo	71.5	21	57.8	18	24
OPPO	68.7	21	59.6	18	15
小米	50.5	15	39.8	12	27
苹果	49.4	15	34.4	10	44

① Canalys, Apple grows 40% to take the crown in China smartphone market in Q4 2021.

续表

厂商	2021 年全年出货量	2021 年全年市场份额	2020 年全年出货量	2020 年全年市场份额	同比增速
荣耀	40.2	12	—	—	—
其他	52.6	16	138.7	42	-62
合计	332.9	100	330.3	100.0	0.87

（三）5G 手机的发展情况

中国信息通信研究院数据显示，2021 年，国内市场手机总体出货量累计 3.51 亿部，同比增长 13.9%，其中，5G 手机出货量 2.66 亿部，同比增长 63.5%，占同期手机出货量的 75.9%。2021 年全年，上市新机型累计 483 款，同比增长 4.3%，其中 5G 手机 227 款，同比增长 0.9%，占同期手机上市新机型数量的 47.0%。① 由此看出，5G 手机在上市机型数量几无增长情况下，出货量占比逐渐增大，说明各终端企业售卖系列手机均已搭载 5G 功能，消费者也更多选择 5G 手机。2021 年 1~12 月中国 5G 手机出货量和占比如图 3 所示。

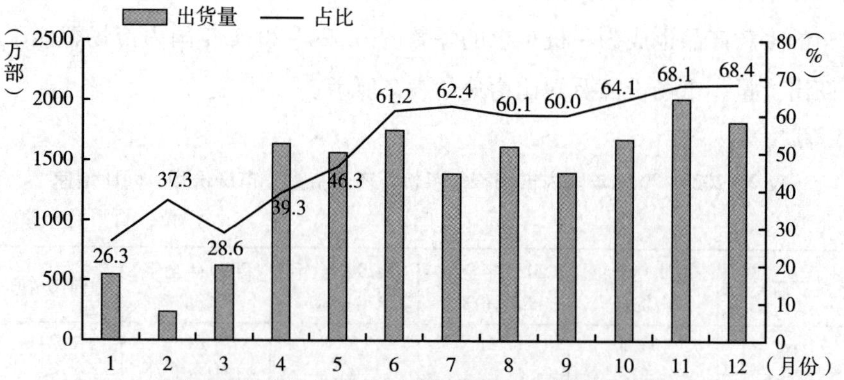

图 3　2021 年 1~12 月中国 5G 手机出货量和占比

资料来源：中国信息通信研究院。

① 中国信息通信研究院：《2021 年 12 月国内手机市场运行分析报告》，2022 年 1 月 18 日。

据市场研究机构电子时代研究（Digitimes Research）数据，2021 年全球 5G 手机出货量约 5.3 亿部，较 2020 年（3 亿部）有大幅提升。5G 手机成为主流，一方面得益于低价位 5G 手机型号增多，另一方面 5G 基建设施逐步完善，消费者逐渐开始更换 5G 手机。

（四）手机技术特点

华为、荣耀分家后，2021 年手机市场格局发生巨大变化。各手机头部厂商为了瓜分华为分出的市场份额，不断进行技术创新，努力提高自家高端旗舰产品的竞争力。

1. 融合快充技术促进产业健康发展

提升手机充电速度已成为业界共识，行业标准也迎头赶上。2021 年 5 月底，USB-IF 协会发布了最新的 PD 3.1 标准，可以支持最高 48V 的电压，同时充电功率达到了 240W。5 月，中国电信终端产业协会也发布了融合快充标准《移动终端融合快速充电技术规范》。[①] 快速充电行业近几年在中国的发展势头迅猛，产业界八仙过海各显其能，国内头部智能终端企业推出了许多创新技术和产品，打造了多元化的繁荣市场。但由于快充行业长期存在协议不兼容的问题，尤其是各大手机品牌之间，快充协议众多，不同品牌的手机和充电器之间往往只能实现基本的小功率充电。这不仅严重影响了用户快充使用体验，造成资源浪费，而且大大增加了产业链上下游研发风险与成本。PD 3.1 标准和融合快充技术规范的发布，将有效提升端到端产业能力，促进整条产业链的健康、持续发展。

2. 折叠屏手机广受青睐

从 2021 年市场来看，折叠屏手机正逐渐成为手机市场的一大趋势。IDC 数据显示，2021 年折叠屏手机出货量达到 710 万部，这比 2020 年的（190 万部）增长 273.6%，据预测 2025 年可折叠手机的出货量将达到 2760 万部。折叠屏手机热销的背后则是相关产业链的成熟。

---

① 《移动终端融合快速充电技术规范》（T/TAF 083-2021）。

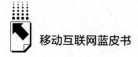

一是技术更加成熟。三星和华为作为最先发布折叠屏手机的厂商，不断创新折叠屏技术。三星首次将 S Pen 和全新 UDC 屏下摄像头技术带入了折叠屏手机中，用户不仅可以使用 S Pen 来实现大屏书写，让展开后的体验更加完整，而且屏下摄像头技术也让展开后的视觉观感得以提升。另外，三星解决了折叠屏手机的防水问题，IPX8 防水等级让用户在日常使用中也不用担心偶发性浸水事件，这使大家对于可折叠手机的信赖度有所提高。不同于三星，华为新一代折叠屏手机 Mate X2 采用了和前代产品不同的“内折叠”开合方式，同时该机还采用了独特的不对称机身设计和“双旋水滴铰链设计”。前者使整机在展开后呈现一个平滑的坡度，用户握持部分手感上佳，不会产生“失衡”的感觉；后者则让产品能够实现完全无缝的折叠操作，让整机在展开后内屏折痕更浅，观感更佳。

二是可选产品更多，价格更低。虽然很多手机厂商在前两年就发布了折叠屏概念机，但是一直没有发布正式产品，进行量产。而 2021 年，小米和 OPPO 分别发布了自家首款折叠屏手机小米 MIX FOLD 和 OPPO Find N。小米 MIX Fold 配备骁龙 888 处理器，采用 8.01 英寸 AMOLED 可折叠柔性内屏，起售价 9999 元，也是当时起售价最低的横向折叠屏手机。小米作为第一家将横向折叠屏手机带到万元以下价位的厂商，成功揽获了一批想要尝鲜的消费者。OPPO Find N 的产品设计理念和传统折叠屏手机有些许不同，该机更加注重合起来时的单手操作体验，整机展开后的内屏尺寸为 8.4∶9，更接近正方形，整机 275g 的重量让这款产品更接近于常规的旗舰手机，用户能轻松将其放进口袋或包中作为日用机来使用。凭借合上小屏、打开大屏的特殊尺寸，精致的质感，优秀的折痕控制和远超预期的低价，OPPO Find N 得到大量关注。OPPO 官方宣布，OPPO Find N 折叠屏的预约量已经突破 100 万，而且该机型自上市以来一直供不应求，仅京东平台 12 月就卖出了 2.2 万台，位列折叠屏品类销量榜首位，可以说 OPPO 进军折叠屏市场的首次尝试很成功。

总的来看，在智能手机发展遭遇瓶颈之后，具有全新概念的折叠屏手机终于迎来升温。业内人士指出，在华为、三星等手机品牌引领下，折叠屏手机已逐渐完成消费者培育。随着产品技术不断成熟，越来越多的厂商完成了折叠屏产品部署，希望借此探索新兴市场、完成产品升级和品牌升级。

3. 屏幕显示技术不断创新

LTPO 屏幕：开启手机刷新率的下一个时代。LTPO 的学名是“低温多晶氧化物”，是 OLED 屏幕上 TFT 背板的一种技术解决方案。LTPO 技术，是 LTPS 和 LGZO 的融合版，不仅电子迁移率高，而且驱动电压更低，可以把不更新的屏幕调成静止画面，因此可以带来更低的功耗。而且，LTPO 不仅仅是技术上的升级，更是材料上的升级，不是智能刷新率这么简单。而 LTPO 技术运用到手机上，不仅能带来 LTPS OLED 屏幕的所有优良特性，而且能最大限度地改善传统 LTPS OLED 耗电的问题，缓解了高刷与高功耗之间的矛盾，官称能降低 46%的功耗。这项技术由三星首发，国产品牌 OPPO Find X3 系列、一加 9 Pro 等顶级旗舰也慢慢跟进。未来也希望更多手机跟进。

原生 10Bit 显示：进入 2021 年，采用 10Bit 屏幕的手机越来越多，不管是真 10bit 显示还是抖动的 10Bit 显示，都是屏幕技术的进步。10Bit 显示能提供 10 亿色的颜色显示，这样可以让手机屏幕显示更为丰富的色彩，让颜色和灰阶过渡更为自然顺滑，减少色彩断层的出现，提升手机的色彩显示能力。一加 9 Pro 在 2021 年初率先支持原生 10 显示，并通过了专业检测机构 DisplayMate A+评级。

总而言之，屏幕高刷新率能够带来更加流畅的画面，折叠屏类似于物理外挂，随着技术的不断成熟，消费者可以随心所欲地操控手机，在交互、游戏、电影等领域获得更加畅快的体验。随着 5G 的到来，用户就能彻底摆脱卡顿、延迟的现象了。

4. 影像技术高速发展

液态镜头：2021 年 3 月，小米在春季新品发布会上推出的首款折叠屏旗舰 MIX FOLD，成为全球首款搭载液态镜头的手机。小米液态镜头的设计，使其在保证模组尺寸的前提下，极大地提高了放大倍率以及画质效果。该镜头基于仿生学原理，在传统固体镜头中加入人眼晶状体般的流动性液态组件镜片，通过挤压液态镜片，可连续改变其光焦度，从而实现远景到近景的连续对焦。不仅如此，液态镜头还减小了远景到近景的 FOV 变化，远景到一般近景的变焦过程中几乎没有呼吸效应，更适合视频拍摄。液态镜头的应用为小米探索世界开拓了无限的可能，期待后续会有更多机型搭载该技术。

vivo 蔡司联合影像系统、微云台：X60 Pro+搭载 vivo 蔡司联合影像系统，可让智能手机在极其有限的空间里实现优秀的拍摄效果，这是 vivo 和蔡司将光学系统小型化、差异化、效率最大化的综合体现。这套 vivo 蔡司联合影像系统包含采用 GN1 传感器的超大底镜头、超广角微云台镜头、专业人像镜头和超长焦潜望镜头，具备高分辨率的特性，可改善色散、眩光、紫边和鬼影等各类光学问题。同时，X60 Pro+还采用了蔡司 T* 镀膜技术，这项技术可以大大提高镜头的透射率，减少眩光，显著提高图像质量。每一次拍摄都可以获得更纯净、清晰的画面。

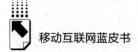

XD Optics 计算光学：2021 年 7 月，华为发布的 P50 首次搭载 XD Optics 计算光学技术。据华为介绍，这一技术突破光学系统物理边界，在业界首创“全局式”图像信息复原系统，在光学成像阶段修正光学误差、还原原始图像信息，结合新一代 XD Fusion Pro 图像引擎，还原更多细节，纤毫毕现。以 P50 Pro 的潜望镜模组为例，在图像进入光学器件的过程中会损失 50%的图像信息，如果没有计算光学参与，只能通过后期图像信息处理技术来提升，采用半段式图像处理，最多只能做到 60%图像原始信息的恢复。计算光学的加入，可以多还原 25%的图像信息，可以从以前半段式还原 60%的图像信息提升到 81%。

除此之外，荣耀推出“融合计算摄影技术”，通过这些摄像头提供的信息源进行多模态信息的融合，实现更丰富的图像信息捕捉，实现全场景、全焦段拍摄，获得更加清晰的效果。一加和哈苏强强联合，建立了一套全局色彩解决方案——哈苏自然色彩优化。小米“夜枭”算法，带来噪声小、手持稳、色彩准三大优点，通过创新的深度学习 AI 算法，突破了暗光视觉极限，实现了即使在伸手不见五指的环境，依然能拍出清晰、明亮的图像。整体来讲，2021 年，可以说是手机行业在影像技术取得突破的一年，包括计算光学、自由曲面镜片、微云台等新技术的应用，让不少旗舰手机的影像技术实现飞跃。

二　泛移动智能终端发展态势

（一）可穿戴设备

伴随着 5G 与物联网时代的到来，智能可穿戴设备步入高速发展阶段。预计可穿戴设备市场在未来将继续保持两位数增长，一直持续到 2022 年。国际数据公司（IDC）最新调查显示，2021 年全球可穿戴设备出货量为 5. 336 亿台，同比增长 20. 0%（见图 4）。

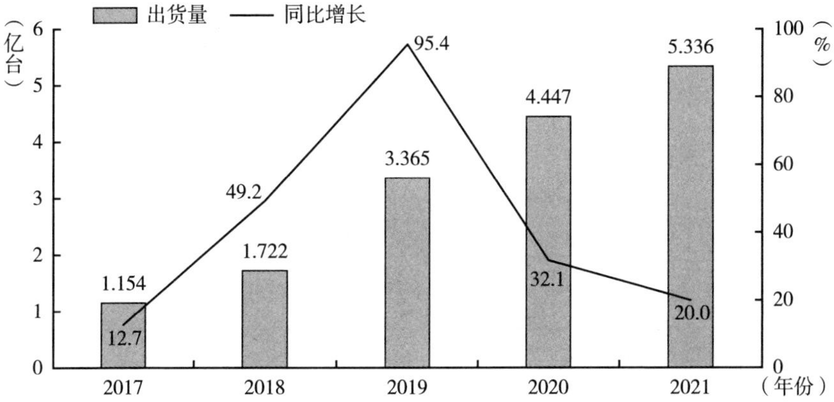

图 4　2017～2021 年全球可穿戴设备出货量

资料来源：国际数据公司（IDC）。

在包含耳戴式设备的总体可穿戴设备市场中，虽然苹果 Apple Watch 系列在第三季度的总出货量下滑了 35. 3%，但 Series7 手表的广泛上市以及

AirPods 的推出帮助苹果在第四季度实现增长，使苹果全年的市场占比达到 30.3%，保持着行业领先地位。小米通过专注于手表以及可听设备，以 10.2%的市场份额占据第二，但市场份额较 2021 年有所下降。最近推出的三星 Galaxy Watch 4 系列受到了好评，这对手表制造商和谷歌来说是重要的进步。三星不仅专注于通过将耳机、手表和手环与智能手机捆绑，一起来发展可穿戴设备业务，而且试图通过推出定制版手表以从时尚消费中获取部分份额。通过努力，三星以 48.1 百万出货量同比增长了 20.1%，市场份额牢牢占据第三。华为手机业务虽然受到很大冲击，但其可穿戴设备在中国以外都获得了吸引力，并以 4270 万的出货量同比增长 25.60%，虽然仍占据第四名，但市场份额提升了 1%。除此之外，Imagine Marketing 得益于高价值、低成本的战略，其耳机和手表业务表现强劲，帮助其跻身前五名。①

表 3　2020~2021 年可穿戴设备全年出货量前五品牌

单位：百万台，%

品牌	2021 年		2020 年		出货量同比增长
	出货量	市场占比	出货量	市场占比	
苹果	161.8	30.30	151.5	34.10	6.80
小米	54.4	10.20	50.8	11.40	7.10
三星	48.1	9.00	40.1	9.00	20.10
华为	42.7	8.00	34	7.60	25.60
Imagine Marketing	26.8	5.00	10.2	2.30	163.40
其他	199.9	37.50	158.2	35.60	26.30
合计	533.6	100.00	444.7	100.00	20.00

资料来源：国际数据公司（IDC）。

（二）物联网终端

2021 年，物联网迎来了产业发展的新高峰。5G 网络加快部署、巨头拓

① IDC, Wearables Deliver Double-Digit Growth for Both Q4 and the Full Year 2021.

展物联网生态、行业规模化连接出现显著效果、物联网与新技术融合初显成效，物联网具备了较强的产业能量和市场预期，Transforma Insights 发布的数据显示，截至 2021 年 6 月，全球前 35 大运营商的物联网连接数量达到 15.5 亿，3 家中国运营商凭借其国内市场的大量连接继续主导世界市场，并占所有连接的 2/3。工信部发布的数据显示，我国蜂窝物联网用户规模持续扩大。截至 11 月末，3 家基础电信企业发展蜂窝物联网终端用户 14.03 亿户，比上年末净增 2.68 亿户，其中应用于智慧公共事业、智能制造和智慧交通的终端用户占比分别达 22.3%、17.2%、16.7%。随着技术的深入应用，新应用层出不穷，物联网市场被期待拥有更广阔的发展空间。2021 年，天翼物联发布了中国电信物联网开放平台 CTWing 5.0。CTWing 是中国电信物联网能力的统一数字开放平台，汇聚了中国电信云网融合、5G 全连接管理、设备管理、城市感知、端到端安全等综合能力。该平台已服务 2.6 亿用户，其中 5G NB-IoT 用户规模突破 1 亿，居全球第一，成为全球规模最大的窄带物联网服务平台。物联网设备连接超 6000 万，平台月均调用次数近 200 亿次。平台打造的天翼智慧社区行业应用产品，在全国落地部署超 2 万。

三　移动智能终端行业发展趋势预测

（一）手机厂商继续发力提升产品性能

中国信通院数据显示，5G 手机的换机潮已经到来，使 2021 年全球手机出货量有所回暖，但手机市场仍处于存量竞争态势。竞争激烈的市场中，各手机厂商将继续发力提升产品性能。

首先是 LTPO 技术。屏幕作为人机交互的最主要介质，其功能和性能直接影响手机的用户体验，其可变刷新率和自适应刷新率在有效降低功耗的同时，极大提升了产品用户体验。该技术将来可能成为 OLED 发展的大方向，进入 2022 年，预计将有更多厂商采用 LTPO 屏幕。其次是自主芯片的研发。麒麟芯片的成功再次证明掌握核心技术对企业长远发展的重要性。2021 年，

vivo 和 OPPO 相继推出自主研发的芯片，vivo V1 既可以像 CPU 一样高速处理复杂运算，也可以像 GPU 和 DSP 一样，完成数据的并行处理。OPPO 首个影像专用 NPU-马里亚纳 MariSilicon X 的 AI 能力是传统 ISP 所完全不具备的，其 AI 算力超过苹果 A15。相信未来会有越来越多的厂商参与到芯片设计生产过程中，我国的造芯事业也势必会走向辉煌。最后，折叠屏手机在 2022 年也将迎来“井喷式”增长。随着良品率提升、部件成本下降，折叠屏手机的用户体验将会更好，价格的下降将会使其成为更多消费者的选择。

（二）融合快充和统一充电接口创新发展

2021 年 12 月 24 日，广东省终端快充行业协会成立大会在深圳隆重举行。该协会由中国信息通信研究院、小米及国内手机厂商牵头发起，联合国内终端整机、充电芯片、仪表仪器、充电器、配件等终端快充产业链各方共同筹建。作为全国首家电子消费类终端快充行业协会，广东省终端快充行业协会将协同和整合产业资源，推动充电技术的标准化、产业化应用和推广。据相关人士分析，该协会的成立将加速推进融合快充技术的标准落地和生态构建，不同终端与充电器厂商间互不兼容的快充协议将有望实现统一。目前，搭载融合快充协议的充电器、线缆和手机已经进入测试阶段。2021 年 9 月，欧盟委员会以减少电子垃圾废弃物的环保理念为由，正式推动立法提案，要求电子产品随附的充电器统一采用 USB-C 规格的接口，涵盖的电子产品率先以智能手机、平板电脑、耳机、相机、行动喇叭与掌上型游戏机为主。与此同时，我国工信部也正式发声，要推动充电接口的统一，降低资源浪费。一方面推动完善相关标准体系，另一方面推动充电接口及技术的融合统一。相信在未来几年，消费者可以实现家里只需一款充电器，便可实现对多个不同品牌、不同型号、不同类别的终端产品进行充电。

（三）5G 开创行业新机遇

5G 智能终端是目前 5G 应用和服务最重要的入口之一。迈入智能时代，除了手机、电脑等设备需要使用网络以外，越来越多智能家电设备、可穿戴设备、共享汽车等不同类型的设备以及电灯等公共设施需要联网，在联网之后就可以实现实时的管理和智能化的相关功能，而5G的互联性让这些设备变成智能设备成为可能。国际数据公司（IDC）预测，到2024年，蜂窝物联网连接数量将增长到137.6亿，是增速最快的物联网连接技术。5G作为未来连接的重要组成，将构筑起万物互联的基础设施，推动各行业深度变革。中国正处于数字化爆发期，在“新基建”中5G处于非常重要的位置。未来几年，5G将继续在政府、医疗、制造、传媒、交通等行业实现商业落地，为行业提供数字化转型升级新动力，为用户带来前所未有的体验。

参考文献

IDC, Top 5 Companies, Worldwide Smartphone Shipments, Market Share, and Year-Over-Year Growth, Calendar Year 2021.

中国信息通信研究院：《2021年12月国内手机市场运行分析报告》，2022年1月18日。

Canalys, Apple grows 40% to take the crown in China smartphone market in Q4 2021.

《移动终端融合快速充电技术规范》(T/TAF 083-2021)。

IDC, Wearables Deliver Double-Digit Growth for Both Q4 and the Full Year 2021.

B.10

5G赋能经济社会创新健康发展

孙　克*

摘　要： 5G商用两年来，我国在基站规模、用户数量、技能能力、应用创新等方面走在了世界的前列。目前全国已形成1万余个5G应用创新案例，覆盖22个国民经济重要行业。聚焦信息消费、实体经济、民生服务三大领域，相关部委及地方政府将15个行业的5G应用作为“十四五”期间的推进重点，5G将成为支撑经济社会数字化转型的重要基石，助力开启一个突破限制、加速进步的全新数字时代。

关键词： 5G　数字经济　信息消费　实体经济

一　5G为经济社会高质量发展注入新动能

2021年，随着5G的商用发展，5G对经济社会的影响逐步显现。当前这一影响突出体现在对数字产业发展的带动上，同时5G对实体经济转型升级的支撑作用和为人民创造美好生活的能力也已初现端倪。

（一）5G开辟数字产业发展新空间

首先，5G激发数字化投资新需求。疫情冲击和经济下行压力下，推动

* 孙克，中国信息通信研究院数字经济与工业经济领域主席、政策与经济研究所副所长，教授级高级工程师，北京大学经济学博士，客座教授，主要从事数字经济、数字化转型、数字消费、ICT产业经济与社会贡献相关研究。

5G 网络建设加快步伐，将对优化投资结构、稳定经济增长起到关键作用。电信运营商持续增加对 5G 网络及配套设备的投资，带动通信设备制造相关产业链增长。2021 年 5G 投资 1849 亿元，占电信固定资产投资比重达 45.6%。[①] 随着 5G 行业应用的深入发展，国民经济的其他行业也开始增加对 5G 及相关 ICT 技术的投资。据中国信息通信研究院测算，2021 年 5G 直接带动经济总产出 1.3 万亿元，相比 2020 年增长 33%。[②]

其次，5G 促进信息消费扩大升级。5G 网络建设推进用户终端消费升级，更多消费者进入 5G 换机时代，使智能手机产业重回增长趋势。中国信通院报告显示，2021 年 5G 手机出货量达 2.66 亿部，同比增长 63.5%。与此同时，5G 发展带动移动用户数据业务，5G 更快的网速以及超高清视频、AR/VR、云游戏等众多基于 5G 的创新数字服务，使 5G 用户的 ARPU（每个用户平均收入）相较于 4G 用户有较大提升。

最后，5G 驱动数字技术加速发展。随着 5G 终端对高性能、高速率和低功耗的需求日益提升，关键器件技术得以快速演进。例如，5G 终端系统级芯片（SoC）逐步升级到 5m 工艺节点。主流手机芯片厂商还利用人工智能进行优化，配合定制化加速引擎提升专业影像、大型游戏等各类进阶应用体验。此外，5G 助推新一代信息技术集成创新加速，促进电池、材料、显示、摄像等关联技术快速发展。

（二） 5G 推进实体经济加速转型

随着 5G 行业应用的逐步深入和扩散，5G 对实体经济的数字赋能作用开始释放。5G 提供覆盖范围更广、连接更稳定可靠的无线接入方式，2021 年帮助更多工厂、园区、矿山、港口等改进其网络，打通内部生产和管理环节，同时配合智能化技术，可实现不同生产环节间的高效协同，满足产业数字化转型的智能感知、泛在连接、实时分析、精准控制等需求，推动生产自

① 中华人民共和国工业和信息化部：《2021 年通信业统计公报》，2022 年 1 月。

② 中国信息通信研究院：《中国 5G 发展和经济社会影响白皮书（2021）》，2021 年 12 月。

动化、操作集中化、管理精准化、运维远程化，从而为传统产业生产各环节效率的提升提供了新的途径。

从经济运行规律看，5G 具备高速率、低时延等技术优势，赋能效应广泛，能够减少人员投入、延长设备寿命、缩短开发周期，有助于生产降成本、提效率。同时，5G 技术与传统产业深度融合，推动生产和管理变革，将促进实现规模经济、范围经济，达到降低交易成本、优化资源配置的目的，助推产业数字化转型。中国信息通信研究院的测算结果显示，我国 5G 产业每投入 1 个单位能够带动 6 个单位的经济产出，具有显著的溢出效应。

（三）5G 创造更美好的数字生活

与 4G 相比，5G 凭借其技术优势，正在促进新一轮移动互联网和物联网业务的创新发展，并与各行业各领域相结合，为人们的工作、学习和生活带来极大的便利和更多的惊喜。

一方面，5G 助力改善工作环境、降低工作风险。借助于 5G 应用，2021 年更多的高危行业和高危岗位的工作环境正在得到改善。例如，智慧矿山是 5G 融合应用快速渗透的一个领域，改变了旷工深入矿区、进入矿井的传统作业方式，大大降低了采矿过程中的安全风险，有效提升了采矿的生产效率。再如，炼钢车间高温、高粉尘并可能产生煤气，5G+远程机械控制可以将很多机械操作员从危险的现场转移出来。

另一方面，5G 时代的到来为政府治理精细化、智慧化发展带来新机遇，人们正在积极探索基于 5G 的治理手段创新。其中，5G+无人机作为重要的应用场景，可在较短时间内到达指定地点执行作业，将在巡检监控、交通管理、应急响应、遥感测绘、环保执法等方面发挥重要作用。目前基础电信运营商已开发出成套的商用服务和产品，并开始在全国各省份推广该业务。此外，借助于 5G+边缘计算技术，视频监控系统不断升级，多种 5G+无人监控设备正在探索发展。

二　5G 绽放风采，扬帆远航正当时

（一）5G 政策环境加快完善

顶层设计逐步完善，为 5G 商用高质量发展营造良好政策环境。2021 年以来，党中央、国务院持续深化决策部署，将 5G 发展摆在更为突出的位置。《中华人民共和国国民经济和社会发展第十四个五年规划和 2035 年远景目标纲要》提出，加快 5G 网络规模化部署，构建基于 5G 的应用场景和产业生态。2021 年政府工作报告提出，加大 5G 网络和千兆光网建设力度，丰富应用场景。国务院印发的首个《“十四五”数字经济发展规划》提出，支持 5G 在工业、电网、港口等典型领域深度覆盖和应用，推动行业融合应用。

工信部等部门深入贯彻党中央、国务院决策部署，不断丰富 5G 应用场景，扎实推进 5G 商用发展。2021 年 3 月，工信部编制发布《“双千兆”网络协同发展行动计划（2021～2023 年）》，进一步发挥 5G 和千兆光网在拉动有效投资、促进信息消费和助力制造业数字化转型等方面的重要作用。2021 年 6 月，国家发改委、国家能源局、中央网信办、工信部联合印发了《能源领域 5G 应用实施方案》，积极推进 5G 与能源领域各行业深度融合。2021 年 7 月，工信部联合中央网信办、国家发改委等九部门发布《5G 应用“扬帆”行动计划（2021～2023 年）》，明确 2021 年至 2023 年重点领域 5G 应用线路图，深入推进 5G 技术赋能千行百业。

全国各地政府积极释放政策红利，据中国信通院统计数据，截至 2021 年底，各省市已陆续发布 320 余个 5G 相关政策，积极结合地方经济和产业特征，明确本地 5G 产业和重点应用的发展目标、行动指南。京津冀、长三角、粤港澳大湾区、成渝城市群 5G 产业基础较好、人才资源富集、应用市场广阔、先发优势突出、政府支持有力，引领带动全国在更大范围、更大限度上挖掘 5G 应用价值。

（二）5G 网络规模全球领先

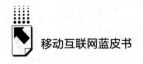

5G 网络建设坚持适度超前原则，网络建设和用户发展跑出“中国速度”，呈系统领先优势。工信部发布的数据显示，截至 2021 年底，我国已建成并开通 142.5 万个 5G 基站，建成全球规模最大、技术最先进的 5G 独立组网网络，覆盖了全国所有地级市城区、超过 98%的县城城区和 80%的乡镇镇区，同时逐步推进到条件具备的农村地区。我国建成的 5G 基站数占全球总数的 60%以上，每万人拥有 5G 基站数比 2020 年末提高近 1 倍，达到 10.1 个。[①]

与此同时，5G 行业虚拟专网由 To B 通用网络向各行业定制的网络演进，超 2300 个 5G 行业虚拟专网已在工业、港口和医院等重点区域建成，加快构建起适应行业发展需求的 5G 网络体系。

（三）5G 应用赋能千行百业

从个人消费看，消费新模式展现蓬勃生机。数据显示，截至 2021 年底，我国已有超过 5 亿户的 5G 终端用户，占全球用户总规模的 80%以上。5G 用户渗透率超过 30%，用户群体已成规模。[②] 4K/8K 高清直播、AR 导游、沉浸式教学等新型 5G 应用，大幅提升赛事直播、游戏娱乐、居住服务等领域的消费体验。商业生态方面，电信运营企业依托网络用户扎实基础，推动网络用户向应用用户快速转化；互联网企业掌握流量入口，重点关注现有应用的体验提升，积极开发超高清视频、AR/VR 在个人日常生活场景下的新应用模式。

从垂直应用看，各行业数字化转型持续深化。5G 技术快速融入千行百业，行业级应用完成从“0 到 1”的突破。第四届“绽放杯”5G 应用征集大赛中，5G 应用创新项目已超过 1.2 万个，无论数量还是创新性方面均处

① 互联网数据中心（IDC）。
② 中国信息通信研究院。

于全球第一梯队。[①]

2021 年，5G 应用场景数量较 2020 年底增长接近翻番，大规模的市场需求开始涌现。制造领域，截至 2021 年底，已有超过 1800 个“5G+工业互联网”项目，覆盖国民经济重要行业数量达 22 个。[②]

教育领域，全国多家高校积极探索和培育，孵化了 5G 智慧校园、5G 空中课堂、5G 云考场、5G 虚拟实验室等一批典型应用和标杆项目。医疗领域，根据工信部的统计，全国已有超过 600 家三甲医院打造 5G+急诊急救、健康管理、远程诊断等应用，人民群众幸福感、获得感、安全感得以提升。

（四）5G 产业基础更加坚实

受益于我国 5G 实现全球第一批商用和大规模部署，移动通信产业基础不断夯实，持续保持全球的领先地位。从技术竞争力看，5G 技术实现引领，全球声明的 5G 必要专利我国占 38%，居全球首位。[③] 我国中频段系统设备、终端芯片、智能手机等产品性能全球领先，海思和紫光展锐跻身全球 5G 芯片设计的第一梯队。从产业发展看，5G 终端连接数居全球第一，5G 手机价格下探至 1000 元、模组价格下探至 500 元，并涌现了工业网关、智能穿戴、车载终端等新型终端应用，5G 行业虚拟专网的产品能力也得到了系统性升级。从市场规模看，企业国际地位不断彰显，华为、中兴、烽火等企业市场份额位居全球前列。国产智能手机高端化进展加快，华为、小米、OPPO 出货量进入全球前五，3000 元以上手机市场国产品牌出货占比屡创新高。

此外，5G 产业链合作持续推进。“绽放杯”5G 应用征集大赛、中国国际信息通信展览会、IMT-2020（5G）大会等赛会活动陆续举办，5G 应用产业方阵等行业组织运行活跃，搭建了政产学研用交流平台，不断畅通产融

---

① 中国信息通信研究院：《5G 应用创新发展白皮书——2021 年第四届“绽放杯”5G 应用征集大赛洞察》，2021 年 12 月。

② 中国信息通信研究院：《中国“5G+工业互联网”发展报告》，2021 年 12 月。

③ 互联网数据中心（IDC）。

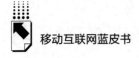

对接渠道，深度融合5G的产业链、创新链、资金链、人才链，积极营造合作共赢的良好产业环境。

三　踏上新征程，开拓5G创新发展新空间

中国5G商用发展将在未来1~2年迎来关键时期。这一时期，5G商用发展的突出任务是，根据市场发展的实际需求，依据政府政策牵引，整合产业界多方力量，逐步补齐5G应用创新在网络、技术、终端、标准等方面存在的短板，加快构建较为健全的5G产业创新生态体系，有力支撑5G应用创新的爆发和繁荣。

（一）适度超前，提升网络覆盖能力

当前中国5G网络仍处于建设初期，尚未达到有效支撑消费级和行业级应用创新的水平，应继续坚持适度超前建设网络基础设施，大力支持端到端网络切片、高精度室内定位、边缘计算等新技术研发，并利用多频协同强化覆盖，加强面向行业的5G网络供给能力。一是探索低成本推进农村网络覆盖。加快研发适合农村场景的低成本、广覆盖5G技术和产品，支持农村及偏远地区5G等信息通信基础设施建设，推动农村新一代通信基础设施提档升级。二是打造多频协同差异化网络。推进5G的多场景应用、高频段协同，推动提升5G室内外覆盖水平，进一步完善5G网络广度和深度覆盖。开展毫米波部署测试，加快毫米波和中频新型基站产业化进程。三是持续推进行业5G虚拟专网能力的建设。聚焦电力、钢铁、矿山等重点行业领域，形成符合行业发展特点的5G虚拟专网行业模板，推动行业虚拟专网向低成本、端到端网络保障，自主运营运维等方向发展，同时探索行业运营运维新模式，实现行业对5G网络能力统一、灵活、便捷的调用。

（二）创新引领，夯实产业基础能力

随着5G应用的深入推进，应集结产业力量，持续加强科技研发布局，

加强虚拟现实终端、行业模组和终端、行业平台和解决方案等新型配套支撑产品研发，大力提升 5G 产品供给和技术保障能力。一是加强对 5G 关键技术及产品研发的资金支持，强化 5G 芯片、核心器件及基础软硬件的技术攻关，自主培育 5G 芯片设计工具及芯片制造能力，畅通产业创新渠道，夯实产业创新根基。二是有序推进 5G 行业模组分级分类，加快轻量化 5G 芯片模组等研发及产业化，推动 5G 行业模组逐步形成“专而精”的定制化发展方向，提高行业终端模组性价比。三是开展 5G 应用创新载体建设，鼓励龙头企业、科研院校建设重点行业共性技术平台，有效解决影响行业应用复制推广的技术困境。四是做好创新要素供需协同和资源共享，加快完善 5G 应用创新企业服务体系，引导和支持更多企业投入 5G 产业创新创业，推动构筑和壮大 5G 产业发展生态。

（三）融合赋能，壮大应用推进合力

5G 行业应用将进入规模化发展的关键阶段，需抓住关键重点突破，构建面向行业的产业大生态。一方面，坚持“重点行业分类施策”。聚焦探索关键领域，促进重点行业形成示范带动效应，要继续在制造业、矿山、电力、医疗等先导行业进行规模推广，树立更多发展标杆；要在智慧城市、文旅、交通、水利等有潜力行业和待挖掘领域，积极开展技术和场景适配工作，精心谋划项目试点示范；要在农业、教育等待培育行业中持续发掘和培育应用场景，开发和引入成本低、部署简易、难度低的解决方案。另一方面，坚持“重点应用梯次导入”。5G 技术将与各行各业不断深度融合，衍生梯次落地路径，即从网络替换应用到技术融合应用，再到整合变革应用。随着应用成熟度不断提高，5G 应用将形成螺旋式上升的发展模式。必须紧密结合行业特有的技术、知识、经验，以点带面、纵深推进 5G 在重点行业的规模化复制应用。汇聚产业界各方力量，坚持由浅及深、循序推进，由生产监测、远程服务、智慧物流等基础环节，逐步延伸到数字化研发、精准控制等关键环节，做到成熟一批、推广一批、复制一批。

四　总结

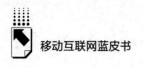

2021年5G商用取得重要进展，对经济社会的影响进一步扩大。面向未来，5G发展的难点和重点在融合应用，目前在供需两侧仍然面临不少挑战。要充分释放5G对经济社会的增长潜力，还需要积极克服各种挑战和障碍，扩大5G应用的范围和类型，以更好地赋能传统产业转型升级，加速发展壮大新产品新业态。“十四五”期间，5G应用面临从导入迈向成熟的“大考”，必将是爬坡过坎、激流勇进的五年。风雨之后见彩虹，5G将以更加过硬的本领迎接社会的检验。

参考文献

中华人民共和国工业和信息化部：《2021年通信业统计公报》，2022年1月。

中国信息通信研究院：《中国5G发展和经济社会影响白皮书（2021）》，2021年12月。

中国信息通信研究院：《5G应用创新发展白皮书——2021年第四届“绽放杯”5G应用征集大赛洞察》，2021年12月。

中国信息通信研究院：《中国“5G+工业互联网”发展报告》，2021年12月。

B.11
2021年中国工业互联网发展报告

高晓雨*

摘　要： 2021年，我国推进“5G+工业互联网”初见成效，平台建设呈现蓬勃发展态势，安全保障力度不断加大，非上市投融资规模大幅攀升。未来，政策利好将持续推动行业高速发展，网络、平台、安全三大体系也将持续完善。建议充分挖掘企业数据价值，完善中小企业帮扶机制，并强化产融合作宏观引导。

关键词： “5G+工业互联网”　应用场景　非上市投融资

在经历过2020年新冠肺炎疫情之后，2021年，在“双循环”新格局下，我国工业互联网供需两旺，政策利好持续推动创新应用不断发展。

一　2021年中国工业互联网总体情况

（一）“5G+工业互联网”推进初见成效

5G基站建设与工业互联网是“新基建”七大领域的两个重要方向，二者的融合将产生“1+1>2”的倍增效果，作为新一轮数字化转型的重要驱动力，为传统产业实现飞跃式发展提供了重要保障。我国在5G领域先发优势明显，产业应用需求具有巨大潜力和空间，充分用好这些有利条件，推动“5G+工业

* 高晓雨，国家工业信息安全发展研究中心信息政策所副所长，高级工程师，主要研究方向为数字经济、产业数字化转型。

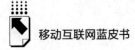

互联网”应用向更广范围、更深程度、更高水平延伸，将有效助力数字中国、智慧社会建设，加快我国新型工业化建设进程，促进传统产业数字化转型。①

“5G+工业互联网”是指利用以5G为代表的新一代信息通信技术，形成与工业经济深度融合的新型基础设施、应用模式和工业生态。基于5G对人、机、物、信息系统等的全面连接，构建起覆盖整个产业链价值链的全新制造和服务体系，为工业乃至产业数字化、网络化、智能化发展提供了新的实现途径，助力企业实现降本提质、绿色安全发展。② 近两年，我国5G与工业互联网融合应用的成效逐渐凸显。

一是在央、地两级政府的政策支持力度持续加大的背景下，“5G+工业互联网”发展趋势总体向好。工信部于2019年11月印发《“5G+工业互联网”512工程推进方案》，并于2020年3月印发《关于推动工业互联网加快发展的通知》，两部文件进一步细化了2020年“5G+工业互联网”的工作要求和推进举措。目前已有近20个省/市明确表示将通过政策支持的方式推动“5G+工业互联网”发展，顶层设计的重要性日益凸显。部分地区“5G+工业互联网”政策如表1所示。

表1　部分地区“5G+工业互联网”政策

序号	地区	出台时间	政策
1	江西省	2020年2月	《推进“5G+工业互联网”融合发展实施方案》
2	广东省	2020年5月	《广东省“5G+工业互联网”应用示范园区试点方案(2020~2022年)》
3	江苏省	2020年8月	《全省推进“5G+工业互联网”融合发展工程的实施方案》
4	河南省	2020年9月	《河南省推进“5G+工业互联网”融合发展实施方案》
5	云南省	2020年11月	《云南省“5G+工业互联网”示范工程推进方案》
6	湖北省	2021年11月	《湖北省5G+工业互联网融合发展行动计划(2021~2023年)》

① 《ICT深度观察专家谈——中国信通院汤立波：5G+工业互联网赋能企业数字化转型》，2021年12月18日，https://www.sohu.com/a/509605271_121124361。

② 《“5G+工业互联网”百科词条》，2021年7月29日，https://www.miit.gov.cn/ztzl/rdzt/gyhlw/jyjl/art/2021/art_2f01ede9554943a7b0fd7203e0f12b58.html。

续表

序号	地区	出台时间	政策
7	江苏省苏州市苏州工业园区	2020 年 7 月	《苏州工业园区关于支持"5G+工业互联网"融合发展的若干措施》
8	湖北省襄阳市	2021 年 1 月	《5G+工业互联网融合发展行动计划(2021~2023 年)》
9	广东省佛山市顺德区	2021 年 1 月	《佛山市顺德区推进 5G+工业互联网创新发展若干政策措施》
10	广东省河源市河源高新区	2021 年 3 月	《河源市高新区鼓励"5G+工业互联网"应用建设的若干政策措施》 《河源市高新区"5G+工业互联网"行动计划方案(2020~2025 年)》
11	湖北省武汉市洪山区	2021 年 8 月	《〈洪山区支持"5G+工业互联网"融合应用先导区建设若干政策〉实施细则》
12	湖北省武汉市	2021 年 11 月	《武汉市推进 5G+工业互联网发展打造未来工厂行动计划(2021~2023 年)》

二是典型应用场景和重点行业应用向纵深推进。工信部 2021 年发布"5G+工业互联网"十大重点行业二十大典型应用场景，5G 全连接工厂、"5G+工业互联网"融合应用先导区等工作成为产业各方关注的焦点，全国在建"5G+工业互联网"项目突破 1800 个，形成一系列 5G 与工业互联网融合的应用场景，例如，服装生产"柔性制造"、无人驾驶车辆、智慧港口、智慧矿山等。[①] 智能制衣工厂利用 5G 技术在原材料质检、工厂巡检、制衣供需合规监测上减少了人力投入，柔性化生产促使传统服装制造向智能化转变。5G 的大带宽、低时延、高可靠等特性可以让武汉工人实时操作远在广西柳州工地上的装载机。

三是应用领域不断扩展，从生产外围环节逐步延伸至研发、制造、质检、运维、物流、安全管理等核心环节，在电子信息制造、钢铁、采矿、电力、装备制造等行业率先发展，培育形成协同研发设计、远程设备操控、设备协同作业、柔性生产制造、现场辅助装配、机器视觉质检、设备故障诊

① 中国工业互联网研究院：《工业互联网创新发展成效报告》，2021 年 10 月。

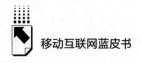

断、厂区智能物流、无人智能巡检、生产现场监测等十大典型应用场景，助力企业降本提质和安全生产。

（二）工业互联网平台呈现蓬勃发展态势

国家工业信息安全发展研究中心2021年发布的《工业互联网平台应用数据地图（2020）》显示，中国工业互联网平台呈现快速发展趋势，全国范围内，有影响力的工业互联网平台数量已经超过70家，平台接入设备数量突破4000万台（套），工业APP数量超过35万个。

一是"综合型+特色型+专业型"平台体系基本成形。"双跨"平台持续引领，2020年工信部遴选了15家实力强、服务广的跨行业跨领域工业互联网平台，力争到2025年打造3~5家国际领先的工业互联网平台。面向特定行业和区域的特色型平台快速发展，全国已有超过80家具有行业和区域影响力的特色平台，工业APP的数量超过35万个。专业型平台不断涌现，不同领域专业化服务企业，结合自身技术优势，打造形成一批专注于特定领域的工业互联网平台。

二是助力"旧动能改造+新动能培育"成效明显。在传统行业转型方面，平台聚焦行业痛点，推广质量管控、工艺优化、设备管理、能耗优化等可推广、可复用的解决方案。在新动能培育方面，一批基于平台的边缘智能硬件、解决方案以及工业APP服务产品正加速形成，工业电子商务、共享制造、产业链金融等新模式新业态正快速涌现。

三是支撑经济社会发展的能力显著增强。一方面，平台有力保障疫情防控和复工复产，疫情期间平台企业共推出300余款工业APP，助力企业复工复产。另一方面，平台有力促进信息技术创新产业发展，带动一批信息技术应用创新产品涌现。例如，云道智造推出自主化仿真安卓平台，其开发的有限元分析工具等已达到国际先进水平。

（三）安全保障力度不断加大

一是顶层设计初步构建。2021年，我国工业互联网安全政策持续强化，先后出台《工业互联网企业网络安全分类分级指南（试行）》《工业数据分类分级指南（试行）》等相关政策，全国 31 个省份逐步加快落地工业互联网安全相关政策部署，一套从上至下的工业互联网安全政策体系基本形成。①

二是标准体系基本建立。② 2019 年 1 月，工信部、国家标准委发布《工业互联网综合标准化体系建设指南》，进一步明确了安全标准体系，从设备安全、控制系统安全、网络安全、数据安全、平台安全、应用程序安全到安全管理等多个方面订立了相关标准。此外，从国家标准和行业标准两方面进一步增强标准供给水平。在国家标准方面，《信息安全技术工业控制系统安全基本要求》（GB/T 36323-2018）等标准正式实施，《信息安全技术工业控制系统漏洞检测产品技术要求及测试评价方法》（GB/T 37954-2019）等 7 项标准发布。在行业标准方面，《工业互联网平台安全风险评估规范》《工业互联网平台安全防护检测要求》《工业互联网安全服务机构能力认定准则》等重点急需标准制定有序推进。

三是技术支撑架构初步形成。目前，已大致形成并基本建立从国家层面、省级层面到企业层面的三级协同工业互联网安全技术监测服务体系。截至 2021 年 11 月，国家工业互联网安全技术监测服务平台已涵盖汽车、电子、钢铁等 14 个重要行业领域，已覆盖重点工业互联网平台达百余个，涉及工业企业 10 万余家。③ 同时依托工业互联网创新发展工程，海尔、富士康等工业互联网平台企业建立安全接入、态势感知、风险预警等技术手段，建成测试验证、安全众测等公共服务平台。国家工业信息安全发展研究中心积极推动工业信息安全政策落地，多级协同的全国工控安全在线监测网络已初具雏形，完成了面向钢铁、有色、石化、能源等行业的 200 余个企业态势感知节点部署，建成工控安全信息共享与通报平台，并形成了百余人的评估技术支撑队伍。

---

① 工业互联网产业联盟：《中国工业互联网安全态势报告（2020 年）》，2021 年 11 月。

② 国家工业信息安全发展研究中心：《我国工业互联网安全风险分析与趋势研判》。

③ 《工业信息化部对十三届全国人大四次会议第 9992 号建议的答复》，2021 年 9 月 14 日，https：//wap. miit. gov. cn/zwgk/jytafwgk/art/2021/art_ 1c23a5d8acdf4a5d881e53ea5e538cb5. html。

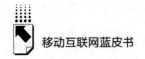

（四）金融投资机构持续加码工业互联网领域

强化产业和金融两端的深度协同，推动工业互联网产融合作是稳定经济增长、保障产业链供应链稳定、激发创新活力的重要抓手和努力方向。2021年，我国工业互联网产融合作发展态势良好，重点企业上市进程加速推进，工业互联网行业非上市融资金额均值近2亿元。

一是非上市投融资规模迅速增加。据国家工业信息安全发展研究中心跟踪监测，2021年我国工业互联网行业完成非上市投融资事件346起，同比增长11.6%，披露总金额突破680亿元，同比大幅增长85.9%（见图1）。值得关注的是，工业互联网行业项目的整体估值正持续上涨，2021年工业互联网行业非上市融资金额均值近2亿元，较上年同期增长67.2%。同时，一线头部项目“吸金”能力强，融资规模高于5亿元（含5亿元）的大额交易共发生26起，占全年事件总量的7.5%，对应交易规模为408.02亿元，占全年交易总规模的59.9%。

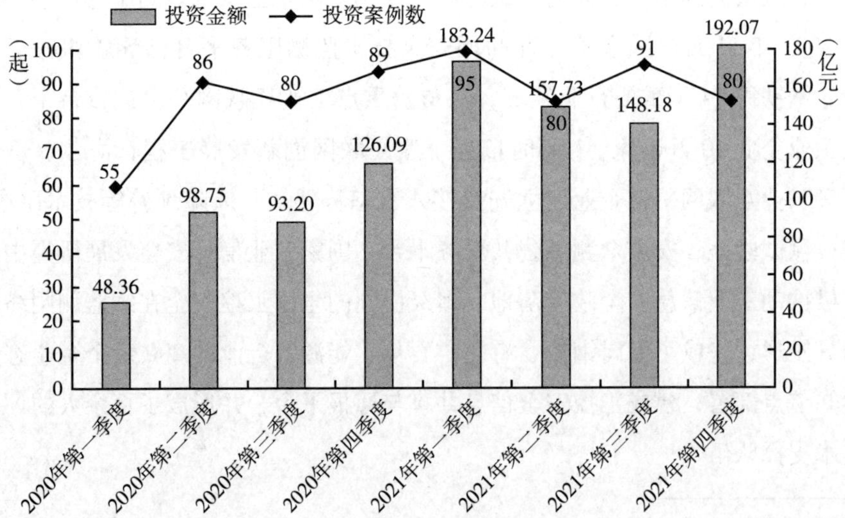

图1　2020~2021年我国工业互联网非上市融资情况

资料来源：国家工业信息安全发展研究中心整理（2022年1月）。

二是重点企业上市进程加速推进。2021 年以来，共 12 家工业互联网相关企业成功上市，募集资金总额突破 75 亿元。其中，青云科技、爱科科技等 7 家企业在科创板上市，募资金额达 47.36 亿元；盈建科、震裕科技等 4 家企业在创业板上市，募资金额达 24.49 亿元；华亚智能在深交所主板上市，募资金额近 4 亿元。企业所募集资金主要应用于技术研发、产品升级、产能扩大、营销平台建设、补充流动资金等（见表 2）。

表 2　2021 年以来工业互联网相关企业上市情况

单位：亿元

序号	上市时间	企业名称	上市板	募资金额	资金用途
1	2021 年 1 月 20 日	盈建科	创业板	8.04	①建筑信息模型(BIM)自主平台软件系统研发;②桥梁设计软件继续研发;③技术研究中心建设;④营销及服务网络扩建;⑤补充营运资金
2	2021 年 3 月 16 日	青云科技	科创板	7.64	①云计算产品升级;②全域云技术研发;③云网一体化基础设施建设;④补充流动资金
3	2021 年 3 月 18 日	震裕科技	创业板	6.69	①电机铁芯精密多工位级进模扩建;②年产 4940 万件新能源动力锂电池顶盖及 2550 万件动力锂电壳体生产线;③年增产电机铁芯冲压件 275 万件;④年产 2500 万件新能源汽车锂电池壳体;⑤企业技术研发中心;⑥补充流动资金
4	2021 年 3 月 19 日	爱科科技	科创板	2.82	①新建智能切割设备生产线;②智能装备产业化基地(研发中心)建设;③营销服务网络升级建设;④补充流动资金
5	2021 年 3 月 30 日	品茗股份	科创板	6.8	①AIoT 技术在建筑施工领域的场景化应用研发;②智慧工地整体解决方案研发;③软件升级改造;④营销服务平台建设;⑤补充流动资金
6	2021 年 4 月 6 日	华亚智能	深主板	3.96	①精密金属结构件扩建;②精密金属制造服务智能化研发中心
7	2021 年 4 月 20 日	霍莱沃	科创板	4.22	①数字相控阵测试与验证系统产业化;②5G 大规模天线智能化测试系统产业化;③研发中心升级建设;④补充流动资金

续表

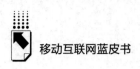

序号	上市时间	企业名称	上市板	募资金额	资金用途
8	2021 年 4 月 21 日	信安世纪	科创板	6.23	①信息安全系列产品升级；②新一代安全系列产品研发；③面向新兴领域的技术研发；④综合运营服务中心建设
9	2021 年 5 月 12 日	博众精工	科创板	11.1	①消费电子行业自动化设备扩产建设；②汽车、新能源行业自动化设备产业化建设；③研发中心升级；④补充流动资金
10	2021 年 6 月 3 日	普联软件	创业板	4.59	①智能化集团管控系列产品研发；②研发中心及技术开发平台建设；③营销及服务网络建设；④补充流动资金
11	2021 年 7 月 1 日	利元亨	科创板	8.55	①工业机器人智能装备生产；②工业机器人智能装备研发中心；③补充流动资金
12	2021 年 7 月 2 日	海泰科	创业板	5.17	①大型精密注塑模具数字化建设；②研发中心建设；③补充流动资金

资料来源：国家工业信息安全发展研究中心整理（2021 年 7 月）。

三是上市公司市值趋于理性回调。目前，我国工业互联网已逐步进入深耕细作、锻长补短的落地实践阶段。2021 年以来，股票交易市场对于工业互联网的投资行为逐渐趋于理性。Wind 数据显示，我国工业互联网上市企业的总市值由 2020 年 12 月的 28358 亿元回调至 2021 年 6 月的 25495 亿元，整体市值下降的公司占比超过半数。其中，美的集团、用友网络、三一重工等龙头企业半年度市值分别降低 27.32%、24.18%和16.83%。[①] 部分上市企业市值的回调并未影响资本市场对于工业互联网行业的长期看好。总体来看，股票交易市场投资走向理性，有效促进了我国工业互联网发展潜力稳定释放，行业前景持续利好，有利于我国工业互联网长期健康发展。

① 万得数据库。

二 2022年趋势判断

（一）政策利好持续推动行业高速发展

2021 年以来，《工业互联网创新发展行动计划（2021～2023 年）》《“十四五”智能制造发展规划（征求意见稿）》《“5G+工业互联网”十个典型应用场景和五个重点行业实践情况》《工业互联网综合标准化体系建设指南（2021 版）（征求意见稿）》等密集发布，为中国工业互联网产业发展营造了十分良好的政策环境。

各地方也在积极布局，围绕工业互联网出台相关行动计划，谋划未来发展蓝图。如天津明确提出推进工业互联网在汽车行业、装备制造业、新能源、新材料等关键行业的应用目标，计划到 2023 年底，建成不少于 5 个面向重点行业和区域的特色工业互联网平台；成都围绕工业互联网平台建设等十个方面制定具体扶持政策，计划到 2023 年底打造 20 个国内知名的工业互联网优势平台。

受政策利好持续带动，我国工业互联网将保持高速发展。IDC 数据预测，2021 年我国制造业 IT 相关支出达 1156.5 亿美元，至 2025 年的复合年均增长率将保持在 16.6%（见图 2），显著高于全球其他地区（见图 3）。特别是随着制造业用户对于云化成本、安全等方面的观念逐步转变，叠加广大中小制造业企业数字化需求的持续释放，云化趋势将从 CRM、ERP 等 IT 领域向设计研发类、制造执行类工业软件不断下沉，软件云化向制造业的渗透成为行业发展大势。

（二）工业互联网网络、平台、安全三大体系持续完善

夯实工业互联网网络基础设施方面。一是加速企业内网从“单环节改造”转变为“体系化互联”，推动生产装备、仪器仪表的数字化、网络化改造，通过领先有效的建设运营技术（OT）的物理网络和信息技术（IT）的

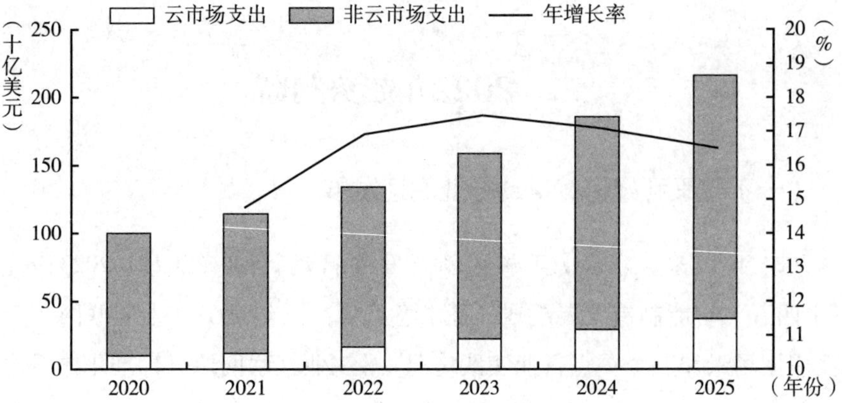

图 2　2020~2025 年我国制造业 IT 支出预测

资料来源：IDC，国家工业信息安全发展研究中心整理（2022 年 1 月）。

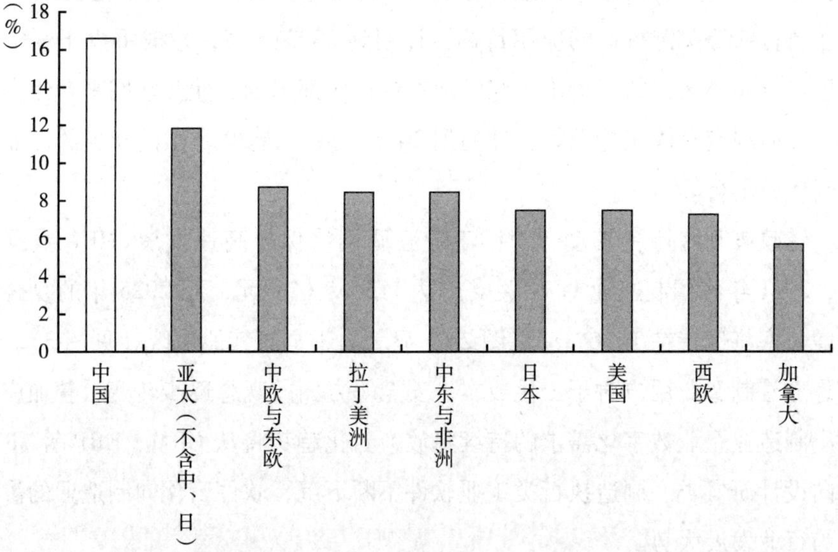

图 3　2020~2025 年全球制造业 IT 支出年复合增长率预测

资料来源：IDC，国家工业信息安全发展研究中心整理（2022 年 1 月）。

数字网络的融合网络，建立网络信息标准化模型。二是加快企业外网由“建网”转变为“用网”，重点推进工业企业、工业互联网平台、标识解析节点等接入高质量外网，提高企业外网的应用效率。三是积极开辟“5G+工业互联网”发展新空间，继续推进“5G+工业互联网”512 工程①，推动 5G 专网建设方案落地实施，促进应用重心从单点孵化拓展为 5G 全连接工厂。

打造工业互联网平台体系方面。一方面，打造具有国际一流水平的平台体系，建设一批综合型、特色型、专业型平台，形成基于平台的制造业新生态。打造特色“工业互联网+智能制造”示范区，加大产业的扶持和推广力度，帮助传统制造业升级迭代，真正实现数字化赋能、制造链赋效、资金流赋信。另一方面，深化工业互联网行业应用，鼓励企业生产设备上云上平台，鼓励企业业务系统云化改造，基于平台打通设计与制造、消费与生产、管理与服务之间的数据流，培育融合发展新模式新业态，实现资源优化配置、生产方式变革以及价值创造。

强化工业互联网安全保障方面。一方面，建立“工业互联网+智能制造”的监督检查、信息共享、信息通报、应急处置等安全管理制度，制定急需的安全标准，构建企业安全主体责任制，探索构建相应的安全评估体系。另一方面，建成国家“工业互联网+智能制造”安全管理体系。围绕安全监督检查、风险评估、信息通报、应急处置等方面，建立健全“工业互联网+智能制造”的安全管理制度和工作机制，强化对企业的安全监管。

（三）数据安全保护上升至国家法律层面

中共中央办公厅、国务院办公厅于 2021 年 7 月 6 日发布《关于依法从严打击证券违法活动的意见》（以下简称《意见》），《意见》提出完善数据安全、涉密信息管理等相关法律法规；压实境外上市公司信息安全主体责任等。《意见》是首次以中办、国办名义联合印发打击证券违法活动的专门文件，也是今后一段时间全方位加强和改进证券监管执法工作的行动

① 512 工程，即《工业和信息化部办公厅关于印发“5G+工业互联网”512 工程推进方案的通知》（工信厅信管〔2019〕78 号），2019 年 11 月 22 日印发。

纲领。

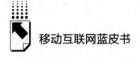

此前，第十三届全国人大常委会第二十九次会议通过了数据领域的基础性法律《中华人民共和国数据安全法》，并于 2021 年 9 月 1 日起正式施行。该法确立了数据分类分级管理、数据安全审查、风险评估、监测预警和应急处置等基本制度，为相关部门出台重要数据目录、数据跨境管理等细则办法和规范性文件提供了法律依据。此外，还划出了数据活动的“红线”，为工业领域开展数据分类分级、跨境传输评估、风险评估等工作提供指引，将有效破解工业互联网等应用场景的数据安全问题，进一步保障行业安全和国家利益。伴随着数据安全法的落地实施，数据确权、数据跨境等配套管理措施及具有行业特点的细化管理方案将成为下一步数据立法的重点。长期来看，我国网络安全和数据安全法律体系将愈加完善。

三　对策建议

（一）充分挖掘企业数据价值

强化企业信用体系建设，积极倡导企业基于工业互联网平台，利用生产运营数据，打造可视化诚信体系。创新产融合作业务模式，提高金融资源配置效率，大力发展数字供应链金融、金融科技、数据资产等新技术、新模式、新业态。瞄准碳达峰、碳中和长期目标，支持各地积极探索绿色信贷、绿色股权、绿色债券、绿色保险、绿色信托等多元化业务，并推动落地实施，鼓励碳核算数据采集方法及核算标准创新。

（二）完善中小企业帮扶机制

积极化解中小企业对于投入回报慢、投入回报不明确的担忧，推出企业“上云上平台”服务券等方式，促进建平台、用平台、测平台协同发展。搭建完善的数字化转型公共服务体系，面向中小企业开放技术、标准、检验、测试等资源，为中小企业提供个性化、多样化服务。支撑数字化相关产品开发，构建基础性、通用性产品体系，培育数字化解决方案供应商，为中小企业提供更加便捷易用、成本低廉的数字化产品、工具和服务。

（三）强化产融合作宏观引导

以国家产融合作试点城市（区）建设为纽带，强化宏观引导，积极在四川、河北、湖北、湖南等非沿海地区工业大省推进工业互联网落地赋能。鼓励各地结合自身工业互联网发展需求，搭建企业融资路演平台，组织开展形式丰富的投融资对接活动，促成项目签约，跟踪签约后进展等全流程。引导各地对本地企业创新能力、产品竞争力及商业运营情况等方面进行综合考察和评估，建立工业互联网重点企业和高成长性企业清单，为金融机构遴选项目、开展投资提供参考。引导各地基于平台资源，设立以未来收益权及知识产权抵押等为主的金融产品，为轻资产中小微企业提供精准金融服务。通过实际调研、专家评议、地方推荐等多种方式，遴选一批示范作用强、可复制、可推广的工业互联网产融合作优秀案例，在全国进行广泛宣传。

参考文献

国家工业信息安全发展研究中心：《2020～2021 年我国工业互联网产融合作发展报告》，2021 年 2 月。

国家工业信息安全发展研究中心：《2021 年上半年我国工业互联网产融合作发展报告》，2021 年 7 月。

国家工业信息安全发展研究中心：《2021～2022 年我国工业互联网产融合作发展报告》，2022 年 2 月。

国家工业信息安全发展研究中心：《新形势下我国工业互联网+智能制造产业发展研究报告》，2021 年 11 月。

国家工业信息安全发展研究中心：《2020 工业互联网平台应用数据地图》，2020 年 12 月。

中国工业互联网研究院：《工业互联网创新发展成效报告》，2021 年 10 月。

工业互联网产业联盟（AII）：《中国工业互联网发展成效评估报告》，2021 年 12 月。

王慧娴：《2021 年上半年中国工业互联网产融合作发展情况分析》，《互联网天地》

2021年第8期。

《“5G+工业互联网”赋能建材工业高质量发展》，《中国建材报》2021年11月24日。

《新一轮利好纷至　工业互联网建设提档加速》，《经济参考报》2021年5月11日。

《〈工业互联网创新发展行动计划（2021~2023年）〉解读》，《上海建材》2021年第2期。

《新一轮“5G+工业互联网”支持政策将加码升级》，《经济参考报》2020年11月23日。

《“512工程”在汉发布5大行业实践10大应用场景》，《湖北日报》2021年11月20日。

B.12
5G 应用“扬帆起航”，加速行业数字化转型

杜加懂 *

摘　要： 5G 技术及产业发展已经历经十年，各国纷纷从 5G 技术及产业布局转向应用竞争。2021 年我国 5G 应用呈现蓬勃发展态势，已经实现“0 到 1”的突破，进入“1 到 N”的发展新阶段。大部分行业正处于 5G 规模化应用起步阶段，应针对不同类型行业分类施策，精准发力。5G 与行业融合的深入，将催生 5G 2B 的产业，极大地扩充现有的 5G 产业链，构建新的产业体系。

关键词： 5G 应用　产业链　融合应用

一　5G 发展由技术竞争转向应用竞争

从 2012 年全球各国开始探索 5G 应用需求及场景，5G 的发展已经历了 10 年，纵观整个发展历程，各国在 5G 发展上大致经历了两大阶段。

（一）第一阶段：5G 技术和网络的竞争

在这一阶段，各国主要是在 5G 技术研究、标准化及网络建设上进行政策和资金的扶持，以期在标准化、知识产权等方面占据优势，争夺技术和产

* 杜加懂，中国信息通信研究院 5G 应用创新中心副主任，高级工程师，主要从事 5G 应用技术、标准化及产业化推动工作。

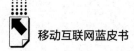

业的话语权。韩国 2013 年发布《5G 移动通信先导战略》，提出在未来 7 年内向技术研发、标准化、基础构建等方向投资 5000 亿韩元（约合人民币 29 亿元）；2017 年，启动韩国国家 5G 标准的制定；2019 年 4 月，韩国运营商宣布启动 5G 商用服务。2016 年欧盟发布《5G 行动计划》战略，提出网络建设和商用目标，给出完整的 5G 部署路线图。2017 年 11 月，欧盟委员会无线频谱政策组（RSPG）发布欧洲 5G 频谱战略。2017 年欧盟发布“地平线”科研计划，第一阶段项目对 5G 通信网进行了基础研究。美国 2016 年 7 月发布 5G 24GHz 高频频段，计划投入 4 亿美元支持 5G 试验及研发。2018 年美国联邦通信委员会（FCC）发布 5G FAST 计划，该计划为“促进美国在 5G 技术方面的优势”的综合战略。2013 年 2 月，我国由工信部、发改委和科技部联合推动成立 IMT-2020（5G）推进组，负责统筹我国 5G 技术研究、标准制定、研发试验、产业推进等工作。2016 年 11 月，国务院印发《“十三五”国家战略新兴产业发展规划》，明确提出要大力推进 5G 联合研发、试验和预商用试点。2018 年 12 月，中央经济工作会议明确提出“加快 5G 商用步伐”，并将其列为 2019 年的重点工作。

（二）第二阶段：5G 应用竞争发展阶段

此阶段各国通过发布国家战略或相关政策推动 5G 与各行业深度融合，发挥 5G 对各行业的赋能作用，推动各行业的数字化转型升级。2019 年韩国科学技术信息通信部（MSIT）发布《实现创新增长的 5G+战略》。2021 年，MSIT 分别发布《2020 年 5G+战略发展现状及未来计划草案》和《2021 年 5G+战略促进计划》，对 5G 应用推进现状进行阶段性总结分析，并提出未来改进措施。2020 年 5 月和 12 月，美国国防部分别发布《5G 战略》和《5G 技术实施方案》，明确将 5G 技术应用在军用领域，并在 12 个军事基地开展技术试验和应用测试；同时政府层面采用设立专项基金方式推动 5G 向精准农业领域渗透。欧洲 2018 年分批启动 5G PPP 第三阶段项目，建立泛欧验证平台、端到端测试平台、5G 跨境走廊等，2019 年启动 5G 垂直行业应用的项目，探索 5G 技术在各个垂直行业应用案例中的具体适用性。《中华人民共和国国民经济和社会发展第十四个五年规划和 2035 年远景目标纲要》明确指出，要“构建基于 5G 的应用场景和产业生态”，并设置数字化应用场景专栏。2021 年 7 月，工信部十部门共同出台《5G 应用“扬帆”行动计划（2021~2023 年）》，提出了 8 个专项行动 32 个具体任务，从面向消费者（2C）、面向行业（2B）以及面向政府（2G）三个方面明确了未来三年重点行业 5G 应用发展方向。

二　我国5G 融合应用实现“0到1”突破，进入“1到 N”的发展新阶段

我国 5G 网络预商用之后，产业界各方就不断探索 5G 在各行业的融合应用，推动 5G 技术为行业数字化转型赋能。截至 2021 年，我国国民经济 20 个门类里有 15 个、97 个大类里有 39 个行业均已应用 5G。① 根据 2021 年第四届“绽放杯”5G 应用征集大赛数据统计，我国 5G 应用创新项目已超过 1.2 万个，涵盖工业、医疗等 20 余个行业领域，近 7000 家企业、科研院所、行业协会、政府机构等参与，参赛项目覆盖 31 个省区市及香港特别行政区，无论在行业数量、企业数量、地域范围还是应用创新性方面均处于全球第一梯队。

从行业赋能效果来看，5G 在工业互联网、智慧城市、信息消费、医疗、文旅等领域赋能效果初显。在第四届“绽放杯”5G 应用征集大赛所有参赛项目中，工业互联网、智慧园区、智慧城市、智慧医疗、文化旅游等领域的参赛项目数量占比分别为 15.71%、11.21%、8.80%、7.36%和 6.91%，如图 1 所示。相比 2020 年，5G 技术进一步深入工业领域，工业互联网领域参赛项目数量成倍增长。

在工业领域，5G 已逐步从辅助环节向核心环节渗透，并扩展到研发设计、生产制造、运营管理、产品服务的全生命流程，形成了“5G+远程控制”“5G+质量检测”“5G+仓储物流”等典型应用。目前，已有 138 个钢铁企业、194 个电力企业、175 个矿山、89 个港口实现 5G 应用商用落地，有

① 中国信通院数据，https://mp.weixin.qq.com/s/45Ty7LmggUS9xwKboyIcdg。

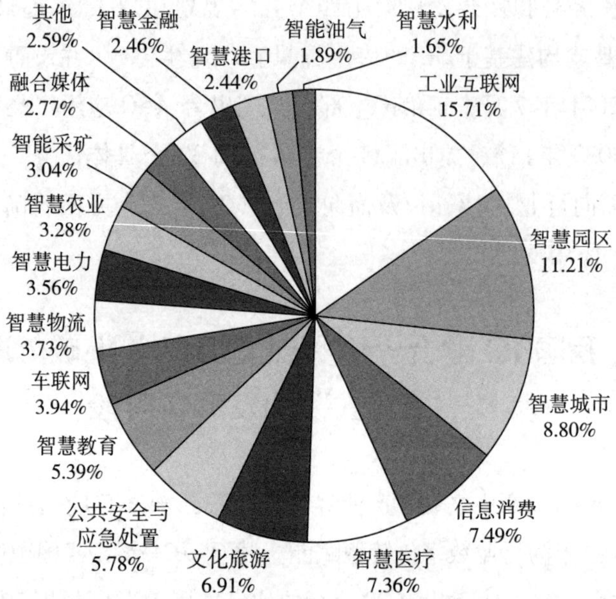

图 1　2021 年"绽放杯"5G 应用征集大赛参赛项目行业领域占比

资料来源：《5G 应用创新发展白皮书》，中国信通院网站，http：//www.caict.ac.cn/kxyj/qwfb/ztbg/202112/t20211206_ 393683.htm。

力推动了工业数字化转型。①

在智慧城市领域，5G 逐渐渗透到城市管理、城市公共服务、智慧社区等各个方面，涌现了"5G+城市水务""5G+智慧交通""5G+智慧社区"等典型应用。在医疗领域，5G 已从院内扩展到院间，覆盖了院前、院中和院后各个环节，"5G+急救""5G+远程会诊""5G+远程诊断""5G+远程健康管理"等应用有效提升诊疗服务水平和管理效率。在文旅行业，5G 覆盖了文化和旅游两大方向，在园区管理、游客体验提升、文化创意提升等方面都涌现较多的应用，5G+超高清视频、背包、转播车，已应用在《舞上春》、建党 100 周年《伟大征程》等大型活动中。

总体来看，我国 5G 应用目前已经完成行业初步试验阶段，在各行业领

① 工信部数据，https：//baijiahao.baidu.com/s？id=1706410156101204163&wfr=spider&for=pc。

域都积累了一批 5G 应用场景及项目，实现了从“0 到 1”的突破，进入“1 到 N”的发展新阶段。从第四届“绽放杯”5G 应用征集大赛参赛项目来看，近半数参赛项目已经实现“商业落地”，并且涌现许多千万级别甚至亿级的商业合同。15.26%项目已实现“解决方案可复制”（见图 2），标杆赛中 28 个获奖项目已复制推广 287 个，复制合同总金额达 16.27 亿元。能源、智慧城市及工业互联网占据复制项目合同金额前三。

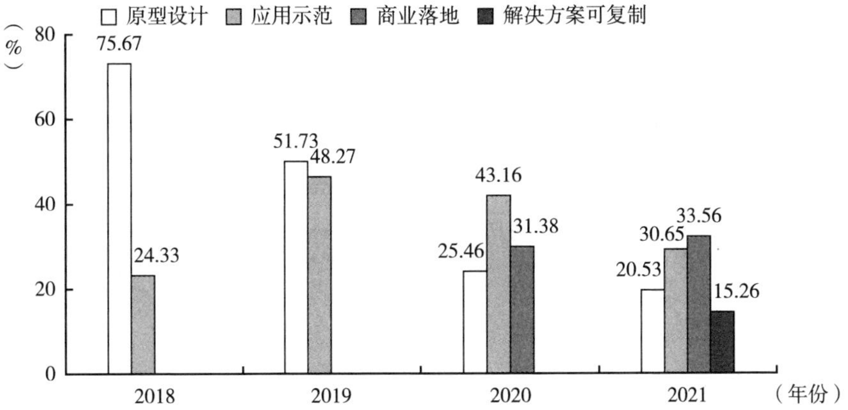

图 2　2018~2021 年“绽放杯”5G 应用征集大赛项目成熟度对比

资料来源：《5G 应用创新发展白皮书》，中国信通院网站，http：//www.caict.ac.cn/kxyj/qwfb/ztbg/202112/t20211206_393683.htm。

三　我国大部分行业正处于5G 规模化应用起步阶段

5G 与行业的融合受到 5G 技术、产业发展成熟度和行业自身基础、自身发展规律两个方面的影响。首先，5G 技术及产业发展的成熟度决定供给侧赋能的能力和阶段。5G 技术和产业的发展遵从阶段性发展特性，比如现有的 5G 网络是基于 R15 版本①的，后面还有 R16、R17 等版本，技术特性也是逐次引入的，R15 主要面向大带宽场景进行优化，R16 面向低时延、高

① R15 是 3GPP 制定的第一个 5G 标准版本，R16 及 R17 是其后续演进版本，主要在低时延、高可靠等方面进行增强。

可靠场景进行优化，这导致5G网络和产业能力呈现阶段性发展特性，因此5G赋能行业也将遵从这个阶段性的属性。另外，行业自身的基础和发展规律将制约5G与行业融合的节奏和深度。5G只是行业发展和数字化转型的一个支撑技术，虽然其可以改变行业的发展节奏和部分发展方向，但是总体要遵从行业本身的发展规律。目前垂直行业正处于数字化转型的新阶段，不同行业的数字化基础不同，数字化变革方向和发展节奏也有所不同，这就导致5G与行业融合的节奏有快有慢。

总体来说，5G应用规模化发展需遵循技术、标准、产业渐次导入的客观规律，同时考虑商业化和产业化规律，呈现持续渐进、阶段性发展的态势，可分为四个阶段，如图3所示。

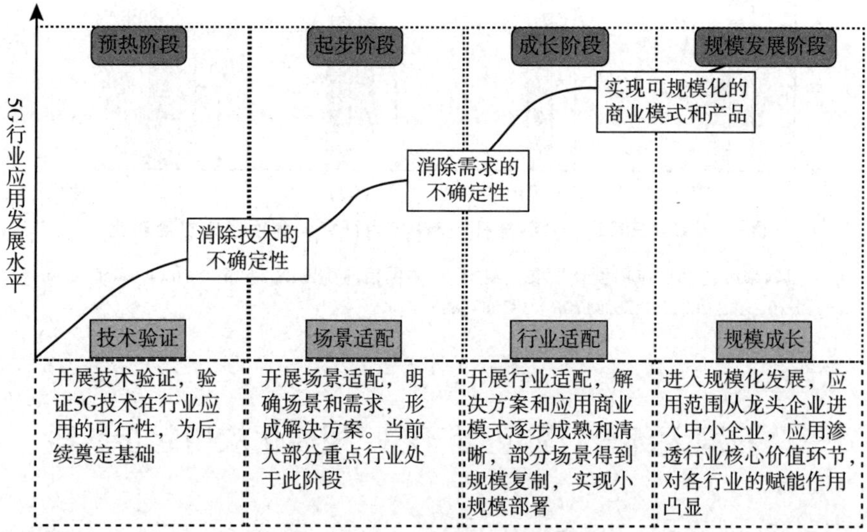

图3　5G规模化应用发展阶段

第一阶段是预热阶段。5G与行业的融合刚刚开始，双方都处于交互探索的初期，双方的语言体系尚未统一，5G能否承载行业应用、承载哪些行业应用、具体在哪些环节开展应用等都存在很多不确定性。这一阶段主要是基于5G的增强移动宽带和部分低时延场景开展技术验证，消除技术的不确定性，验证5G技术在行业应用的可行性，为后续场景适配选择打下基础。第二阶段是起步阶段。合作双方开始部分 5G 应用场景的试验和探索，开展小规模的场景试验，逐步明确应用场景和需求，解决 5G 在此行业到底“能做什么”“做的怎么样”的问题，逐步消除需求的不确定性，在某些环节及应用场景形成合作共识，初步形成具有商业化价值的产品和解决方案。我国大部分行业目前正处于此阶段，如文化旅游、智慧物流、智慧教育等行业。智慧城市和融合媒体等行业需求正在逐步清晰，有望步入下一阶段。第三阶段是成长阶段。5G 融合应用进入商业探索阶段，主要解决“能否规模化复制”“哪些可以规模化复制”的问题。5G 应用解决方案和产品不断与各行业进行磨合，进一步优化，产品开始小批量上市；同时 5G 应用解决方案也逐步融入行业业务系统中，实现与行业的适配，应用商业模式逐步清晰。目前在工业互联网、电力、医疗等领域部分场景得到规模化复制，实现小规模部署。第四阶段是规模发展阶段。5G 融合应用在行业内龙头企业中已经完成相关应用场景、与原有系统融合以及商业模式的探索，5G 应用解决方案及相关产品也实现了规模量产，整个的部署模式、产品价格也达到普遍能接受的程度，5G 应用正在从龙头企业扩散到中小企业，开始真正地赋能全行业，推动整个行业的数字化转型升级，5G 应用也实现了规模化部署和全面开花。

四　5G 与行业融合将催生新的产业体系和发展脉络

传统的 5G 产业体系和行业体系原本是两条并行不悖的河流，各行其是。但在 5G 与行业融合逐步深入的情况下，这两条产业链逐渐产生了越来越多的融合，导致了两条产业链都发生变化，而两者的融合将催生新的 5G 应用产业链，如图 4 所示。

传统 5G 产业链主要包括基础原材料、基础器件、基础软件、5G 终端、5G 网络、5G 安全等部分，其产业各环节还主要是面向 2C 领域的，比如 5G 终端，更多的是手机、pad、上网卡等产品，5G 网络更多的也是大容量、高性能的网络设备。但是当 5G 与行业融合越来越深的时候，5G 整个产业也逐渐扩充增强，并且产生了许多新的环节。

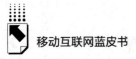

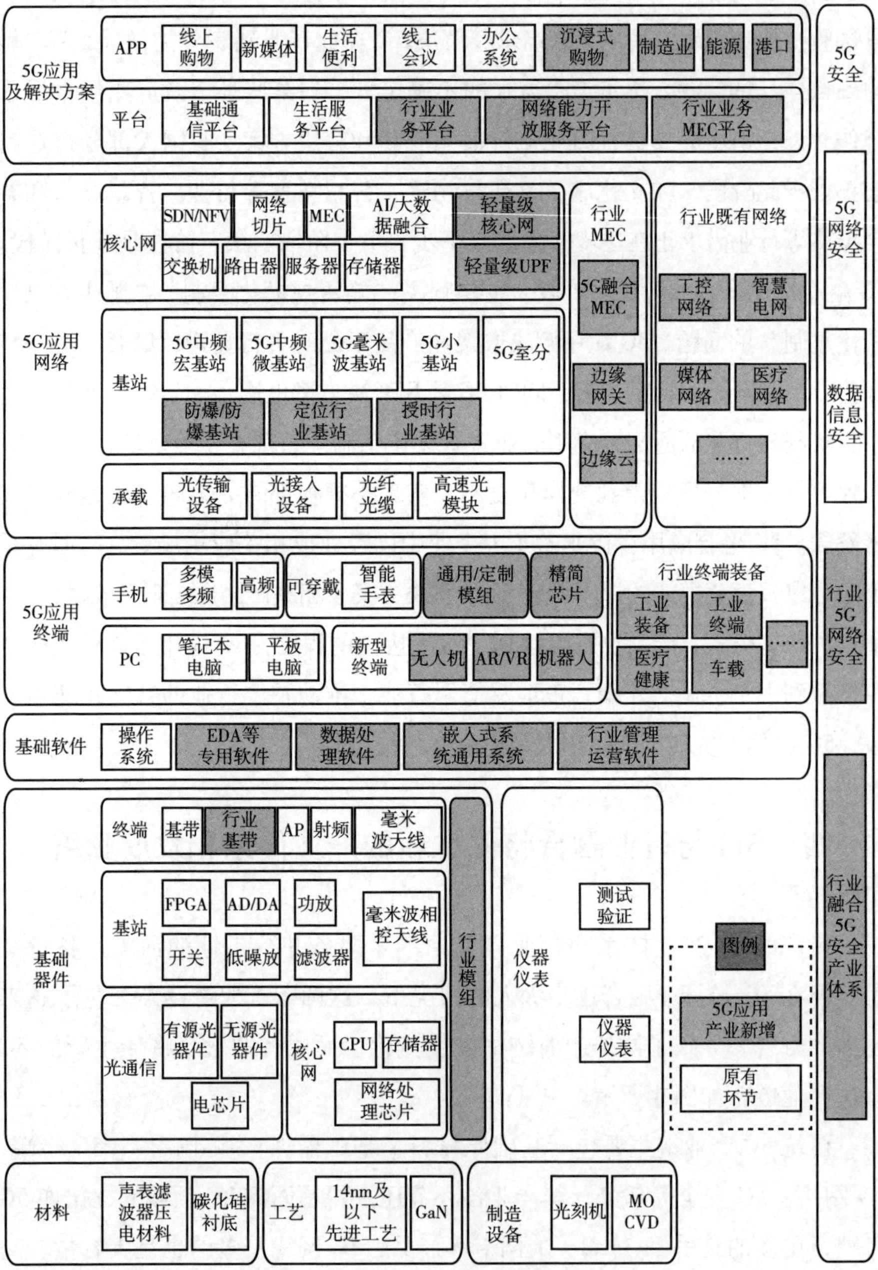
5G应用及解决方案
APP
线上购物
新媒体
生活便利
线上会议
办公系统
沉浸式购物
制造业
能源
港口
平台
基础通信平台
生活服务平台
行业业务平台
网络能力开放服务平台
行业业务MEC平台
5G安全
5G应用网络
核心网
SDN/NFV
网络切片
MEC
AI/大数据融合
轻量级核心网
交换机
路由器
服务器
存储器
轻量级UPF
行业MEC
5G融合MEC
边缘网关
边缘云
行业既有网络
工控网络
智慧电网
媒体网络
医疗网络
……
5G网络安全
基站
5G中频宏基站
5G中频微基站
5G毫米波基站
5G小基站
5G室分
防爆/防爆基站
定位行业基站
授时行业基站
承载
光传输设备
光接入设备
光纤光缆
高速光模块
数据信息安全
5G应用终端
手机
多模多频
高频
可穿戴
智能手表
通用/定制模组
精简芯片
行业终端装备
工业装备
工业终端
医疗健康
车载
……
PC
笔记本电脑
平板电脑
新型终端
无人机
AR/VR
机器人
行业5G网络安全
基础软件
操作系统
EDA等专用软件
数据处理软件
嵌入式系统通用系统
行业管理运营软件
基础器件
终端
基带
行业基带
AP
射频
毫米波天线
基站
FPGA
AD/DA
功放
开关
低噪放
滤波器
毫米波相控天线
光通信
有源光器件
无源光器件
电芯片
核心网
CPU
存储器
网络处理芯片
行业模组
仪器仪表
测试验证
仪器仪表
图例
5G应用产业新增
原有环节
行业融合5G安全产业体系
材料
声表滤波器压电材料
碳化硅衬底
工艺
14nm及以下先进工艺
GaN
制造设备
光刻机
MOCVD

图 4　5G 应用产业链

首先是对原有 5G 产业环节的改变。在终端领域，新型终端和行业 5G 终端将成为未来终端的蓝海和新的产业增长点。新型终端主要包括无人机、AR/VR 眼镜、机器人等，行业终端主要包括行业原有设备或装备，如 AGV、网关、医疗设备、重型机械，等等。随着 5G 与行业融合越来越深，终端的类型将会越来越多，但考虑行业和应用呈现碎片化的趋势，行业终端和新型终端有可能呈现类型多、出货量少、定制化强等特点。在网络领域，传统的 5G 网络设备是大容量、高性能，但是行业需要的是低容量、定制化功能、低成本的网络设备，这两者之间的差距，必然导致运营商和设备商生产行业定制化的网络设备，如轻量化的核心网用户面网元设备等，目前三大运营商都组织过行业定制化 UPF 的测试工作，并都开展自研 UPF，且在相关项目中进行部署。同时由于行业网络部署环境的特殊要求，也会对基站等网络设备进行增强，比如石化和煤炭行业需要防爆基站，电网需要带有高精度授时的基站等。在平台方面，由于行业将 5G 网络作为专用网络与自身系统融合，对网络的运营运维要求越来越高，这导致 5G 原有的连接管理平台无法满足行业用户需求，需要构建全新的 5G 能力开放平台并开发行业基础能力平台，如中国移动的 9one 平台等。

其次，在新增环节中，5G 行业应用解决方案将成为最大的亮点。应用解决方案作为 5G 赋能行业的集中体现，其要实现与行业系统的融合和贯通，具有很强的行业属性，这将与传统互联网 APP 完全不同，其产业参与角色也将是行业原有解决方案商或者中小型企业，运营商也作为解决方案系统集成商及单个解决方案供应商的角色积极布局这个产业。另外，新增的将是行业 5G 安全产品，5G 与行业融合之后，将会打开原有封闭的行业网络或系统，造成原有信息流转路径从“单企业可控”到需要“联合安全控制”的局面，这就需要将 5G 安全产品与行业安全产品相互融合，形成一套新的行业 5G 融合产品体系。

五　5G 融合应用的发展建议

我国行业数字化水平参差不齐，需求差异性大，个性化更为突出，5G

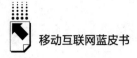

应用规模化发展应针对不同类型行业分类施策，精准发力。对于工业、电力、医疗等先导领域，集中力量进行技术攻关，推动行业标准制定实施，打造5G应用标杆。对于文化旅游、智慧城市、智慧教育等潜力行业，应加强5G应用试点示范，推广优秀案例和试点项目，加大宣传和推广力度。对于农业、水利等待培育行业，应持续孵化和培育应用场景，引入低成本、易部署、难度低的解决方案，持续开展试点示范。对于金融、油气等待挖掘行业，鼓励开展行业合作，推动技术和场景适配。

在产业链方面，加速推动5G 2C产业链向2B变革；在融合阶段根据双方需求提高融合产业链深度，促进5G 2B产业与行业产业互相提升，最终实现5G产业链与行业深度融合。对于终端/芯片产业，在适配阶段需构建公共服务平台，降低中小微企业的研发难度和成本，同时提供测试优化的技术服务及产业供需对接，加速产品研发节奏。对于5G网络产业部分，在适配阶段需完善5G行业虚拟专网的适配产业，鼓励面向2B的行业定制化核心网、轻量化UPF、MEC、基站等产品的研发和标准化工作。在5G应用解决方案产业，开展5G应用解决方案及解决方案供应商征集活动，同时向新兴的解决方案商提供研发辅助环境及市场宣传对接服务，推动解决方案产业的兴起。在安全方面，应研制行业融合安全系列标准，加快跨行业的通用安全技术和产品研发，创新安全服务模式，推动模板化安全解决方案、产品和服务规模化复制与推广。

参考文献

《工信部等十部门印发〈5G应用“扬帆”行动计划（2021~2023年）〉》，2021年7月。

《5G应用创新发展白皮书》，中国信通院网站，http：//www.caict.ac.cn/kxyj/qwfb/ztbg/202112/t 2011 206_ 393683.htm。

市场篇

Market Reports

B.13
2021年移动应用行业生态与未来方向

张 毅　王清霖*

摘　要： 2021年，中国移动应用在全球移动市场中占比达到14%，也经历了从野蛮增长回归平稳发展的阶段，目前主要集中于泛娱乐、电商、社交和生活服务四个领域。预计在下一阶段，全球移动应用行业将持续增长，中国移动应用市场开始规范有序发展。未来，中国移动应用将从拓展终端及海外市场方向共同发力，中小企业将通过垂直精准发展和平台搭载模式，努力寻求生存空间。

关键词： 移动应用　生态研究　智能手机

* 张毅，艾媒咨询首席分析师兼CEO，主要研究方向为移动互联网、新经济；王清霖，澳门科技大学博士候选人，主要研究方向为移动应用产业、泛娱乐。

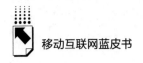

一　全球移动应用行业生态研究

（一）全球移动应用行业稳步发展

智能手机硬件和操作系统的不断迭代，是移动应用行业发展的基础。Canalys 数据显示，2021 年全球智能手机市场已经从新冠肺炎疫情的阴霾中逐步走出，2021 全年出货量达到 13.5 亿部，同比增长 7%，接近 2019 年的 13.7 亿部。[①] 在相应的操作系统中，仍旧是安卓（Android）和苹果 iOS 的双巨头竞争格局（见表 1）。2019 年开始，安卓系统的占有率略有增长，但是随着新一季 iPhone 13 的发布，苹果手机销量增长，iOS 系统市场占有率略有回升。

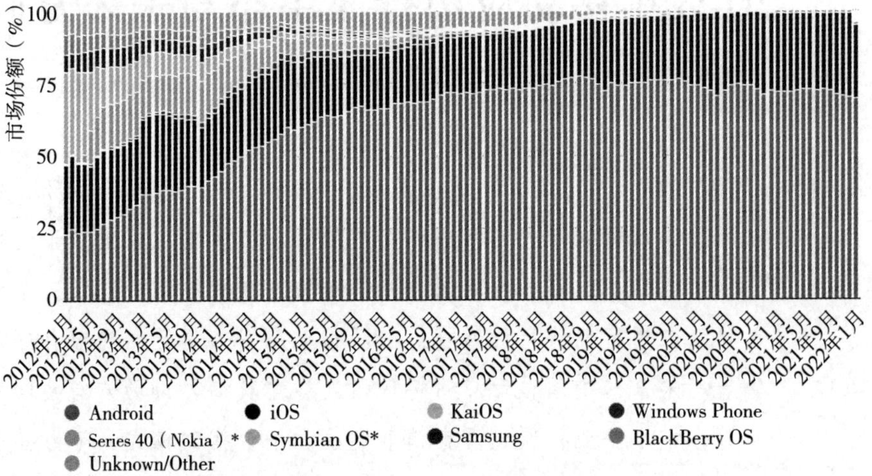

图 1　截至 2022 年 1 月全球主要移动应用操作系统分布

注：＊表示操作系统已停产。

资料来源：STA。

从海外数据看，2021 年全球手机 APP 下载量达 2300 亿次（不含中国地区），同比增长 5%。随着移动付费模式的养成，全球移动应用消费额已

① 《Canalys：2021 年智能手机出货量达 13.5 亿部》，金融界，http：//hk.jrj.com.cn/2022/02/11142534322175.shtml。

超万亿元人民币（1700亿美元），其中13款移动应用的消费额超过63亿人民币（10亿美元）。从商业价值看，游戏等泛娱乐应用的吸金能力最强，其中手游的吸金同比增长15%，占全球移动应用整体收入的68.2%。[①] 值得注意的是，在海外手游应用中，国产游戏《原神》吸金量排名第二、《王者荣耀》排名第四；而非游戏应用中，TikTok和腾讯视频的消费额位列第一和第五。

过去十年，是中国移动应用全球化的黄金时代。中国开发者推出移动应用的下载量占比从2011年的8%，跃升至2021上半年的14%，增幅达到75%。[②] 在全球应用中的下载量占比大幅提升，表明海外网民对中国APP接受度较高，带动了一大批国产APP尝试进军海外市场。根据中国音数协游戏工委与中国游戏产业研究院共同发布的《2021年中国游戏产业报告》[③]，2021年中国自主研发游戏海外市场实际销售收入达180.13亿美元，同比增长16.59%，海外市场表现亮眼。中国移动应用市场出海潜力值得期待。

（二）中国移动应用产业告别野蛮生长

中国信通院数据显示，2021年，智能手机上市新机型404款，出货量达3.43亿部，同比增长15.9%，占同期手机出货量的97.7%。[④] 中国互联网络信息中心（CNNIC）最新发布的《中国互联网络发展状况统计报告》也显示，截至2021年6月，我国手机网民规模达10.07亿，较2020年12月增加2092万。[⑤] 这意味着移动互联网已经通过移动应用APP深刻并全面

① 《2021年全球手机App下载量2300亿次，消费超万亿元》，IT之家，https：//baijiahao.baidu.com/s? id=1722998860150485218&wfr=spider&for=pc。

② 《移动应用全球化指南》，谷歌、大观资本，https：//oss.uppmkt.com/202110/gpdf/2021%E7%A7%BB%E5%8A%A8%E5%BA%94%E7%94%A8%E5%85%A8%E7%90%83%E5%8C%96%E6%8C%87%E5%8D%97.pdf。

③ 《2021年中国自主研发游戏海外市场总收入达180.13亿美元》，《北京商报》，https：//www.bbtnews.com.cn/2021/1216/422874.shtml。

④ 《2021年我国5G手机出货量达2.66亿部同比增长63.5%》，《人民日报》，http：//www.chinanews.com.cn/sh/2022/01-19/9655721.shtml。

⑤ 《截至2021年6月，我国手机网民规模达10.07亿》，中国新闻网，https：//www.chinanews.com.cn/gn/2021/08-27/9552424.shtml。

地改变了人们的生活形态。

中国的移动应用在2011年兴起，此后经历了三个发展阶段。2016~2018年，中国移动应用经历野蛮增长，在2018年达到顶峰（449万个）。随着移动应用程序功能的不断增加、容量的不断扩展，移动应用行业于2019年出现饱和，内含打榜、传播低俗内容等不良APP频频出现等问题，引起政府部门高度重视。为此，国家颁布《数据安全法》《网络安全法》《个人信息保护法》等多部法律法规，并在2021年依法下架移动应用程序1007款，移动应用市场开始步入正轨。仅在2021年12月，中国移动应用的数量减少21万款，至2021年末，应用程序商店提供的APP总量降至252万个。①

从移动应用的来源地区看，苹果商店（中国区）APP数量略多，为135万款，占比53.6%，本土第三方应用商店APP数量达117万款，占比46.4%。② 从用户量及用户活跃程度看，腾讯系、阿里系、字节系和百度系应用占据一定优势，具体如图2所示。在新经济持续发展、APP应用不断聚合与发展的新形势下，移动应用产业正面临着新的变局。

二 2021年中国移动应用生态及主要类别

中国移动应用覆盖行业广泛，主要分布在泛娱乐、电商、社交和生活服务四个领域（见图3）。截至2021年底，泛娱乐移动应用中仅游戏类APP数量已经达到70.9万款，占全部APP数量的比重为28.2%。③ 截至2021年12月末，我国第三方应用商店在架应用分发总量达到21072亿次，其中游戏类移动应用的下载量达3204亿次，社交类应用下载量达到2528

① 《2021年互联网和相关服务业运行情况》，工信部官网，https://www.miit.gov.cn/gxsj/tjfx/hlw/art/2022/art_b0299e5b207946f9b7206e752e727e66.html。

② 《2021年互联网和相关服务业运行情况》，工信部官网，https://www.miit.gov.cn/gxsj/tjfx/hlw/art/2022/art_b0299e5b207946f9b7206e752e727e66.html。

③ 《2021年互联网和相关服务业运行情况》，工信部官网，https://www.miit.gov.cn/gxsj/tjfx/hlw/art/2022/art_b0299e5b207946f9b7206e752e727e66.html。

排名	应用	行业分类	活跃人数（万）	环比增幅（%）
1	微信	聊天	100,493.26	-0.42%
2	QQ	聊天	71,377.62	+2.38%
3	支付宝	支付	65,809.19	-1.23%
4	抖音短视频	短视频	57,884.86	+1.58%
5	百度输入法	输入法	56,945.78	-0.45%
6	搜狗输入法	输入法	53,834.43	+2.14%
7	百度	移动搜索	47,461.67	+0.41%
8	高德地图	地图导航	46,527.31	+1.46%
9	淘宝	综合平台	44,696.49	+0.22%
10	快手	短视频	43,650.37	+2.11%

图2　2021年上半年中国移动应用月度活跃人数TOP10（截至2021年6月）

资料来源：iiMedia Research（艾媒咨询）北极星系统；除特别标注外，本报告数据均来源于艾媒咨询，网址为data. iimedia. cn。

亿次，电商类应用下载量为1411亿次，而生活服务类应用下载量为1914亿次。①

图3　中国移动应用市场产业图谱

① 《2021年互联网和相关服务业运行情况》，工信部官网，https：//www. miit. gov. cn/gxsj/tjfx/hlw/art/2022/art_ b0299e5b207946f9b7206e752e727e66. html。

（一）泛娱乐类应用

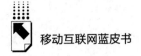

受到疫情影响，2020年起大众娱乐行为迅速转移到线上，泛娱乐类应用使用人群增长迅速。iiMedia Research（艾媒咨询）数据显示，2019年中国“懒宅网民”[①]仍主要通过线上渠道进行娱乐，占比达77.1%。“懒宅网民”线上娱乐方式多样，其中最受欢迎的是影视音乐，占比达48.2%。此外，“懒宅网民”还热衷于电子游戏、动漫番剧、聊天交友、浏览门户网站，各方式占比均在30.0%以上。在泛娱乐移动应用市场的多个细分领域中，短视频APP用户数量优势尤为显著。iiMedia Research（艾媒咨询）数据显示，2020年中国短视频用户规模达到7.2亿人，高于在线直播（5.9亿人）、在线音乐（6.2亿人）、移动游戏（6.3亿人）。2021年，中国短视频用户规模进一步提升至8.1亿人，增幅达12.5%。

在以短视频为代表的影音播放类移动应用中，iiMedia Research（艾媒咨询）北极星系统数据显示，截至2021年9月，中国影音播放移动应用市场TOP10的APP分别为抖音、快手、腾讯视频、优酷、爱奇艺、酷狗音乐、QQ音乐、酷我音乐、芒果TV和咪咕音乐。

根据北极星互联网产品分析系统（bjx.iimedia.cn），抖音和快手这两款短视频APP占据市场龙头地位，月活跃用户数量分别为5.8亿和4.4亿。腾讯、优酷、爱奇艺三款以长视频为主的APP月活跃用户数量相差较小，均在3.5亿人以上。音乐类平台月活跃用户数量整体低于视频类移动应用，最高的为酷狗音乐3.2亿人，环比增长4.29%。

值得注意的是，体验共享模式已经广泛渗透到泛娱乐移动应用的诸多使用场景中。体验共享主要指的是用户之间可以通过移动应用进行同步观影、游戏等各种活动，并同步交流心得感受。iiMedia Research（艾媒咨询）调研数据显示，唱歌、看电影、游戏开黑[②]是网民最常进行体验共享的三种泛

① “懒宅网民”是指足不出户但利用互联网满足日常生活需求，极度依赖上门和代办服务的人群。

② 游戏开黑是常用游戏术语，指玩游戏时可以语音或者面对面交流。

娱乐活动，分别占比达56.8%、52.6%和42.0%。半数以上用户都偏好3~5个人之间进行线上体验共享。在这种模式下，技术成为不同APP之间拉开体验差距的关键所在，音视频技术、网络低延时技术等的服务质量决定着泛娱乐移动应用用户的高频互动效果以及平台承载能力。

（二）社交类应用

iiMedia Research（艾媒咨询）数据显示，2021年中国移动社交用户数量达到9.68亿人，预计2022年将超过10亿人。在2021年上半年，中国移动社交APP用户中“90后”占比达到52.2%。六成以上（65.1%）用户每天使用移动社交APP的时间在2小时以上，使用时间在2~3个小时的用户数量最多，占比42.5%。文字聊天依然是社交软件功能使用的主要选择，过半数（58.7%）用户主要通过文字交流。之后为使用APP观看直播和参与群组功能，用户比例分别为33.6%和33.4%。通过好友推荐添加新朋友是移动社交APP用户扩充好友圈的首要方式，占比达17.4%。

在社交应用中，微信等的熟人社交仍然是主要方式。正如iiMedia Research（艾媒咨询）调研数据显示的，聊天交友、即时通信是用户使用移动社交APP的主要原因，占比分别为68.5%和54.7%。其中，腾讯系的微信和QQ以及新浪微博牢牢占据第一梯队。据腾讯财报公布，截至2021年6月30日，微信月活跃用户达12.51亿人，QQ月活跃用户达5.9亿人。①

移动社交应用伴随着技术升级发生了系列变化，从最初的文本交流到语音、图文、表情包、视频、高清音视频等多媒体形式，信息传播速度大幅提升，互动形式日益丰富，给人们的线上社交带来高品质体验。移动社交应用也从开始的一对一交流，演变为一对一、群聊、朋友圈等多种类型相结合的社交模式。以陌陌为例，公司从2011年成立至2014年在美国纳斯达克交易所挂牌上市，仅三年时间。但是，社交类应用也带来诈骗、低俗信息传播、

① 《腾讯旗下微信小程序去年日活跃用户超4.5亿日均使用次数同比增32%》，Reuters，https：//www.reuters.com/article/tencent-wechat-active-usersprograms-0106-idCNKBS2JG0D8。

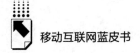

诱导打赏等问题，成为政策监管的重要场域。iiMedia Research（艾媒咨询）调研数据显示，六成以上（66.6%）用户表示会优先选择有完备实名制认证流程的应用程序。而问及优先选择实名制流程的原因时，32.6%的被访者希望能够以此保证上网安全，但是也有38.5%的被访者担心实名制会泄露信息。

（三）电商类应用

网络购物已经成为人们日常购物不可缺少的方式。商务部公布数据显示，2021年，全国网上零售额达13.1万亿元，其中，实物商品网上零售额首次突破10万亿元，达10.8万亿元。[①] iiMedia Research（艾媒咨询）也预计，2022年，中国移动电商用户规模将突破7.88亿人。

从使用人群看，大学生是电商类应用的主要使用人群之一。iiMedia Research（艾媒咨询）调研数据显示，2021年半数以上（57.0%）大学生主要采取线上购物，其中超七成（73.7%）大学生选择在淘宝APP进行购物，之后为京东APP，占比52.7%。每次在线购物时长在30分钟以上的占比77.5%，其中30~60分钟的占比最高，为59.5%。

从时间节点看，春节等假期和618、“双十一”等电商节日都是电子商务的重要节点。iiMedia Research（艾媒咨询）调研数据显示，2020年春节期间有53.6%的消费者偏好在线上置办年货。夜间消费方面，晚上8点至9点是消费购物高峰期，七成以上（76.4%）消费者通过线上购物，远高于线下购物的消费者占比（23.6%）。

从购物渠道看，跨境网购热度也正在逐步上升。iiMedia Research（艾媒咨询）数据显示，中国跨境网购用户规模从2013年的900万人已经增长到2020年的1.4亿人，年度平均增幅达到50.96%。34.6%的消费者2021年在跨境电商平台上的购买次数为4~7次，之后是8~11次，消费者占比为28.2%。正品保障和售后服务质量是消费者选择跨境电商应用的主要考虑因

① 《2021年我国实物商品网上零售额首次破10万亿元》，新华社，http://www.gov.cn/xinwen/2022-01/28/content_5670892.htm。

素，占比分别为60.1%、52.0%。

iiMedia Research（艾媒咨询）北极星系统数据显示，截至2021年9月，阿里系、京东和拼多多是移动电商的三大巨头。不过受到疫情影响，中国直播电商模式兴起，这既进一步带动了中国移动电商应用的发展，也给淘宝、京东等平台带来了新的挑战。iiMedia Research（艾媒咨询）数据显示，2021年，中国直播电商市场规模达到12012亿元。在直播电商带动的应用中，抖音、快手等短视频和小红书等内容社区APP找到了新的发力点。

（四）生活服务类应用

外卖APP的兴起给生活服务类移动应用带来了新的发展活力，而生活服务类应用也在改变着人们的日常生活方式。iiMedia Research（艾媒咨询）调研数据显示，2021年近半数（46.3%）消费者月均点外卖次数在6次及以上，从来不叫外卖的消费者占比为18.5%。工作日是消费者点外卖的主要场景，在工作日早午餐点外卖的消费者占比37.7%，工作日晚餐点外卖的比例为29.5%。节假日点外卖的消费者仅为11.4%。49.01%的消费者单次点一人份外卖的价格在21~40元。口味和性价比是消费者点外卖时的主要考虑因素，占比分别为55.8%和52.9%。

iiMedia Research（艾媒咨询）北极星系统数据显示，截至2021年9月，中国生活服务类移动应用市场TOP10的APP分别为大众点评、美团、58同城、美团外卖、饿了么、下厨房、安居客、贝壳找房、菜鸟裹裹和肯德基。其中，大众点评和美团月活跃用户数量优势明显，数据基本持平，分别为1.6亿人和1.5亿人，位列生活服务类移动应用市场第一梯队。58同城、美团外卖、饿了么同属于第二梯队，月活跃用户数量在5000万以上，其中两个为外卖类移动应用。第三梯队5款APP月活跃用户数在909.5万至2140.6万人之间。安居客月活跃用户数量增幅较为明显，环比增长2.45%。

生活服务类移动应用市场中，头部企业占据绝对优势，一定程度上给新进入者带来较大竞争压力。当然，其自身也面临着增量红利减少的存量竞争挑战。以美团为例，从开始的大众点评网到电影票、旅游门票、酒店预定、餐饮外卖、到店餐饮、共享出行、生鲜超市等，美团通过不断扩展自己的经营边界，收获新的市场红利。2021 年，美团宣布与快手合作；2022 年，美团开始试行“珍箱”业务，意味着平台也开始向短视频和内容生态方向跨界。

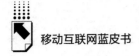

三　2022年中国移动应用行业发展方向

（一）全球移动应用行业持续增长，中国移动应用规范有序发展

在智能手机迭代以及新冠肺炎疫情催化下，移动应用行业仍将保持稳定发展。结合行业预测趋势看，全球智能手机的渗透率仍然有进一步提升潜力，预计近几年都将保持约 10%的增长率。在全球移动应用市场中，增长点主要集中在南非、亚太地区、中东和北非等新兴市场。

在用户付费模式的逐步养成下，移动应用行业的商业价值也将进一步显现，这一点在中国已有体现。工信部数据显示，2021 年，我国规模以上互联网和相关服务企业完成业务收入 15500 亿元，同比增长 21.2%。[①] 同时，移动应用也伴生了经济诈骗、信息过度采集等问题，此前的《APP 收集使用个人信息最小必要评估规范》《移动互联网应用程序个人信息保护管理暂行规定（征求意见稿）》等行业标准愈发明确，为移动应用的治理工作提供政策和标准保障，保持行业合规可持续发展。

（二）中国移动应用从拓展终端及海外市场两个方向共同发力

2021 年 6 月，我国互联网普及率达到 71.6%[②]，这意味着移动互联网的用户覆盖率已经基本饱和，短期不会出现大规模的用户红利。面对用户饱和

① 《2021 年互联网和相关服务业运行情况》，工信部官网，https：//www.miit.gov.cn/gxsj/tjfx/hlw/art/2022/art_ b0299e5b207946f9b7206e752e727e66.html。

② 《截至 2021 年 6 月，我国手机网民规模达 10.07 亿》，中国新闻网，https：//www.chinanews.com.cn/gn/2021/08-27/9552424.shtml。

的问题，移动应用开始扩展新的赛道。

一是拓展移动应用新赛道。移动应用开始通过智能音箱、车载音乐、大屏电视等新的终端挖掘新的用户潜力。iiMedia Research（艾媒咨询）数据显示，在高新技术发展战略下，中国智能硬件（AIoT）市场规模在 2020 年突破万亿，物联网数据规模超过 30ZB，这都成为移动应用竞相争夺的新的流量入口。在各类移动应用中，在线音频的终端布局发力较早，如喜马拉雅已经开发了智能音箱，酷我音乐、荔枝等则与车企合作，发力车载端布局。

二是拓展海外市场。在应用系统方面，华为的鸿蒙系统已经逐步进入国际市场。华为应用市场宣布，截至 2021 年 9 月 30 日，其全球月活跃用户已超过 5.6 亿，全球注册开发者有 510 万，提升 155%，2021 年 1 月到 9 月全球累计应用分发量达 3322 亿，其中海外增长 59%。① 而在移动应该用方面，中国的游戏、社交等应用也取得了不俗成绩。全球网络安全和性能公司 Cloudflare 数据显示②，TikTok 在 2021 年超越谷歌成为年度互联网访问量最大的平台，该视频共享应用程序在 2021 年 2 月首次荣登榜首，并且自 8 月以来几乎一直稳居头把交椅，超过脸书成为最受欢迎的社交媒体平台。

（三）应用市场集中度仍然较高，中小企业寻求垂直精准发展和平台搭载模式

在新业态和新需求的双重推动下，中国移动应用市场的淘汰率将进一步提升，也将持续压缩新应用的生存空间，但市场依旧高度集中化。尽管在《反垄断法》的治理逻辑下，中国移动应用已经不再单纯追求用户量，但是在业态的惯性趋势和各大应用的综合发展思路下，移动应用仍然集中在腾讯系、阿里系、字节系和百度系。

在这种背景下，中小企业开始了两种发展思路。一是利用优先资源集中

① 王一鹏：《应用市场与移动互联网的十年：生态、流量与“新战场”》，搜狐网，https：//www.sohu.com/a/511680332_ 355140。

② 《TikTok 超越谷歌，成 2021 全球访问量最大互联网站点》，新浪财经，https：//finance.sina.com.cn/tech/2021-12-28/doc-ikyamrmz1649491.shtml。

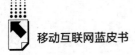

攻关，在垂直应用中寻求突破；二是借助微信、支付宝等平台，搭载企业SaaS或者PaaS服务，通过低成本、高时效的小程序开发模式寻求发展。

参考文献

李德仁、李清泉、谢智颖等:《论空间信息与移动通信的集成应用》,《武汉大学学报》(信息科学版) 2002年第27期。

赵兴龙、许林、李雅瑄:《5G之教育应用：内涵探解与场景创新——兼论新兴信息技术优化育人生态的新思考》,《中国电化教育》2019年第4期。

彭本红、屠羽、张晨：《移动互联网产业链的商业生态模式》，《科技管理研究》2016年第36期。

盖纳德·高金、任增强：《移动媒介语境中的受众生态问题》，《江西社会科学》2011年第4期。

B.14

中国“互联网+医疗”发展现状与趋势

卢清君*

摘　要： 近三年来陆续印发的国家政策性文件指导构建了我国“互联网+医疗健康”的新型生产关系。在居民日益增长的健康需求拉动下，中国的“互联网+医疗”已经走在世界的前沿，并逐步形成新型生产力。现阶段在配套政策、管理与运行以及技术转化等方面还存在一些制约因素。“互联网+医疗”将适应医院高质量发展的需求，成为推动分级诊疗的快捷途径，带动数字医疗产业发展。

关键词： 远程医疗　“互联网+医疗”　互联网诊疗　互联网医院　智慧医院

一　我国远程医疗发展历史

随着现代通信技术的发展，医疗领域应用数字通信技术也越来越普遍。在50多年前电话通信被广泛民用的时代，全科医师利用电话邀请专科医师讨论病例，提高临床决策准确性。这种基于电话通信的会诊方式逐渐演变成为一个新概念——远程医疗（telemedicine）。随后多种通信技术应用于远程医疗领域，如电话、email（电子邮件）、光纤视讯、卫星等。我国的远程医疗出现较早，原卫生部于1998年正式启动第一批远程医疗试点，授权中日

* 卢清君，中日友好医院发展办公室主任、国家远程医疗与互联网医学中心办公室主任，全职从事“互联网+医疗管理”的政策研究、创新管理、5G及区块链国家重点试点项目示范与推广工作。

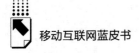

友好医院、解放军总医院等利用卫星通信开展远程会诊探索，但是受到纸质病历共享和检查结果传输能力的限制，早期的远程医疗一直处于低水平的探索阶段。

互联网和数字医疗的发展，为远程医疗的升级换代奠定了基础。临床病历逐步实现无纸化，临床诊疗记录和检查检验结果逐步实现数字化、数据化，可存储、可复制、可传输、可计算。数字通信技术发展带来数据传输能力的大幅度提升，云计算逐步应用于医学医疗领域，可穿戴设备越来越便捷化并进入现代家庭，智能手机的普及让移动医疗和互联网医疗成为现实。

互联网企业首先敏捷抓住新的机遇。2010~2018 年，互联网企业以技术驱动的“互联网医疗”成为社会关注的热点，以“移动医疗”为名义的各类在线医疗 APP（应用程序）等成为市场新宠，各式各样的新概念、新名词纷纷出现，风险资本也竞相进入数字医疗领域。但是由于很多企业并不具备医学背景，也缺乏医疗管理能力，很多医疗新形式又与医学规律和传统文化相悖而行，再加上缺乏政策引导和行业监管，很多不良现象在网络上滋生。不符合医学规律的做法自然也没有得到医生和患者的认可，“互联网医疗”虽然“雷声大”，但是“雨点小”。

尽管如此，公立医院一直没有停止对远程医疗领域的探索。与互联网企业的高歌猛进所不同的是，公立医院采取了“包容审慎、小步快跑”的态度，从项目试点入手，探索远程医疗中的医疗质量和患者安全管理。2014 年，国家卫生计生委印发了《关于推进医疗机构远程医疗服务的意见》（国卫医发〔2014〕51 号）[①]，确定了远程医疗需要依托医疗机构，明确了医疗机构之间或者医疗机构面向患者的远程医疗概念。随后，国家发改委、国家卫生计生委、财政部联合发起了三院五省（区）的远程医疗政策试点，在中日友好医院、解放军总医院、北京协和医院等大型医院的支持

① 《卫生计生委关于推进医疗机构远程医疗服务的意见（国卫医发〔2014〕51 号）》，中国政府网，2014 年 8 月 21 日。

下，贵州、云南、内蒙古、青海、新疆、宁夏、甘肃等省（区）相继启动了远程医疗试点，从执业准入、监管、第三方运行机制到物价和医保政策等方面展开探索。2016~2018 年，贵州省、青海省、云南省、内蒙古自治区等相继实施了省（区）、市、县、乡全覆盖的远程医疗建设工程，为全国做出示范。

二　中国已经确立了“互联网+医疗”的新型生产关系

（一）“互联网+医疗”的政策环境

经历了 20 余年的探索，中国的“互联网+医疗”在 2018 年迎来了新的里程碑，国务院办公厅印发了《关于促进“互联网+医疗健康”发展的意见》（国办发〔2018〕26 号），确立了我国关于“互联网+医疗健康”发展的概念、内涵以及定位、方向。[①] 国家卫生健康委、国家中医药管理局随后发布了《关于印发互联网诊疗管理办法（试行）等 3 个文件的通知》（国卫医发〔2018〕25 号），包括《互联网诊疗管理办法（试行）》《互联网医院管理办法（试行）》《远程医疗服务管理规范（试行）》等指导性文件，明确了“互联网+医疗健康”的执业准入和行业监管准则，明确定义互联网诊疗和远程医疗是新型服务方式、互联网医院是新型医疗机构，确定了第三方进入互联网医院的产业结构和运行方式的基本原则。[②] 国家医疗保障局随后陆续印发了《关于完善“互联网+”医疗服务价格和医保支付政策的指导意见》（医保发〔2019〕47 号）、《关于积极推进“互联网+”医疗服务医保支付工作的指导意见》（医保发〔2020〕45 号）等文件，明确了“互联网+医疗”项目的物价定价原则、纳入医保支付的原则以及支付方式和支付

---

① 《国务院办公厅关于促进“互联网+医疗健康”发展的意见》（国办发〔2018〕26 号），中国政府网，2018 年 4 月 28 日。

② 《国家卫生健康委员会　国家中医药管理局关于印发互联网诊疗管理办法（试行）等 3 个文件的通知》（国卫医发〔2018〕25 号），2018 年 7 月 17 日。

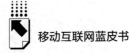

渠道。这些国家层面的指导意见和管理办法基本上确立了我国“互联网+医疗健康”发展的方向和路线，为公立医院开办互联网医院等执业形式指明了道路。自2018年“互联网+医疗”准入政策发布以来，各地医院开办互联网诊疗和互联网医院的速度迅速增长，到2021年底，全国有1700余家互联网医院正式获得执业许可证书。

近三年来陆续印发的国家政策性文件指导构建了我国“互联网+医疗健康”的新型生产关系，明确了在“互联网+医疗”形态中医患之间的关系、医疗机构之间的关系、医护之间的关系、医院与企业之间的关系，为解决“互联网+医疗”业务中的业务纠纷、法律责任、创新模式等奠定了重要的法规基础，为推动“互联网+医疗”新型生产力发展构造了上层建筑。

（二）“互联网+医疗”的基本概念

1. 远程医疗

《远程医疗服务规范（试行）》中规定，远程医疗是医疗机构之间的远程会诊关系，并允许第三方搭建平台提供服务，包括两种形式：一是邀请方医疗机构直接向受邀方医疗机构发出邀请，受邀方运用通信、计算机及网络技术等信息技术，为邀请方患者诊疗提供技术支持的医疗活动，双方通过协议明确责权利；二是邀请方或第三方机构搭建远程医疗服务平台，受邀方以机构身份在该平台注册，邀请方通过该平台发布需求，由平台匹配受邀方或其他医疗机构主动对需求做出应答，运用通信、计算机及网络技术等信息技术，为邀请方患者诊疗提供技术支持的医疗活动，邀请方、平台建设运营方、受邀方通过协议明确责权利。

文件还明确规定，若邀请方通过信息平台直接邀请医务人员（没有经过受邀方机构）提供在线医疗服务，必须申请设置互联网医院，按照《互联网医院管理办法（试行）》进行管理。

2. 互联网诊疗

《互联网诊疗管理办法（试行）》明确规定，互联网诊疗是指医疗机构利用在本机构注册的医师，通过互联网等信息技术开展部分常见病、慢性病复诊和“互联网+”家庭医生签约服务。国家对互联网诊疗活动实行准入管理。如果聘请其他医院的医务人员开展在线诊疗业务，就需要申请注册互联网医院。

在行业准入管理试行办法中，禁止在线首诊，没有规定从确诊疾病到复诊的期限，没有规定常见病病种等范围。在执行层面，这些尺度无法统一，但是管理文件充分体现了鼓励发展的基本理念，医师在接诊时具有判断患者是否为首诊或复诊的权利。病例在线下确诊是首要条件，避免了互联网首诊采集患者信息不全的局限性。线下确诊的病例，医师对是否可以在线复诊是有足够的判断力的，也给了医师自主权：一旦发现复诊的病例不适合互联网诊疗，需要立即终止互联网诊疗并引导到线下就诊。对于是否为常见病或慢性病，也没有给出统一的标准，是因为病情各有不同，例如肿瘤既可能是疑难重症，也可能是慢性病症，是否可以采取互联网诊疗方式，取决于病情是否确定和稳定，而不取决于病种。

3. 互联网医院

《互联网医院管理办法（试行）》规定了互联网医院执业准入要求，并将互联网医院分为两大类，包括作为实体医疗机构第二名称的互联网医院，以及依托实体医疗机构独立设置的互联网医院。文件明确要求实体医疗机构自行或者与第三方机构合作搭建信息平台，利用在本机构和其他医疗机构注册的医师开展互联网诊疗活动的，应当申请将互联网医院作为第二名称。实体医疗机构仅使用在本机构注册的医师开展互联网诊疗活动的，可以申请将互联网医院作为第二名称。在上文提到的《远程医疗服务规范（试行）》中也明确提出，邀请方通过信息平台直接邀请医务人员提供在线医疗服务的，必须申请设置互联网医院。新申请设置的实体医疗机构拟将互联网医院作为第二名称的，应当在设置申请书中注明，并在设置可行性研究报告中写明建立互联网医院的有关情况。独立设置的互联网医院也要求有实体医疗部分的机构设置程序。根据这些要求，互联网医院必须依托于实体医疗机构开办。

互联网医院根据开展业务内容确定诊疗科目，不得超出所依托的实体医疗机构诊疗科目范围，要与依托的实体医疗机构功能定位相适应。互联网医院以慢性病和部分常见病复诊、“互联网+”家庭医生签约服务为主，严禁开展首诊。

国家对互联网医院试行执业准入制度，将其定位为新型医疗机构。从执业准入上讲，重点关注的是互联网诊疗的管理能力和支撑业务的互联网平台技术能力；从执业定位上讲，其是实体医疗机构诊疗业务的互联网化延伸，所依托实体医疗机构的相关功能、不需要执业准入许可的业务依然可以引入互联网医院，例如远程会诊、远程门诊、远程教育等，同时支撑家庭医师签约的业务。互联网医院还具备先天技术优势，将传统医院与“互联网+”技术融合起来，连通了医疗服务的需求方、服务方、支付方和技术产业方，很多非核心医疗业务也可以开展，主要包括医学咨询、远程教育（包括但不限于在线手术示教、远程查房）、科研随访、数据处理、医学鉴定、健康咨询、健康管理等；为患者提供分层、协同、联合、全程、连续的医疗保健服务。

4. 智慧医院

2018 年 1 月，国家卫生计生委和国家中医药管理局发布的《关于印发进一步改善医疗服务行动计划（2018 ~ 2020 年）的通知》中提出以“互联网+”为手段，建设智慧医院，随后，国家卫生健康委也陆续印发相关文件，逐步明确了智慧医院的基本概念。[①] 这个概念领先于行业发展现状，引导行业发展不走弯路，为未来建立监管制度、推动有序竞争的发展奠定了基础。关于智慧医院的概念已经逐步形成共识，主要包括三大方向。

一是面向医务人员的智慧医疗。主要强调以电子病历为核心的信息化建设，通过电子病历的使用升级，积累专科大数据库，推动人工智能在临床诊

① 《关于印发进一步改善医疗服务行动计划（2018 ~ 2020 年）的通知》（国卫医发〔2017〕73 号），2018 年 9 月 21 日。

治中的应用。国家对人工智能系统按照医疗器械实行准入管理，对于智能医疗技术按照临床新技术进行准入和监管管理。

二是面向患者的智慧服务。国家卫生健康委在2021年印发了《医院智慧服务分级评估标准体系》，引导医院利用信息技术便民惠民，比如预约挂号、预约诊疗、就诊导航、移动支付、诊疗结果查询、就诊信息服务等；甚至延伸到住院患者手机订餐、照护服务等。围绕17个评估项目分别对医院智慧服务信息系统的功能、有效应用范围进行评分，包括诊前、诊中、诊后、全程服务以及基础与安全等五个方面的智能化。宗旨是提高患者在就医过程中对信息便民惠民的获得感。

三是面向医院管理的“智慧管理”。鼓励医院管理者利用大数据、云计算、人工智能等技术手段，对医院的整体运行情况进行分析、总结、预判、资源调配等。系统涉及HIS（Hospital Information System）系统、OA办公系统、财务系统、资产管理系统、供应及物流系统、安保系统，等等。智慧管理的应用将会有效提高医院管理效率，配合国家卫生健康委关于公立医院绩效考核制度，依靠精细化管理提质增效。智慧医院概念的提出和建设实践，是为鼓励医院利用现代数字技术、信息技术、通信技术的有效融合，创新转化新型技术，并将其应用于医疗、服务、管理等领域，促进医院高质量发展。

（三）“互联网+医疗”的中国特色

我国的“互联网+医疗”具有鲜明的中国特色，既借鉴了欧美等发达国家在数字远程医疗领域的先进经验，又立足现实、与医改同行，走出了自主创新的新路。

欧美发达国家的数字医疗（eHealth）主要是医师和保险公司为患者提供便捷就医服务的工具。远程医疗主要基于全科医师与专科医师之间的协同会诊发展起来，在帮助全科医师做出精准决策，在准确转诊、减少误诊误治、无效医疗和过度医疗等方面发挥了重要作用，减少了医疗费用的无价值消耗，因此得到医疗保险的大力推动。医疗保险借助远程医疗帮助专科医师提高效率、减少患者往返家庭和医院之间的麻烦，大大减低了医疗支付总费用。因此，欧美国家的远程医疗在提供便捷医疗服务和有效控费方面发挥了重要作用。

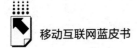

由于历史原因，我国医疗卫生资源发展不充分不平衡的矛盾尚未有效疏解，还存在着量不足、不均衡、碎片化等若干瓶颈，不能满足人民群众对卫生健康需求的飞速增长。另外，医疗数字化、医疗信息化和互联网的发展，为远程医疗提供了坚实的技术支撑和应用需求。国家层面倡导“互联网+千行百业”，推动“互联网+医疗”融入中国的医疗卫生改革潮流，针对医疗资源的短板和患者就医需求，中国的“互联网+医疗健康”定位于加强基层能力建设和信息便民惠民。5G 为“互联网+医疗”提供了更有效的工具和实现路径。

“互联网+医疗”在“十三五”期间的脱贫攻坚工作中发挥了重要作用。例如，在原国务院扶贫办和国家卫生健康委的领导下，中日友好医院与安徽金寨县建立了健康扶贫对口帮扶关系，帮助金寨县人民医院组建了 15 个新增临床科室，提升了一批重点学科，助其从二级甲等医院晋升为三级医院。新冠肺炎疫情初起之时，金寨县人民医院成为省内第一家能开展新冠病毒核酸检测的县级医院，远程医疗已经成为临床科室的常规工作。在“十四五”规划中，“互联网+医疗”带动基层能力建设，已经成为乡村振兴发展的重中之重。

我国“互联网+医疗”已经形成符合国情的自主特色：一是借助远程医疗提升基层规范化诊疗能力，促进分级诊疗；二是利用数字信息通信技术，方便群众求医问药。截至 2021 年底，全国约 1.3 万家二级以上医疗机构中，有超过 94%的医疗机构已经开展远程医疗业务，部分省份的远程医疗体系已经可以下沉到社区、乡镇卫生中心，在少数地区已经进入村卫生站甚至进入家庭；有超过 1700 家注册互联网医院，其中以公立医院第二名称类型居多，都使用智能手机终端直接为患者提供复诊照护或慢病管理等服务。在居民日益增长的健康需求拉动下，中国的“互联网+医疗”已经走到世界的前沿，并逐步形成新型生产力。

三 “互联网+医疗”现阶段的制约因素

（一）配套政策因素

虽然国务院、国家卫生健康委、国家医疗保障局已经印发相关政策性指导意见，推动了“互联网+医疗”大力发展，但是，在政策贯彻执行中遇到了很多问题。①

例如，国务院文件明确允许医院与第三方企业合作利用互联网平台开展互联网诊疗等，但是，各地执行中还存在很大的顾虑。在运行机制、成本补偿机制、收益分配与激励机制等方面，还有待地方政府尽快出台配套措施和指导细则。虽然小范围的探索已经在尝试，但是跨行政区的保障和监管细则尚未统一，“互联网+医疗”的规模化发展受到了限制。

在准入层面，国家卫生健康委已经印发明确的文件，并鼓励各级各类医疗机构申报互联网诊疗或互联网医院，但是很多地方的准入标准要么过高，要么过低，或者限制条件太多，这种差异会引起不同互联网医院之间的不公平竞争，导致公立医院驻足观望的现象。部分地区监管不力，也会引发很多医院对医疗风险的重重顾虑。

国家医疗保障局已经明确了“互联网+医疗健康”的物价定价原则，也明确了纳入医保的服务科目和支付原则。但是，各地区统筹医保行政部门和经办机构执行力度不足，大部分基本原则未能得到践行，物价定价太低、部分医保在线支付有困难、部分地区限制收益分配等成为制约互联网诊疗发展的瓶颈。互联网诊疗的物价形成机制不合理，没有实现线下“共性成本”与线上“额外成本”之间的和谐统一，严重抑制了医院和医生的积极性。来自线下特需医疗部分的患者群体，在线上没有得到相应的就诊体验。基本医疗与特需医疗之间的界限不清楚，缺乏上位

① 国家远程医疗与互联网医学中心：《2021 中国互联网医院发展报告》，健康界网站，2021。

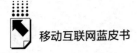

法规的参照依据。跨统筹区门诊医药费报销的限制，也是制约互联网诊疗发展的原因之一。

（二）管理与运行因素

互联网医院的举办方和建设方缺乏自我顶层设计，公立医院的第二名称互联网医院与企业主导的互联网医院形成截然不同的运行机制，但各自遭遇不同的瓶颈。

一是部分公立医院及其属地的行政主管部门对国家层面的政策理解不足，面对复杂的互联网诊疗业务结构，缺乏管理经验。业务机构在学习政策文件时并没有完全理解政策的本质，常常出现照猫画虎的情况。自主建立的业务模式并不符合客观规律，对医疗质量和患者安全的风险控制不足。业务仅限于本院的复诊患者，互联网的动能没有发挥出来，规模难以扩大。

二是大部分互联网平台仅仅根据自我商业目的设立业务形式，倾向于优质资源的垄断和变相首诊，并不一定能符合国家医改的分级诊疗宗旨。未来国家精细化监管措施实施后，现行的运行机制将会面临必须要调整的挑战。

远程医疗协同网已经作为医联体分级诊疗的模式之一，"互联网+医疗"需要结合医联体的建设和运行，按照区域医疗资源网格化部署的基本原则，服务于基层居民对医疗卫生保障和健康保健的需求；互联网医院也需要根据所依托的实体医疗机构的等级职能和执业范围确定其业务科目和运行机制。但是，目前"互联网+医疗"领域尚未建立足够的可学习、可复制的样板模型。

（三）技术转化因素

信息通信技术（ICT）转化不足依然是制约互联网医院发展的瓶颈。ICT 技术虽然具备了相当的能力，但是 ICT 技术企业与公立医院之间的业务联系没有形成和谐统一，企业提供的技术体系与医院的业务体系衔接不好，缺乏联合创新发展的机制。受到部分团体利益的限制，ICT 的转化投入不足，业务融合度不够，依然存在各种瓶颈。部分医院过度依赖第三方企业建设，因缺乏顶层设计，企业供应方会根据自身的产品销售利益制定有偏向的技术体系，出现增加终端等硬件成本、不适应临床工作流程等问题。很多医院的互联网平台系统在医疗准入、执业过程监管、处方管理、管制类药品控制等方面缺乏相应的技术保障，导致效率低下，医院不满意、医师有顾虑、患者缺乏获得感。

四 “互联网+医疗”正在发展为新型生产力

“互联网+医疗”是一类新生事物，与信息通信技术的发展和转化息息相关。国家层面已经形成鼓励发展的政策环境，虽然存在不尽如人意的环节，但是新型生产关系正在引导着医疗机构积极拥抱互联网，深入探索“互联网+医疗”的发展模式和管理机制。自国家卫生健康委于2018年9月发布关于“互联网+医疗”等准入政策，到2021年底，全国已经有超过1700家互联网医院正式获得执业许可上线运行，还有更多的互联网诊疗资质获得许可，“互联网+医疗”以远远超过行业预期的速度迅速崛起，反映了国家医疗卫生的发展方向、医疗机构的决心和群众的需求，社会发展对“互联网+医疗”寄予巨大的期望。

（一）适应医院高质量发展的需求

国务院于2021年发布了公立医院高质量发展的指导意见[①]，在坚持和加强党对公立医院的全面领导下，提出了公立医院的五个新任务：构建公立医院高质量发展新体系，引领公立医院高质量发展新趋势，提升公立医院高质量发展新效能，激活公立医院高质量发展新动力，建设公立医院高质量发展新文化。

① 《国务院办公厅关于推动公立医院高质量发展的意见》（国办发〔2021〕18号），2021年5月14日。

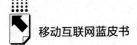

医院高质量发展的新体系确立了各级医院的定位和职能范围，省部级等高水平医院要以推动国家医学进步为目标，引领各级医院的专科学科建设，如医疗协同与指导、培养人才、创新技术、引领重大疾病防控等，建立临床重点专科群。借此，“互联网+医疗”是建立专科协同关系、集成专科临床大数据、建立双向转诊的重要手段。

城市医院以牵头城市医联体为重任，带领区域内的区县级医院牵头的县域医共体做好常见病、多发病、慢性病的救治与防控。形成网格化资源部署，满足区域内专科疾病救治的临床需求。县域医共体需要建立县乡一体化、乡村一体化机制，履行好健康守门人的职能。

新体系对医院的发展定位和医疗资源的分工协同提出了明确要求，因此，依托不同职能的医院建立的互联网医院需要建立与实体医疗机构职能相适应的运行机制，满足实体医疗机构学科建设和学术发展的需求。

（二）推动分级诊疗的快捷途径

从远程医疗到互联网诊疗，国家在“互联网+千行百业”的一系列鼓励措施中，确定了“互联网+医疗”在医改中的促进作用。从 2015 年国务院办公厅印发关于推行分级诊疗指导意见以来，医联体分级诊疗就成为当前医改的重要制度和方向。国家卫生健康委确立了医联体的分级诊疗四大模式，其中远程医疗协同网就是推动优质医疗资源下沉的重要模式之一。在数字通信技术发展的驱动下，远程医疗从起初医疗机构之间的会诊模式，逐渐发展成为“互联网+医疗健康”的综合模式，在推动分级诊疗的进程中具有至关重要的作用。

随着 5G 逐渐普及社会各界，人们使用 5G 智能手机已经成为日常生活中不可或缺的部分。在 5G 通信的支持下，移动互联网正逐步担负起越来越多的医疗协同任务，5G 移动性能带动“互联网+医疗”无处不在，移动终端和可穿戴设备采集传输的信息量越来越大、信息维度越来多广、智能化程度越来越高，为远程医疗和互联网诊疗提供了更强大的支撑，使上下级医院的协同更加便捷，双向转诊在远程医疗的支持下进一步提高了效率。

（三）带动数字医疗产业的驱动力

“互联网+医疗健康”是数字化信息通信技术在创新进步过程中，与医疗领域融合形成的新生事物，随着临床应用的深入，对数字信息技术的需求也更强烈，将带动数字化产业需求的进步。我国医疗体制机制改革推动形成分级诊疗制度，驱动了远程医疗的普及。移动互联网和智能移动终端的普及，引导“互联网+医疗”的智能化、移动化、便捷化需求越来越强烈。5G通信、区块链、大数据、云计算、人工智能等技术逐步融入“互联网+医疗”，正在逐步形成对相应技术产业的巨大牵引力。

5G通信以高通量、低时延、大连接的特征在移动互联网医疗领域展现其优越性。在5G通信支持下，医师智能工作站可以移动起来，医学影像、生理监测、病理扫描图像、高清视频等大宗数据可以通过手机实时传输，不必再受专线点对点网络的局限，随时随地就能开展急危重症会诊。两组医师团队远隔千里，也可以在同步音视频交互平台上交流治疗方案，尤其是针对操作类治疗技术而言，可以实现千里同步实时会诊指导，对提升基层常见病规范化诊疗能力大有裨益。

互联网的最大魅力是利用数据携带业务信息完成突破时空维度的业务协同，数据共享使用成为新模式的业务基础。围绕数据相关的个人隐私保护、数据安全、信息安全等成为最大的关注热点，随着国家相继发布相关法律，数据授权使用成为法律保护的重点、热点。[①] 区块链技术以其分布式存储、防篡改、防伪造等优点，提升全业务过程溯源的能力、智能认证和授权的能力，在医疗健康大数据共享使用中必定会带动形成巨大的产业链。

互联网数据共享直接导致大数据的集成、云计算的应用需求剧增，最终形成人工智能的应用技术和产品。在“互联网+医疗健康”领域，应用专科医联体的业务协同形成的专科大数据，结合针对疾病的云计算和人工智能技

---

① 《中华人民共和国数据安全法》（2021年6月10日第十三届全国人民代表大会常务委员会第二十九次会议通过）；《中华人民共和国个人信息保护法》（2021年8月20日第十三届全国人民代表大会常务委员会第三十次会议通过）。

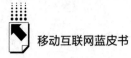

术，会形成面向专科医师的规范诊治智能辅助系统、面向全科医护人员的重大慢病管理和严重并发症防控的智能辅助系统、面向居民家庭使用的健康保健和自我慢病管理及预防保健知识库和工具库等。这些智能系统的应用需要结合“互联网+医疗”的协同体系发挥作用，形成线上线下一体化、智能辅助与医师诊疗相结合的新模式，带动信息通信技术创新与集成发展形成的大产业。

“互联网+医疗健康”业态在中国已经迎来高速发展的形势，美好的愿望正是新业态奋斗的目标。作为高速发展的新生事物，“互联网+医疗”发展要形成良性循环还需要一定的过程，去沉淀、积累、提炼运行管理经验。执业者需秉持敬畏生命、敬畏科学、敬畏规律的原则，坚守为人民服务的初心，保持淡定的心态，客观科学发展“互联网+医疗”。

科学就是在解决一个又一个问题中进步的。正确面对现实，冷静分析形势，科学设计模式，“互联网+医疗”需要借助公立医院高质量发展的契机，适应新体系、引领新趋势、焕发新效能、增强新动力、建立新文化。只有坚定信念、面对现实、科学发展，才能走出“互联网+医疗”高质量发展的新路。

参考文献

卢清君：《5G 确定性网络“筑基”加速智慧医疗蓬勃发展》，《通信世界》2020 年第 17 期。

王辰、卢清君：《以专科医联体和远程医疗带动基层学科建设》，《中华医院管理杂志》2017 年第 33 期。

卢清君：《推动“互联网+医疗”新业态加快发展》，《中国品牌》2020 年第 12 期。

B.15
元宇宙为 VR 产业发展提供新动能

杨 崑　武 骏*

摘 要： 全球虚拟现实（VR）产业群体经过多年发展已拥有一定规模，整体技术和商业化水平大幅提升。尤其是 2021 年，在 5G、元宇宙等因素的推动下，国内外 VR 产业集群发展都出现了再次加速的迹象。VR 相关技术取得明显进展，但和用户需求仍存在差距。元宇宙将为其发展提供新动能。VR 技术如何在未来五到十年的时间尽快完成从单一产品向连续空间服务体系的转变是产业各方共同面临的课题。

关键词： 虚拟现实　元宇宙　移动互联网

一　新要素推动 VR 技术进入新的加速发展阶段

2016 年是 VR（虚拟现实）在国内市场起步的重要一年。在三星、索尼等国外 VR 产品进入中国市场的同时，国内也涌现了小米、华为等 3088 家 VR 技术和内容企业。[①] 这一时期产业主要面向个人消费市场，由于当时 VR 终端普遍存在分辨率低、体积大、价格贵等问题，内容供给不足，用户体验时存在眩晕感，发展一度放缓。

5G 网络对新业务的需求让 VR、AR（增强现实）产业再遇新机。截至

---

* 杨崑，中国信息通信研究院技术与标准研究所正高级工程师，中国通信标准化协会互动媒体工作委员会副秘书长；武骏，中国信息通信研究院业务发展部主任。

① 华经产业研究院：《2021~2026 年中国虚拟现实市场竞争策略及行业投资潜力预测报告》。

2021 年第 3 季度，70 个国家 176 家运营商已开启 5G 商用服务，全球 5G 平均渗透率达 8%，在中国等国家已超 30%。① VR 等大流量视频被公认为是 5G 时代最重要的业务，一度遇冷的 VR 产业在 2020 年再次迎来发展热潮。2020 年的国内 VR 市场规模约为 230 亿元②，不仅个人消费类 VR 再度得到重视，而且开始对商品零售、房产展示、会展、文旅等多行业广泛赋能，落地的场景不断增多。

2021 年“元宇宙”概念的提出再次提升了产业关注度。VR/AR 技术为用户带来的沉浸式场景被认为是元宇宙的重要入口。截至 2021 年 12 月 14 日，全球范围内出现 145 起 VR 行业融资，同比增长 19.8%。国内仅上半年就新成立 1997 家 VR 企业，相关企业总量达到近 2 万家。③ 产业链覆盖终端硬件、服务分发、内容创制、计算能力、人机交互、基础设施、安全和可信等诸多领域。除了既有场景外，产业界还推出了大飞机研制、操作培训，大型活动节目制作，医学数字人体和虚拟手术，场馆仿真等一批新的案例。

二　国家政策支持国内 VR 产业加快发展

2016 年我国将发展 VR 新兴产业列入“十三五”规划，随后国务院、国家发改委、科技部、工信部、广电总局、文化旅游部等先后出台政策，从技术研究、产品研发、业务部署等方面给予支持。2021 年，《中华人民共和国国民经济和社会发展第十四个五年规划和 2035 年远景目标纲要》将虚拟现实和增强现实列为我国数字经济重点产业，意味着 VR/AR 技术成为我国新一代信息技术领域的重要组成元素。

国家各项政策对 VR 产业不同环节采取的推动思路各有侧重。对于与国

① GSA（全球移动通信系统协会）:《5G 市场-2021 年 8 月报告》。

② 中国互联网协会:《中国互联网发展报告（2021）》，2021 年 7 月，https://www.isc.org.cn/article/40203.html。

③ 亿欧智库:《2021 中国 VR_ AR 产业研究报告》，2021 年 6 月，https://www.iyiou.com/research/20210608865。

际水平差距大，甚至国内处于空白的产业环节鼓励先解决有无的问题，如关键基础技术——芯片、操作系统、游戏引擎、建模软件、脑机交互、部分传感器和光学器件等方面，国内产业需要通过各种方式寻找替代方案，加大技术开发投入。而对国内有一定基础的终端整机、应用等环节则鼓励通过市场机制扩大发展规模，如终端硬件的研发——游戏、行业和媒体传播等领域的应用开发和内容制作。虽然有各项政策支持，但国内产业在整体上仍需长时间保持追赶的态势，不断缩小和国际先进水平的差距。

三　产业链中硬件产品环节厂商的发展状况

VR 硬件是生态实现的基础，也是挖掘用户需求的关键手段，主要包括 VR 技术使用的终端整机和各类元器件，国内厂商虽然在终端环节不断赶上，但在元器件环节还有不小的缺失需要填补。

（一）核心元器件方面国内缺失环节多

国内产业差距最大的是 CPU、GPU 等各类芯片。高通 XR2 是全球 VR 终端采用的主流芯片，在 Oculus Quest2、Pico Neo3 等主流消费级 VR 一体机领域占优势地位。骁龙 XR2 平台引入的七路并行摄像头确保终端在复杂环境下仍实现稳定精准的六自由度（6DoF）追踪，而定制化的计算机视觉处理器为低时延的空间定位、即时定位与地图构建（SLAM）夯实基础。采用这一芯片可以让终端具有 238°×195°的光学追踪范围，保证手柄具备高追踪精度、低追踪时延和高速移动时的更高精度预测。国内具有代表性的是华为海思的 XR 芯片平台，其支持 8K 解码能力和 GPU、NPU 一体化，最高可以提供 9TOS 的 NPU 算力。英伟达在 VR 领域继续延续了 GPU 芯片方面的明显优势；而存储芯片和通信用模块（射频、WIFI、蓝牙和 NFC 等）多采用手机等成熟产品的解决方案。国内厂商在这个领域占有一定份额。

各厂商 VR 一体机的操作系统多是在安卓系统基础上优化或基于安卓系统的底层二次开发的。分体式 PCVR、PSVR 等终端则需要依赖主机的操作系统，典型如 Windows MR、索尼 PS 等。国产操作系统还没有规模化进入这一领域。在各家操作系统并存的情况下，生态碎片化特征明显，VR 和 AR 应用和引擎开发厂商不得不为每个平台提供专门的 API，内容开发和移植成本难以降低。

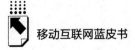

国内厂商在传感器领域有局部突破，VR 终端所需的图像、声音、动作捕捉等传感器是实现 VR 沉浸式体验和用户交互的关键，歌尔股份、韦尔股份、德州仪器等公司提供的麦克风、气压传感器、光学传感器、气体传感器、眼动追踪传感器、手势跟踪传感器、应用于 VR/AR 的 SLAM 传感器、具有快速帧速率和全局快门技术的 RGB 传感器、集成传感器等器件及相关模组等产品已经发展到较高的水平，还在向精准化、微型化、集成化、人机协同方向发展。

早期 VR 终端显示屏主要采用 OLED 技术。京东方、华星光电等面板厂商生产的 AMOLED 屏打破了三星在 VR 显示屏领域的垄断。目前 Fast-LCD 成为多数 VR 终端的主要选择，响应时间可以小于 5ms。国内京东方、昆山梦显等厂商已经开始布局用于后续产品的 Micro-OLED 显示屏及其驱动模组生产。国内厂商在这个领域不断缩小和国外的差距。

光学镜头、衍射光学元件、影像模组等光学器件是 VR 设备的核心部分。歌尔股份、舜宇光学、欧菲光等具有非球面透镜、菲涅尔透镜、衍射光学元器件以及 VR 专用镜片的设计和制造能力。蓝特光学具备折射率 2.0、12 英寸的玻璃晶圆量产能力，可用于 AR/VR 光波导。联创电子提供 VR/AR 几何光波导、超薄镜头技术等。国内厂商在器件的性能指标上有进一步提升的空间。

（二）国内厂商的终端整机水平在不断提升

常见的 VR 终端整机设备包括和主机相连的输出式头显、和手机连接的移动端设备以及 VR 一体机。国内阿里巴巴、腾讯、百度、联想、小米、字节跳动、华为、Pico 在 VR 电脑、VR 眼镜、VR 头盔等方面有所布局，设备性能正在快速接近国际水平。

VR 一体机是目前占比最大的终端形态，预计到 2026 年，消费者使用的 VR 头显会达到 7000 万台。[①] 全球最具代表性的产品是 Quest2，国内销量最大的是 PicoNeo3，分别代表了国内外最主流的产品发展水平，两者在技术指标上已经很接近：分辨率达到 3664×1920，屏幕配置 4K 级分辨率，刷新达到了 90~120Hz，延迟率小于 20ms，视场角约为 100 度，自由度达到 6DOF。分体机以 HTC VIVE、Sony PSVR 以及 Oculus Rift（Facebook）为代表，头显借助主机强大的性能可提供更好的体验。各家厂商的终端也都在建立自身生态，不仅实现内容和应用的丰富，而且提升硬件通用性。

四　产业链中内容服务环节厂商的发展状况

根据智能手机的产业发展经验，VR 终端达到千万级别的销售量时就有可能实现整体的生态突破，在足够的用户基数保障下，VR 内容生态将会获得持续的发展动力，目前正处于这一临界点上。

（一）VR 在娱乐和重点行业应用方向上不断寻找爆点

目前 VR 应用仍处于以个人消费娱乐为主的阶段，如 VR 游戏、VR 视频、VR 直播、VR 健身、VR 社交等。同时，工作类 VR 应用也不断增多，用于 VR+教育、VR+医疗、VR+房地产等领域的模拟仿真培训、虚拟设计和远程操控等功能更加丰富。根据 Perkins Coie 数据，2021 年 VR/AR 在医疗健康、教育、劳动力培训、生产制造场景中的渗透率已超 20%，其中医疗健康渗透率高达 38%。从行业角度来看，教育、零售、制造、个人消费及服务业、建筑以及专业服务将是主要拓展方向。[②] 目前，如何在个人消费娱乐以及重点行业方向上尽快挖掘出能盈利或带动用户规模快速扩大的爆点业务是业界首要关注的话题。

---

① Omdia：《2021~2026 年消费类 VR 头盔和内容收入预测》。

② IDC：《VR 产业研究白皮书》，2020 年 10 月，http：//www. idc. com/。

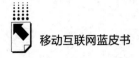

地产行业的 VR 应用在疫情期间得到重视。用户通过 VR 视频可以清晰地观察房屋的三维结构、尺寸信息、户型分布、内部装修以及各类细节；还有音视频联动功能（VR 带看、AI 讲房等）和搭建虚拟样板间等功能。

国内外众多品牌零售商也开始试水 VR，为用户提供接近线下逛街真实体验的服务，可以直观地了解产品在家里的实际样子，提供购买决策的辅助，随时可在线查看材料和价格信息。

在各类会展上，利用 VR 实现身临其境感受的不断增多，甚至出现完全线上的展会；不仅能远程参观会展现场，而且可以用各种视角感受展馆内外多维度信息和不易复制的场景。

医学机构借助 VR 帮助研究者构建虚拟的人体模型以提供更直观的视界，还可以通过感觉手套帮助医生深度观察与接触人体内部器官；同时，医学界还在探索用 VR 帮助治疗 PTSD、慢性疼痛、多动症等疾病的方法。

国内文化机构和博物馆已经越来越多地开始借助 VR、MR 等手段让观众参与互动。文化虚拟角色能与观众在线互动对话，观众选定场景就能通过虚拟手段制作属于自己的水墨动画，大屏幕画面里的动漫人物能和观众一起运动，用户还可以体验虚拟的漫画制作过程；一些地区将 VR/AR 技术和旅游产业相结合，打造出新型科技文化主题公园。

（二）VR 内容制作成本依然是产业发展的瓶颈

VR 电影、VR 游戏以及 VR 直播等内容经过几年发展已更加丰富。截至 2021 年 6 月，Steam 平台 VR 游戏数量已经达到 5878 款，加上 Oculus 和 Vive、Pico 等平台，目前全球 VR 内容平台游戏与应用达到 13487 款。① 国内的百度、腾讯、网易等陆续推出了 VR 频道等内容分发平台。2021 年全球 VR 内容的支出预计达到 20 亿美元。② 内容制作正在逐步摆脱与特定终端平台紧密捆绑的格局，第三方的内容开发、调试与营销工具渐趋成熟，对于发

---

① VR 陀螺：《2021 年 6 月 VR/AR 行业月报》。

② Omdia：《2021～2026 年消费类 VR 头盔和内容收入预测》。

展独立的内容生态盈利模式起到很大帮助。但从整体上看，个人消费类 VR 内容依旧存在制作成本过高等问题，生产的数量难以满足目前 VR 产业的扩张速度，国内在这方面的问题更加突出，已经成为整个产业发展的瓶颈。

五　VR 相关技术取得明显进展，但和用户需求仍存在差距

VR 涉及的技术非常广泛，现阶段对产业发展影响最明显的包括状态采集技术、虚拟场景生成和呈现技术、服务承载技术、计算技术等。

VR 状态采集技术通过各类采集设备确定场景中实体对象在 VR 虚拟空间中的坐标，主要是完成人体各部位的信息采集。头部追踪技术应用比较成熟，利用头部跟踪来改变图像视角，让用户视觉和运动感知系统之间联系起来，不仅可通过双目立体视觉认识虚拟环境，而且让环境跟着头部的运动去变化。四类典型的身体态势捕捉技术都已经有所应用，但存在提升空间。其中精度最高的光学动作捕捉技术成本高，对环境要求也高；产业在探索未来如何在 VR 一体机或 VR 头显上通过集成该技术实现与移动场景更灵活的交互，但必须解决其视场受限以及使用手势跟踪让用户感觉疲劳等问题。而利用手套等穿戴设备的机械手段跟踪身体运动没有视场限制，而且完全可以在设备上集成反馈机制（比如震动、按钮和触摸）；但用户穿戴比较烦琐，使用场景受限。惯性动作捕捉技术是用无线动作姿态传感器采集身体部位的姿态方位，利用人体运动学原理建立人体运动模型，也有一定量的使用。此外，产业界对追踪瞳孔的眼球跟踪技术的未来应用给予很大关注，因为其能够为当前所处视角提供最佳的 3D 效果，使 VR 头显呈现的图像更自然，延迟更小，从而大大优化用户体验；同时，由于眼球追踪技术可以获知人眼的真实关注点，从而得到虚拟物体上视点位置的景深，被业界认为是解决虚拟现实头盔眩晕问题的重要突破点。VR 采集依托的硬件根据光线的运动原理分析空间场景中的内容并收集相关二维数据，进而开展三维建模。常见的双目立体视觉（三角法）、深度相机（结构光技术和 iTof 技术）和激光雷达

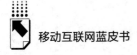

(dToF 技术）等都得到了应用。

虚拟场景生成和显示技术随着芯片、光学、显示、算法等技术的不断进步得到发展，其大视角、高分辨率、刷新率、续航时间和延时等指标不断改善，但与真正实现贴近自然视觉的虚拟图像呈现的要求还有距离。在内容生成上，VR 需要建立仿真引擎，通过图像渲染、物理模拟、姿态模拟等让内容的感官体验更接近于真实，国内在其中一些环节上还必须依赖国外技术。而在虚拟场景显示方面，通过双目立体视觉的视差产生立体感的技术已经发展多年，但在模型的准确性、时延要求、图像质量要求，以及复杂环境适应等方面存在不足，有较大的提升空间。

VR 在线服务需要有强大的网络来支撑虚拟内容的创作与体验，目前主要的应用承载网络技术是 5G，其拥有高速、低延时、海量连接的三大特性，已经完成国内主要地区的覆盖；结合边缘处理技术能够使 VR 内容在云端完成渲染并获得较高的渲染质量。此外，Wi-Fi6 技术最大传输速率提升到了 9.6Gbps，还允许更多的设备连接至无线网络，并拥有一致的高速连接体验，响应时间更短，延时更低。未来，Wi-Fi6 技术将和 5G 技术一起，为 VR 的发展奠定网络基础。目前最大的困难是网络还无法灵活响应 VR 应用的细分需求，直接限制了业务的规模化开展。

VR 的虚拟内容生成、展示和智能处理都对算力有巨大需求，然而算力长期都属于稀缺资源，当前的算力设施架构已无法满足 VR 体验的需求。产业界尝试在云端运算后再推送到用户的设备上播放以降低终端压力，但超过 50ms 的延时又会给 VR 体验带来其他负面影响。是否能通过边缘计算本地部署的优势来降低时延，并同时给终端减压还处于不断探索中。

六　元宇宙将为 VR 产业发展提供新动能，以及更大发展空间

与元宇宙类似的理念早已有之。2003 年推出的网络虚拟游戏平台《第二人生》是第一个为用户提供工作、开车、旅游、音乐会和购物等虚拟场

景的游戏，用户可以参与营造一个与现实社会平行的虚拟社会。Facebook 在 2021 年宣布更名为“Meta”，大大提升了产业界对这一概念的关注。产业界目前关注的是通过物联网技术连接物理世界与数字空间；采用数字孪生技术对数据建模，再通过地图仿真、数据分析平台、AI 及自主系统技术，逐层构建从数字空间到实体世界的映射；最终，VR 和 AR 技术为用户提供进入沉浸式虚拟环境的界面，在物流、金融、医疗、环境和日常生活等诸多场景中实现对虚拟场景和实体世界的操作。

（一）元宇宙受关注的原因

这一理念再次引发关注是多方面因素促成的，最主要的是由于移动互联网面临着增长瓶颈，资本需要创造新的风口进行投资。截至 2021 年 9 月，我国移动互联网月活跃用户规模达到 11.87 亿，已呈现“触顶”态势。[①] 而移动互联网已经完成了对衣食住行的全方位渗透，利用 VR/AR 等带来的交互形式革新可以为移动互联网营造新的增长方向。元宇宙为用户提供虚拟和立体的环境，VR 等沉浸式交互技术可最大限度地为用户提供接近真实的体验，有望成为元宇宙世界的主要入口，而 VR 等已有的产业基础可以大大加快元宇宙的部署速度，因此成为元宇宙现阶段发展的重点。

（二）元宇宙的功能架构还在逐步探索和完善中

各类技术在场景创新的驱动下相互融合共同构建了元宇宙的功能架构，目前产业界对此架构还存在不同的观点，未来可能会演化出新的框架。从目前已有的元宇宙应用出发可以从七个层面对架构进行划分：体验层直接面向用户提供服务，如游戏、社交、运动、视频等应用和内容产品；运营层则负责将元宇宙汇聚的数字价值转化为商业价值，如叠加在应用或内容之上的广告、会展商务、电子商务、代理营销等活动；创作层则为各类内容制作方提供更好的创作条件，包括设计工具、内容要素、加工流程等；空间层主要完

① QuestMobile：《2021 中国移动互联网秋季大报告》。

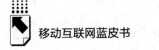

成数字空间的构建，通过 3D 引擎、VR/AR/XR、多任务界面、地理空间制图等建立一个面向场景虚拟的空间；资源层为上述层面提供各种数字化能力的支持，包括边缘计算、AI 代理、微服务、区块链等；人机交互层则是将最终打包的服务和用户连接在一起，包括 VR 一体机、可穿戴设备、其他能实现交互作用的硬件终端等；基础层则是搭建整个元宇宙的地基，如 5G 传输网络、各类芯片、微机电器件、其他基础材料等。

（三）元宇宙已经初步展现了独特的技术需求

在上述架构中，很多功能模块可以直接从现有移动互联网的其他生态中移植。一些技术还需根据元宇宙的需求改进，如灵活承载高速信息流的网络传输技术、空间定位算法、虚拟场景拟合、边缘计算技术；处理复杂数据和数字化对象的人工智能技术；将虚拟空间和真实世界进行无缝融合的触觉和嗅觉等感知交互技术；能支持更多虚拟景象实现的游戏引擎技术、虚拟数字人技术和数字孪生技术；以及提供虚拟经济系统保障和价值流通的区块链等技术。还有些技术集合已经初步显现元宇宙独有的特性，和现有移动互联网应用出现越来越明显的差异，将成为元宇宙的发展重点。

1. 构建动态连续数字空间的技术集合

在元宇宙的生态中，数据、数字模型、各类引擎是搭建数字虚拟空间的重要元素。在多源异构数据经过处理，通过三维模型深度关联，将虚拟空间信息以三维立体形式展现给用户的过程中，需要始终保持场景的动态性和连续性，这和先前 VR 等移动互联网服务建立的单点虚拟场景有很大不同。

首先需要对静态数据进行处理和融合，比如 GIS 数据、BIM/CAD 建筑模型数据、城市街景数据、倾斜摄影数据等时空数据，以及行业专业数据等；通过与现实映射的三维模型对象进行紧密关联，从而生成携带知识图谱的静态模型资源库，形成虚拟空间的基本架构。在此基础上，针对不同场景加载相关的传感器数据、业务数据、交易数据等动态数据，通过三维呈现的方式让实体对象在数字时空中能动态地连续映射，形成最终的数字空间并通过 VR 终端等接口与实体世界中的用户连接，通过各类引擎，用图像渲染、物理模拟、姿态模拟等手段构建起虚拟空间和实体世界协同的界面，建立一个从虚拟空间到实体世界的完整闭环，帮助用户获得虚拟空间与实体世界的精准叠加和实时交互能力。过程中的诸多场景是相互关联的，各类数字主体具有唯一性，可穿透不同的数字环境。

2. 构建以虚拟空间为基础的数字身份技术集合

实体世界给个人分配了身份证明并关联着一系列社会责任和权利。元宇宙要实现用户在不同虚拟空间中的持续活动，就必须保证其拥有可穿透的唯一数字身份，并关联诸多虚拟空间中的社会关系和数字资产。由哪一方来分配和管理这唯一的数字身份还存在不确定性，但作为数字身份在虚拟空间中第一个被普遍接受的展现形式，数字虚拟人已经成为元宇宙的发展热点。数字虚拟人可以分为非交互型数字人、可交互的智能驱动型或真人驱动型数字人。

制作数字虚拟人的技术包括人物生成、人物表达、合成显示、识别感知、分析决策等模块。人物表达是由语音和动画两部分组成，语音通过语音合成技术实现，动画则要通过动作生成和渲染来实现。如果生成的是 3D 数字人还需要使用三维建模技术。建模后，依据元数据智能合成、动作捕捉迁移等形成数字人的动作；再通过渲染提升数字人形象的逼真度。目前，建模环节正在向具有高视觉保真度的动态光场三维重建方向发展，渲染则需要继续提升硬件能力并研发新的算法，让实时性进一步增强。基于数字虚拟人的消费场景已经出现，购买数字虚拟人代言的服装、鞋帽、配饰、箱包、茶饮快餐等营销活动已经开始。

但实现数字虚拟人在不同平台之间的连续穿透是一个巨大的挑战，首先需要实现基本标准的统一。

3. 支持更有代表性、更完备的虚拟资产交易的技术集合

元宇宙中基于虚拟产品的消费正在快速增长，虚拟资产的安全、防篡改和可追溯性变得非常重要。由于数字资产的复制成本极低，只有通过便捷可靠的保障手段才能保证虚拟空间中交易的可持续性。区块链技术和非同质化通证（NFT）去中心化、不可篡改、可追溯、开放性、匿名性这几大特性，

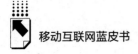

使其非常适合作为打造元宇宙中虚拟经济系统的底层技术。

利用区块链技术的数字货币已经实现与真实货币兑换，区块链理论上可以支撑一个独立运转并能与现实世界连接的交易体系。区块链也可以为各类元宇宙应用提供身份标识和安全认证，保证在其上的数据不会被篡改、不可伪造，数据的传递可以追溯。

NFT 是基于以太坊区块链的技术，与比特币等虚拟货币一样依靠区块链技术进行交易。NFT 最大的特点在于其唯一性，是一种不可分割且独一无二的数字凭证。NFT 能够映射到各类数字资产（如游戏皮肤、装备、虚拟地块等），并将该资产的相关权利内容、历史交易流转信息等记录在其智能合约的标示信息中，同时在对应的链上给该资产生成一个无法篡改的独特编码，保证数据在链上的唯一性。通过 NFT 进行虚拟艺术品、虚拟地产、虚拟服装交易已经开始，但 NFT 目前吸引的资金较少，缺乏健全的定价机制，交易平台规则也不健全，而且在很多国家还需要法律上的明确定位。

（四）VR 类应用的场景丰富将是元宇宙发展初期的重点

现阶段，元宇宙首先还是要解决规模扩张和盈利的问题，重点在于 VR 应用场景加快丰富并为更多用户所接受。通过移动互联网最成功的社交、游戏、在线办公等应用进行移植是目前的热点。

Meta 公司推出了元宇宙社交 VR 应用 Horizon Worlds，用户可在 Horizon Worlds 中最多同时和 20 人进行社交休闲活动。游戏是元宇宙的早期载体，预计在 2022 年将推出更多将线上游戏操作和线下真实场景相结合的游戏内容，通过 VR 技术和现实的联动增强，元宇宙游戏内容会逐渐精细多元化。培训和远程办公有望成为最先落地的元宇宙商用场景。2022 年，预计会有更多针对企业员工培训、协同办公会议相关的应用落地。人脸识别和眼球追踪的技术升级会全面提升会议软件中虚拟人像的表情丰富度。虚拟形象更好地反馈真实信息会极大改善培训以及办公相关元宇宙应用的使用体验。如微软在现有的 Team 功能（线上会议）之上加入的 XR（混合现实）功能。

在通过这些 VR 应用进入虚拟空间后，与虚拟资产炒作有关的各类交易是现在发展的第二个热点，如虚拟土地、虚拟服装、虚拟艺术品等更快受到资本关注。元宇宙中的虚拟土地已经出现价格暴涨暴跌的局面；育碧宣布的 Ubisoft Quartz 项目将为游戏提供限量版商品并可转售，如皮肤外观。但在中国市场，虚拟资产和数字资产的所属权、流通方式等很多细节尚未有明确的法律进行规范。

（五）元宇宙的成熟还需较长时间，存在多种可能

在 XR 设备成为大众化设备之前，产业只是处于准元宇宙阶段。进入脑机接口技术成熟、人机融合程度加深、达到数字永生等更高级的发展阶段还需比较长的发展阶段。这不仅要解决一系列技术问题，而且虚拟空间创造的新生活场景会要求建立世界公认的适用于虚实衔接的法律法规。元宇宙空间中虚拟活动和资产交易如何监管，数据信息实现达到真正的不可更改，是否能避免区块链曾经的“伪去中心化”，元宇宙平台和节点应该由谁负责搭建、由谁负责运营及数据处理等，都是需要寻找答案的难题。

元宇宙未来的演进并不是孤立的，和 Web3.0 等其他新趋势是相互影响的。用户在数字世界中一直无法解决数据、在线身份、数字资产所有权和保障问题；互联网平台垄断、黑客攻击、数据丢失等带来不同的风险。Web3.0 的概念是通过去中心化让用户拥有对于自己的数据、数字身份和数字资产的控制权。用户通过全球性区块链为开发者提供的基础计算服务绕开大平台的控制，通过去中心化存储获得数据的最大控制权。在这一环境下，用户在理论上可以不需要账户和密码，通过区块链跨越平台和系统直接使用自己的所有数字资产，如智能汽车、家庭机器人、智能家电、VR 终端都可以通过一个数字身份完成连续登录。这不仅会改变现有应用的组织方式和形态，而且可以进一步延展到万物互联的各类生态中。目前要全面实现 Web3.0 还不具备基础，需要适宜的网络实现全球区块链的统一链接，需要成熟的物联网技术支持，各类智能设备目前展现的功能还比较初

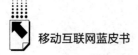

级，作为入口的VR系统处理速度也比较慢，解决这些问题是未来发展的必要前置条件。

元宇宙对于区块链和NFT技术的应用给了Web3.0理念极好的实践机会，如未来自媒体可能不会再通过中心平台传播，而是实体世界中人类通过VR等虚拟入口在元宇宙中跨越全球互相链接，并与现在的互联网互不相连。同时Web3.0等新趋势也会给元宇宙的演进路径注入多种可能性。

七　面向未来的VR技术还需加快补足现存的短板

VR产业近两年在技术发展和产品迭代上有了很大的进步，但依然存在一些短板，内容瓶颈、终端小型化、成本降低、缩小延迟、消除眩晕等用户体验方面的问题亟待根本性突破；同时一些新的问题将随着VR技术在元宇宙等更多场景中的应用逐步显化。

第一，目前的VR设备清晰度和刷新率不断提升，但用户长时间佩戴VR设备产生眩晕、呕吐等不适的问题依然没有得到解决，未达到满足人自然体验的要求。研究显示，14K以上的分辨率才能基本使大脑认同，显示技术的继续提升对解除消费者对自身健康的担忧十分重要。

第二，VR用户规模的扩大需要高性能和低成本的终端来支持，主流VR终端设备的硬件价格需要进一步降低。

第三，内容的获取成本与体验感决定了消费者对VR服务的持续接受能力。目前，VR内容产业一直受下游应用刚需不足、终端设备渗透率不足等因素限制难以扩大供给。

第四，VR规模化推广达到盈亏平衡点需要时间，在这个领域布局多年的大公司在其中的长期投入让绝大多数创新型企业都望尘莫及，极大地限制了更多参与者的进入。

第五，VR要真正贴近用户自然习惯还需更新的设计，比如让用户把一块显示设备长时间固定在自己的面部会非常难受，必须找到替代的方法。

第六，由于改变了实体世界和虚拟空间之间的联系方式，还会带来新的社会问题。比如用户从虚拟空间回到实体世界的选择权被侵犯，真实和虚假之间的界限将是无形的，甚至在外来干预下可能封锁现实。VR 应用中已经出现虚拟性骚扰、擅自跟踪他人、阻碍他人活动等。而对于 VR 的人工或机器审核都比现有互联网的内容要困难得多，必须在文本和图片之外，处理口语、手势、移动轨迹等大量信息。

第七，隐私保护一直是互联网时代的热门话题，如何保障 VR 等虚拟立体景象下的数据安全成为必须关注的话题。

目前只是开始，很多新问题需要时间才能逐步暴露出来，还需要一个比较长的产业周期才能解决，因为这不仅牵涉技术问题，还涉及相关的法律问题、社会问题。VR 技术作为人类进入虚拟与现实共生新时代的第一个入口已经成为产业共识，如何在未来五到十年的时间尽快完成从单一产品向连续空间服务体系的转变是产业各方共同面临的课题。

参考文献

《QuestMobile2020 中国移动互联网年度大报告 · 下》，2021 年 2 月，https：//www. questmobile. com. cn/research/report-new/143。

中国互联网协会：《中国互联网发展报告（2021）》，2021 年 7 月，https：//www. isc. org. cn/article/40203. html。

亿欧智库：《2021 中国 VR/AR 产业研究报告》，2021 年 6 月，https：//www. iyiou. com/research/20210608865。

IDC：《VR 产业研究白皮书》，2020 年 10 月，http：//www. idc. com/。

《元宇宙内容生态“拼图”》，《经济观察报》，2021 年 12 月，https：//baijiahao. baidu. com/s？ id=1718819326744527762&wfr=spider&for=pc。

B.16
2021年中国云计算发展报告

栗　蔚*

摘　要： 2021年是“十四五”开局之年，我国云计算继续保持高速增长，呈现“一超多强”格局，全球化布局趋势明显。云计算技术不断推陈出新，全面云原生化时代到来；云网边一体化程度不断加深；云计算安全边界被打破，零信任定义新一代防护体系；深度用云加速优化需求，治理能力建设备受关注。展望未来，云计算将与企业业务深度融合，为数字化转型提供支撑。

关键词： 云计算　云原生　云网边　云安全　优化治理

一　我国云计算发展环境

（一）顶层设计持续推进，云计算成数字化转型重要底座

一是云计算作为新型基础设施建设的重要组成部分，成为企业数字化转型和持续发展的重要基础。2020年4月20日，国家发改委首次正式对“新基建”概念进行解读，明确了新型基础设施是以新发展理念为引领，以技术创新为驱动，以信息网络为基础，面向高质量发展需要，提供数字转型、智能升级、融合创新等服务的基础设施体系。云计算在其中承担了类似操作系统的功能，是通信网络基础设施、算力基础设施与新技术基础设施协同配

* 栗蔚，中国信息通信研究院云计算与大数据研究所副所长、中国通信标准化协会TC1WG5云计算标准化组组长，主要从事云计算、开源、数字化等方面研究。

合的重要结合点，也是整合网络与计算技术能力的平台。

二是云计算被写入“十四五”发展规划，成为打造数字经济新优势的重要支撑。2021 年公布实施的《中华人民共和国国民经济和社会发展第十四个五年规划和 2035 年远景目标纲要》将云计算列为数字经济重点产业的第一位，要求实施“上云用数赋智”行动，加快云操作系统迭代升级，推动超大规模分布式存储、弹性计算、数据虚拟隔离等技术创新，提高云安全水平。以混合云为重点培育行业解决方案、系统集成、运维管理等云服务产业。

（二）新冠肺炎疫情加速云计算发展，市场迎来新一轮增长高峰

自 2019 年底开始蔓延的新冠肺炎疫情，持续对全球经济造成重大打击。与此同时也改变了很多企业和个人的工作地点和方式，让云计算产业进入发展快车道。一方面，企业工作模式发生变革，众多云上应用加速普及。借助自动化办公协同平台、企业网盘和在线文档等工具，远程工作的员工能够在线完成业务流程的审批、文件共享与协同编辑，克服办公场地带来的限制，大幅提高了工作效率。而视频会议、电子合同等软件服务则解决了企业与客户间或内部员工之间远程沟通、合同签署等难题。相对于需要长周期现场部署的传统软件，即开即用的云上 SaaS（Software-as-a-Service，软件即服务）在疫情期间得到用户认可和支持，应用比例明显提高。另一方面，市场增量资金快速涌入，云计算各领域发展逐步提速。得益于我国科学、严格的疫情防控，各行各业在 2021 年基本实现全面复工复产。根据国家统计局初步核算，2021 年我国 GDP 同比增长 8.1%，国民经济持续恢复发展。与此同时，来自民间的第三产业投资达 307659 亿元，其中云计算所属的高技术服务业投资增长 7.9%，快于全部投资 3 个百分点。[①] 众多厂商纷纷加码云计算，布局云计算基础设施、核心技术和行业应用市场，促进了云计算产业的快速发展。

① 国家统计局：《中华人民共和国 2021 年国民经济和社会发展统计公报》，2022 年。

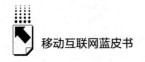

（三）行业应用持续深化，云计算赋能企业转型升级

在政策、经济、技术、市场等多种要素的共同作用下，云计算行业应用在2021年快速铺开，企业数字化转型如火如荼。一是云计算融合新一代数字技术，构建企业数字化转型和智能升级底座。大数据、人工智能、区块链等数字技术依托云计算平台实现了服务化和普惠化，企业IT底座开始向一体化数字基础设施发展。基于云计算的基础平台，一方面实现了企业资源的高效整合，为企业业务创新提供服务支撑；另一方面加速了企业业务与技术的融合，打通内外部业务流程，优化企业业务链和价值链。二是典型行业应用纷纷落地，云计算为企业创造显著经济效益。2021年3月，国资委发布《关于发布2020年国有企业数字化转型典型案例的通知》，30个获选的优秀案例遍布多个行业，均通过深入运用云计算技术构建了系统平台，为企业提高自动化水平和工作效率、实现数据的高价值运营奠定了基础。

二　我国云计算发展现状

（一）市场方面，我国云计算继续保持高速增长

2021年，在全球经济缓慢复苏背景下，我国云计算市场维持长期以来的高速增长。据中国信息通信研究院统计，截至2021年底，我国云计算市场规模已超3000亿元，增速约45%。其中，公有云市场规模达2022亿元，超过私有云市场的千亿规模（见图1），成为当前我国云计算产业增长的主要动力来源。受新冠肺炎疫情刺激，SaaS市场在前一年279亿规模的基础上实现50%以上的增长。PaaS（Platform-as-a-Service，平台即服务）市场虽然整体规模仍然较小，但也正随着数据库、中间件、微服务等服务的日益成熟而收获更多关注，近几年年均增速超过100%。[①]

① 中国信息通信研究院：《云计算白皮书（2021年）》，2021年7月。

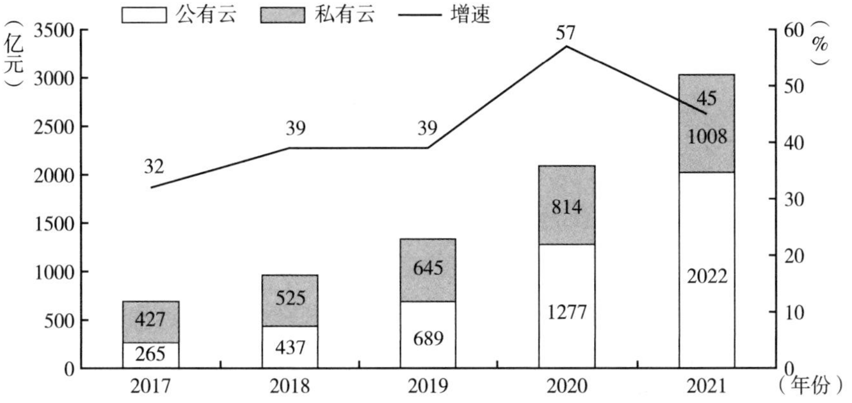

图 1　2017～2021 年中国云计算市场规模情况

资料来源：中国信息通信研究院：《云计算白皮书（2021 年）》，2021 年。

（二）竞争方面，马太效应凸显，呈现“一超多强”格局

国内市场中，阿里云先发优势明显，基于强大的资源和技术储备，在 IaaS（Infrastructure-as-a-Service，基础设施即服务）等细分市场中独占鳌头。腾讯云、华为云、天翼云等一线厂商紧随其后，着力打造个性化品牌优势，移动云、金山云、百度云、联通云等其他部分厂商也在 2021 年加大了云计算领域投资力度，目前正处于快速追赶中。各巨头和头部企业共同占据了国内市场份额的 80%以上①，随着云计算市场的快速发展，竞争态势预计将进一步加剧。

（三）布局方面，厂商持续发力，全球化布局趋势明显

众多云计算企业开始逐步构建全球化资源和算力网络，开启由国内向全球辐射的业务布局。截至 2021 年底，阿里云在全球 25 个地理区域运营 80 个可用区，腾讯云在 27 个地理区域运营 70 个可用区。运营商加速传统数据

① IDC 中国：《中国公有云 IaaS+PaaS 市场前五大厂商市场份额》，2021 年。

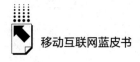

中心的云化转型和资源整合，天翼云数据中心已覆盖全球37个国家和地区，总数超过700个。移动云和联通云则主要分布在国内，分别拥有超过200个数据中心。①

三　2021年我国云计算发展特点

（一）云计算技术不断推陈出新，全面云原生化时代到来

1. 易用性与高效性驱动云计算向云原生演进

云计算市场竞争加剧，驱动业务主动或被动地进行优化升级，主要表现为四点转型需求。一是快速上线：快速响应市场需求，快速开发迭代上线，迭代更敏捷。二是简易上手：更低的心智负担，更简洁便利的使用体验，更高维的服务抽象。三是融合创新：技术融合支撑研运过程，结合研发运营平台探索创新业务，可引入更多元的技术栈。四是成本节省：更极致的弹性，更高效的资源利用，更精确的资源计费粒度。云计算1.0解决了资源供给问题，但对于如何高效发挥云上资源的价值并没有给出答案。照搬云下应用架构显然无法满足业务的四点转型需求，应用的建设需要遵循一套切实可行的方法论，以提升应用效率和易用性为目标，下一代云计算技术——云原生技术应运而生。云原生技术统一了上云的标准路径，回答了怎么用云、怎么用好云的关键问题，有望重塑产业生态，驱动产业颠覆性变革。

2. 垂直行业应用发展迅速，基础设施市场受到资本青睐

国内云原生技术在互联网和金融领域已有深化应用，同时在传统制造、能源以及政务、军工等行业也有一定渗透。中国信息通信研究院调查数据显示，业务云原生化的安全可靠性、迁移的高成本和效果的不可预期是企业选择云原生技术的最大顾虑。而上述行业对于数据和业务的

① 整理自阿里云、腾讯云、天翼云、移动云、联通云官方网站，2022年。

安全稳定要求更高，且大多选择私有云或混合云，大型公有云服务商无法完全覆盖这些领域，因此国内诞生了一批容器云、云原生管理运维、云原生安全等细分领域的企业，并受到资本市场高度关注，融资规模飙升，如表1所示。

表1 2021年中国云原生领域企业融资情况

序号	领域	公司简称	融资轮次	融资金额	融资时间
1	分布式云	PPIO	A1轮	亿元级(RMB)	2021年12月
2	PaaS与云管	博云	E轮	未披露	2021年10月
3	流数据平台	StreamNative	A轮	千万级(USD)	2021年10月
4	云原生安全	小佑科技	A轮	千万级(RMB)	2021年10月
5	数据智能	滴普科技	B轮	亿级(USD)	2021年9月
6	云原生数仓与AI	偶数科技	B+轮	亿元级(RMB)	2021年8月
7	云原生数据库	PingCAP	未披露	十亿级(USD)	2021年7月
8	一站式云原生开发平台	行云创新	B轮	未披露	2021年7月
9	云原生智能运维	听云	D轮	亿元级(RMB)	2021年6月
10	云原生安全	青藤云	C轮	亿元级(RMB)	2021年6月
11	云原生安全	云溪科技	A轮	千万级(RMB)	2021年6月

资料来源：根据公开资料整理。

3. 丰富的互联网环境推动云原生技术快速发展

一方面，我国科技公司加大技术投入，云原生计算基金会（Cloud Native Computing Foundation，CNCF）开源社区核心项目贡献度提升，并引领细分领域技术的创新。CNCF整体贡献度中，我国科技公司打破美国垄断进入前十位，Kubernetes（用于管理云平台中多个主机上的容器化开源应用）项目贡献度仅次于Google（谷歌）、RedHat（红帽），同时我国科技公司贡献并主导了Dargonfly（蜻蜓）、KubeEdge（用于将本机容器化的应用程序编排功能扩展到Edge上主机的开源系统）等新项目。另一方面，阿里云、腾讯云、华为等企业已具备全球竞争力，陆续进入Gartner（信息技术研究分析公司）、Forrester（研究咨询公司）等国际权威咨询机构云原生类竞争分析报告，打破美国企业独占的格局，并进入头部序列。阿里云连续两年入选 Gartner《竞争格局：公有云容器服务》，并于 2021 年与 AWS（亚马逊云科技）并列成为全球容器产品最完善的云服务厂商。Forrester 发布的函数计算相关报告中仅有美国和我国服务商入选。

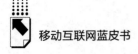

（二）IT 与 CT 深度融合成趋势，云网边一体化程度不断加深

1. 云网边一体化内涵不断深化

随着 5G 网络促使无线接入侧能力大幅提升，边缘侧业务场景逐渐丰富，各类型应用也根据流量大小、位置远近、时延高低等需求对整体部署架构提出了更高的要求，传统上相对独立的云计算资源、网络设施与边缘计算资源不断需要实现云网边一体化协同。云网边一体化布局如图 2 所示。

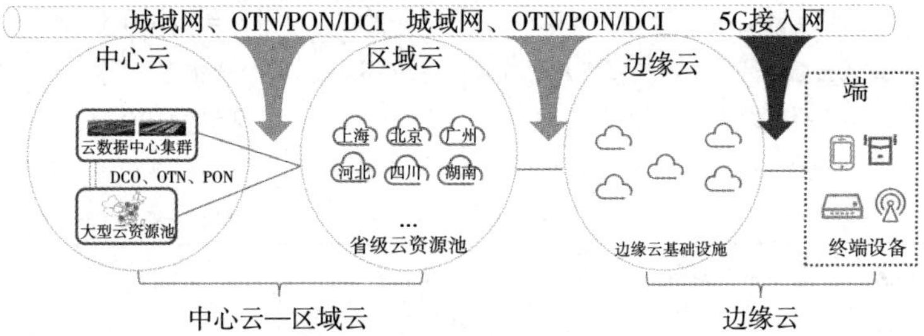

图 2　云网边一体化布局

部署模式方面，云网边一体化可以实现资源的分布式部署。资源的分布式部署是云计算从中心化架构向分布式架构扩展带来的新模式，不同节点的资源在管理和调度方面有所不同，如中心节点进行算力的全局调度，边缘节点进行实时算力的处理等。

计算处理方面，云网边一体化可以满足多样性计算需求。云网边一体化将算力的处理能力进行拓展，深入传统集中式计算处理模式无法覆盖到的边缘应用场景，并通过多种算力基础设施的协同，提供了一种更加全局化的弹性算力资源，为各种计算场景提供有针对性的算力。

服务统一化方面，云、网、边各类服务逐步趋向一体化供给。云网边一体化将边缘计算、云计算以及含广域网在内的各类网络资源深度融合在一起，并根据实际部署位置与应用类型采用集中处理或者分布式调度方法，将原本分散的计算和存储资源、广域网的网络资源进行协同，以服务的形式为用户提供计算、网络、存储等各类资源。

2. 云网融合推进高质量互联互通能力不断提升

云网融合是云计算发展过程中，为满足企业分布于不同云或数据中心的业务系统高质量互联需求而产生的技术模式，同时也是业务发展的新方向。随着上云进程的不断深入，不同云资源池、本地数据中心或企业分支间的高质量互联互通需求愈加扩大，云网融合能力也不断提升。

一是云网融合的开放性不断提升。用户对云网统一管理的能力需求持续增加，要求云服务商专网开放更多的可编程接口，从而实现用户自定义和自动化的云网服务。云专网的开放性在于通过对网元、网络设备的虚拟化来承载功能的软件化处理，使资源可以充分灵活共享。同时网络的虚拟化使网络资源的开放能力大幅度提升，进而满足上层云应用开发及终端对接需求，实现云与网络的统一管理和部署，为承载的业务提供更好的支撑与优化。

二是云网融合充分满足多云混合互联需求。企业的业务需求和技术创新推动云计算部署逐渐从一朵云向多云演进，跨云服务商的多个云资源池互联的能力成为刚需。云网融合提升了多云互联网络的弹性扩展能力和跨网跨域连接能力，解决了多云之间，以及多个异构环境间的互联互通问题，为多云混合互联提供了全新解决方案。

三是云网融合与算力的结合日益紧密。云计算正从单一集中式部署模式向分布式、多层级部署的新模式演进，形成云边端多级架构，使算力分布呈现泛在化的特点，云网融合可以统筹网络状态、用户位置、数据流动等要素，实现对算力资源的统一管理调度，满足低延时、中延时、高延时等不同场景的需要，全面提升算力服务的覆盖范围和调度能力。

3. 云边协同推动分布式云落地实践

分布式云是云计算从单一数据中心向不同物理位置多数据中心部署、从中心化架构向分布式架构扩展带来的新模式。云边协同是分布式云落地实践过程中，满足中心—区域—边缘协同管理，将算力分布到更多边缘应用场景的技术模式，同时也是各行业业务进行数字化转型的新型基础支撑。随着分布式云的不断发展，中心与边缘、边缘与边缘、边缘与终端之间在资源、数据、服务、应用、安全等方面的协同不断增强，云边协同能力也将不断提升。

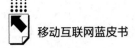

一方面，云边协同全局管理加速计算资源分布式发展。通过在云端搭建云边协同全局管理平台，对边缘计算节点进行统一管理，从资源、数据、服务、应用、安全、运维等方面实现云端与边缘计算节点间的协同，是分布式云模式下计算资源分布式发展的基础。

另一方面，云边数据协同分析和处理提升数据使用效率。边缘设备时刻都在产生海量的数据，随着数据量越来越大、数据种类越来越丰富，融合机器学习、深度学习技术的“云端训练+边缘推理”智能边缘数据分析是大势所趋：边缘侧采集海量数据后，在本地进行清洗预处理后上传至云端，借助云端强大的算力进行 AI 模型训练；云端在完成训练后将模型下发至边缘侧用于本地智能推理决策，提升边缘侧数据分析处理的准确性和效率，保障训练数据集的精准采集和数据预处理质量。

（三）云计算安全边界被打破，零信任定义新一代防护体系

1. 零信任理念突破云计算时代传统安全机制瓶颈

基于安全边界的防护机制难以应对云计算风险挑战。云计算的应用导致企业网络边界模糊，传统的基于网络边界构建信任域的方式面临挑战。一是虚拟机、容器等资源占比提升，要求安全策略随资源粒度细化而细化；二是微服务分布式架构导致内部（东西向）流量增多，传统防护机制侧重内外部（南北向）流量的检测，内部安全缺失；三是多云/混合云传输，资源暴露面增大，被动检测难以抵御海量未知威胁；四是办公类 SaaS 等云服务提升人员接入便捷性，员工通过自有设备（BYOD）远程访问企业资源成为趋势，身份和终端不可控性增多。

零信任理念助力企业云计算防护体系建设。传统防护机制失效的根源是过度信任，零信任理念秉持永不信任、持续验证原则，成为云计算时代防护体系建设的趋势。一是所有访问行为默认不可信，认证和授权通过后才可访问资源，有效阻断东西向流量风险和外部未知威胁；二是基于多源信息持续动态评估，用户身份、终端环境、行为信息等多方面影响信任评估结果，能够有效屏蔽终端和身份存在的潜在问题；三是最小权限原则，对资源的访问控制从虚拟机、容器到应用程序编程接口（Application Programming Interface，API）和数据，按需分配。

2. 零信任能力域助力零信任理念应用落地

一个核心、五个关键构筑零信任能力（见图3）。零信任作为企业IT架构规划的理念和原则，其实践通过多种技术方法和资源的整合，体现为多个领域的功能实现，也就是零信任能力建设。从零信任逻辑架构的关键组成可以看出，零信任能力主要包括六大部分：数字身份为核心能力，对设备、工作负载、人员等所有资源赋予数字身份，并对数字身份进行统一管理、身份认证和权限管理；网络安全能力，零信任安全网关对所有访问行为进行认证和控制，并通过传输加密等方式保证访问通道安全；终端安全能力，对企业终端、BYOD等所有访问终端进行管理，通过获取终端信息、安全状态等多种数据，为零信任多维数据评估提供依据；工作负载安全能力，对云基础设施资源（虚拟机、容器）、应用（应用系统、API、SaaS）等所有被访问资源间的流量进行零信任管控，并保证其处于安全状态；数据保护能力，对云上被访问数据进行分类分级，制定数据层面零信任访问控制策略和多级保护机制；安全管理能力，通过多维信息管理和访问控制策略管理，实现持续动态信任评估。

围绕零信任能力域，供应场景不断丰富。企业在实现零信任架构时，因其业务场景和安全基础不同，对零信任能力域的建设路径存在差异。一是新建所有零信任能力。企业基于云计算从零构建IT时同步建设零信任，或已有安全能力过于薄弱，新建成本优于改造。二是改造和增补部分零信任能力。企业有一定的安全基础，但与零信任要求仍有差距，需结合业务需求，

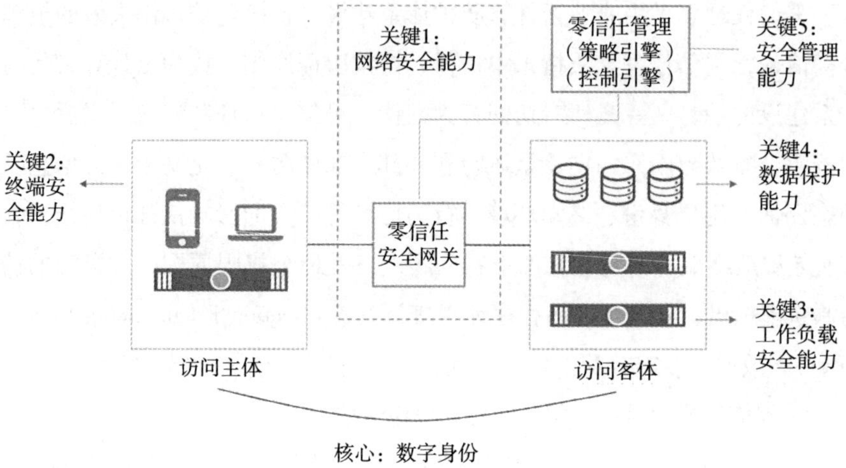

图 3　零信任能力域组成

对已有能力进行改造，并对未具备的方面进行补充。上述路径促使零信任产业供应侧多样化发展，供应商围绕零信任六大能力中的多个和全部，以核心能力作为产品重点，以涵盖能力丰富产品体验，匹配不同用户群体，助力其零信任应用实施。表 2 为我国零信任主要产品在六大能力方面的供应情况，可以看出，用户访问和工作负载访问是产品发展的两条关键路径，身份和网络安全能力供应较为成熟。

表 2　零信任能力供应

企业	产品名称	身份安全	网络安全	工作负载安全	数据保护	终端安全	安全管理
腾讯云计算（北京）有限责任公司	腾讯 iOA 零信任安全管理系统	●	●	○	●	●	●
北京天融信网络安全技术有限公司	天融信零信任安全解决方案	●	●	○	○	●	●
奇安信科技集团股份有限公司	奇安信零信任安全解决方案	●	●	○	●	●	●
绿盟科技集团股份有限公司	绿盟科技零信任安全解决方案	●	●	○	●	●	●

续表

企业	产品名称	身份安全	网络安全	工作负载安全	数据保护	终端安全	安全管理
北京蔷薇灵动科技有限公司	蔷薇灵动蜂巢自适应微隔离安全平台V2.0	●	●	●			○
深信服科技股份有限公司	零信任访问控制系统aTrust/零信任安全办公解决方案	●	●	●	●	●	●
华为云计算技术有限公司	应用信任中心 ATC	●	○	●	○		○
阿里云计算有限公司	办公安全平台 SASE	○	●	●	●	○	●
启明星辰信息技术集团股份有限公司	零信任 SDP、4A 管理平台	●	●	○	○	●	○
成都云山雾隐科技有限公司	端隐 SDP	○	●	○	○	○	
贵州白山云科技股份有限公司	应用可信访问(Access)	●	●	○	○	○	●
新华三技术有限公司	新华三零信任安全解决方案	●	●	○	○	●	○
上海派拉软件股份有限公司	一体化零信任安全平台	●	●	○	○	○	●
浪潮云信息技术股份公司	浪潮云御零信任控制系统	●	○	○	○	○	○
杭州安恒信息技术股份有限公司	AiTrust 零信任解决方案	●	●	○	○	○	●
珠海市一知安全科技有限公司	山河零信任云办公系统	○	●		○	○	○
北京芯盾时代科技有限公司	零信任业务安全平台	●	●	○	●	●	○
北京安天网络安全技术有限公司	智甲云主机安全系统,智甲容器云安全系统,智甲终端防御系统	○	○	●	○	●	○

续表

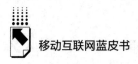

企业	产品名称	身份安全	网络安全	工作负载安全	数据保护	终端安全	安全管理
北京百度网讯科技有限公司	零信任安全解决方案	●	○	○	○	○	○
网宿科技股份有限公司	网宿安达 SecureLink	●	●	○	○	●	●
中国移动通信集团浙江有限公司	浙江移动算力网络 SASE 安全服务	○	○	○	○	○	○
江苏易安联网络技术有限公司	EnSDP 易安联零信任云应用防护平台	●	●	○	○	●	○
北京京东尚科信息技术有限公司	零信任框架	●	○	○	●	○	○
杭州默安科技有限公司	默安 ZTA	●	●	○	○		●
广州赛讯信息技术有限公司	INFOSENSE 零信任网关/SMS 安全控制系统		●	●			
北京指掌易科技有限公司	灵犀 SDP 零信任网关	●	●	○	○	●	●
北京栖安科技有限责任公司	栖安零信任安全访问控制系统	○	●	○	●	●	○
中航金网(北京)子商务有限公司	航空工业商网安全云	●	○	○	○	○	○
甲骨文中国	甲骨文零信任安全解决方案	●			●	○	
中孚信息股份有限公司	零信任安全防护	○	○		○	○	
北京哈希安全科技有限公司	哈希安全云	○	○	○	○	○	○
北京持安科技有限公司	持安零信任解决方案	●	●		○	○	○
北京华瀛安盛科技发展有限公司	华瀛安盛零信任智能安全互联网络	○	●	○		○	○
杭州天谷信息科技有限公司	零信任解决方案	●					

续表

企业	产品名称	身份安全	网络安全	工作负载安全	数据保护	终端安全	安全管理
数篷科技(深圳)有限公司	零信任终端安全工作空间 DACS、零信任应用访问网关 DAAG、增强型零信任安全框架 HyperCloak(凌界)	○	●		●	●	○
思特沃克软件(北京)有限公司	零信任架构安全解决方案	●	●		○	●	○

注：●为核心能力，○为涵盖能力。
资料来源：云计算开源产业联盟：《零信任发展与评估洞察报告》，2021 年。

（四）深度用云加速优化需求，治理能力建设备受关注

1. 企业用云程度加深，上云效益不及预期

企业云计算应用进入深水区，垂直行业典型场景的云计算应用模式和深度正逐步增加。一方面，企业上云应用逐渐由外围系统过渡到核心系统，上云的应用越来越复杂，云架构由基础设施云过渡到应用系统云。在此基础上，越来越多的企业基于云原生落地应用，容器、微服务、服务网格等技术成为企业云上业务快速迭代的关键生产力；另一方面，企业开始拥抱多云混合部署模式，中国信息通信研究院的《中国混合云用户调查报告（2021年）》数据显示，用户平均用云数量达到 4.3 个，企业将应用和数据部署在多云架构上，多云数据治理、多活容灾将成为企业必须考虑的需求。[①] 在此背景下，企业云资源、架构变得越来越壮大，而云运营效果却有待提高。中国信息通信研究院的《中国云使用优化调查报告》数据显示，75%的企业对当前云使用方案满意程度较低，其中 47%的企业认为当前云使用方案效果一般，另外 28%的企业表示当前云使用方案较差。[②] 用云程度的加深使

① 中国信息通信研究院：《中国混合云用户调查报告（2021 年）》，2021 年。
② 云计算开源产业联盟：《中国云使用优化调查报告》，2021 年。

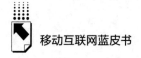

企业面临新的挑战：一是用云成本，如何优化管理；二是云上业务性能如何调优；三是上云后业务与安全如何深度结合。

2. 多云管理成为刚需，优化治理需求显现

企业在长期的发展过程中会累积大量异构 IT 资源，例如不同品牌的网络、计算和存储设备，多种虚拟化环境，多厂商的云服务资源等。上云企业通过管理工具或第三方服务构建多云管理能力可以更好地整合和管理各类异构资源，多云管理已经成为企业云化转型必备的基础能力。但是，面对成本、性能、安全性等多方挑战，云资源的统一运维管理已经无法满足企业云运营的需求，云的优化和治理将成为企业用云的新课题。

云优化治理是建立在云管理基础上的一种更高层次的策略活动。《中国云使用优化调查报告》数据显示，八成以上的调研企业有云优化的需求，其中 24.3%的企业已使用优化服务，38.7%的企业将在未来一年内使用优化服务。[①] 企业云优化治理可以从两个维度展开：一是基于云基础设施资源、数据和应用层面的优化，覆盖企业云架构的 IaaS、PaaS 和 SaaS 资源部署方面；二是对于企业用云全生命周期的成本、安全、流程方面的治理。

3. 成本优化最为迫切，工具能力有待提升

企业云支出浪费严重，云成本亟须优化。Flexera 2021 年云状态报告数据显示，企业上云后平均浪费了 30%的云支出，云成本预算处于失控状态。[②] 早期，企业上云主要关注架构设计、应用和数据的迁移以及云资源的统一管理，对云成本方面的运营缺乏有效的管理，导致企业云成本预算不合理、云资源存在浪费，以及缺乏成本责任相关的制度。《中国云使用优化调查报告》数据显示，95.5%的企业有云成本优化需求，其中 68%的企业需求迫切，大部分企业将在未来一年内使用云成本优化相关的工具或服务。[③]

优化工具或服务尚处于发展阶段。企业优化云成本需要自动化的工具提升效率，目前云成本优化工具可以分为两类，一类是云服务商基于自身云产

① 云计算开源产业联盟：《中国云使用优化调查报告》，2021 年。

② Flexera：《全球企业云状态报告》，2021 年。

③ 云计算开源产业联盟：《中国云使用优化调查报告》，2021 年。

品推出的原生工具，另一类是第三方服务商基于多云管理平台开发的成本优化模块。云服务商深耕自身云产品、服务，对自身资源的监控和治理更完备。第三方工具可以屏蔽底层差异，用来支持不同的云环境。目前，云成本优化工具还处于发展初期，两类工具主要聚焦于对云上资产的监控、发现云环境中的低效率资源及对云账单的管理及分析。随着工具服务能力的完善和标准化，基于工具进行云优化管理将成为未来发展趋势。

四　我国云计算行业应用及典型案例

（一）政务云：为“数字政府”建设提供关键基础设施保障

目前，我国政务云已实现全国31个省级行政区全覆盖。[①] 整体来看，我国政务云的应用和发展呈现以下三个特点：一是逐步走出“跑马圈地”的快速建设期，现阶段的新增项目以已建政务云的扩容建设为主；二是应用成效不断提升，依托云平台有效推动“移动互联网+政务服务”建设，极大地提升了政务服务的便捷性；三是政务云正在成为“数字政府”建设的关键基础设施，在政务云基础设施之上，结合大数据、物联网、人工智能、区块链等新一代数字化技术，为政府公共服务、政府决策和社会治理等各方面的场景化应用提供一体化的技术底座。

长沙市政务云通过打造“我的长沙”APP、数字人民币红包、智慧环保、政务区块链等政务应用，大力开展“移动互联网+政务”建设，切实推进惠民服务、智慧治理、生态宜居、产业经济等各领域的服务建设，让本地市民安全感、获得感、幸福感显著提升；作为较早开展“数字城市”“数字政府”建设的城市，上海以上海市政务云作为载体，将“一网通办”作为其首要目标和任务，让“数据跑路”代替“民众跑路”，基于移动互联网、政务APP的民生服务得到进一步完善。

① 中国信息通信研究院：《云计算发展白皮书（2019年）》，2019年。

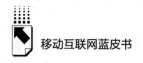

（二）金融云：金融机构数字化转型的关键驱动力

根据中国信息通信研究院《金融云行业趋势研究报告》相关数据，近30%的金融机构受访者认为，云计算将是未来金融数字化实现技术突破的基础能力。[①] 在移动互联网技术、"金融+科技"的趋势推动下，众多金融机构纷纷将数据和应用迁移至云端，利用云计算基础产品与服务能力构建安全可控的一体化云平台，覆盖 IaaS 基础设施、统一云管平台、容器应用平台，以及容灾备份及云安全等多项能力，并在平台之上搭建移动中台、数据中台、AI 中台、业务能力中心等作为支撑体系，极大地提高了业务系统建设和扩展的效率。同时，深化融合大数据、区块链、人工智能、移动互联网技术为自身业务赋能，打造互联网金融服务，推动金融服务的创新，转变经营模式，驱动自身的数字化转型。

某商业银行打造金融云一站式移动研发平台（mPaaS），解决原有研发平台版本更新慢、持续集成与持续部署（Continuous Integration & Continuous Delivery，CI/CD）能力弱、线上应用程序（Application，APP）监控分析能力缺失等痛点，有效支持手机银行、移动支付等各类移动互联网应用和小程序产品的快速研发上线，显著提升研发运营效率；某地方农商行依托金融云底座，沉淀电子合同、光学字符识别（Optical Character Recognition，OCR）、移动支付、智能客服等共性服务组件，面向移动互联网业务开发面向用户和客户经理的微信小程序，实现数字农贷、企业小微贷、个人现金贷等多种金融服务产品的全线上办理、审批和贷后跟踪等服务。

（三）媒体云：通过"云边协同"增强服务能力，提升用户体验

伴随着移动互联网的快速发展以及智能手机、平板电脑等智能终端设备的大面积普及，人们通过碎片化时间获取的信息愈发多元化。相关调查数据显示，目前我国移动互联网用户超过七成的碎片化时间"消耗"在以视频

① 云计算开源产业联盟：《金融云行业趋势研究报告》，2021 年。

直播、短视频、游戏为代表的移动互联网应用中，数媒文娱产业进入爆发增长阶段。[①] 面对每日激增的用户流量，数媒行业依托云边协同实现业务模式的创新，增强服务能力，提升用户体验。

针对视频行业的火爆场景，某短视频服务企业，集成使用云服务商提供的产品化软件开发工具包（Software Development Kit，SDK），通过服务商遍布全国的边缘计算节点以及云端处理能力，实现视频“采集—预处理—编码封装—边缘推流—云端处理—边缘分发—播放”的端到端一站式处理能力，为用户提供高清、流畅、实时互动的用户体验；某游戏开发商通过使用云服务商提供的边缘加速内容分发网络（Content Delivery Network，CDN）节点，实现玩家与游戏服务器之间的访问加速，为全球各区域玩家提供一致、稳定、低延时服务，保障用户体验。

五　我国云计算发展展望

2021 年是“十四五”开局之年，伴随着我国经济的快速回暖，云计算市场获得了更强的增长动力。预计在“新基建”政策影响和数字化转型需求的拉动下，“十四五”期间我国云计算仍将处于快速增长阶段，到 2025 年市场规模有望突破万亿元。立足良好的政策环境和发展基础，我国云计算即将迎来黄金发展期。

一是技术方面，云原生等技术将不断成熟，成为企业 IT 的重要基础。企业将以云原生为基底融合各类信息技术，满足从云上至边缘的多元服务形态和业务需求，通过云原生技术整合和调度人工智能、大数据、区块链等技术服务能力，加速企业业务创新。

二是架构方面，云网边架构将实现一体化融合发展。边缘业务场景将随着 5G、物联网等技术的发展而持续丰富，加深对算力处理、调度等方面能力的需求，推动云网边一体化进程的深化，加快实现资源的分布式部署和全

① 中国信息通信研究院：《云计算发展白皮书（2020 年）》，2020 年。

局化调度。

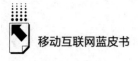

三是服务方面，云服务种类将不断丰富，满足企业多样化需求。在传统基础设施、平台和业务应用服务的基础上，云计算将面向网络安全、数据安全等问题提供各类云安全专项产品，针对管理复杂性等问题提供以多云管理平台为核心的咨询、迁移、管理、优化等延伸服务，结合 5G、人工智能、大数据等数字技术完善服务生态，提供综合性数字化技术服务。

四是赋能方面，云计算将与企业业务深度融合，为数字化转型提供支撑。企业将在一体化云平台的基础上推进相关应用的改造和重构，逐步从外围管理应用的上云过渡到内部核心业务应用，实现企业整体数字化转型发展，为高质量发展提供创新动力。

参考文献

中国信息通信研究院：《云计算白皮书（2021 年）》，2021 年 7 月。

国家统计局：《中华人民共和国 2021 年国民经济和社会发展统计公报》，2022 年。

IDC 中国：《中国公有云 IaaS+PaaS 市场前五大厂商市场份额》，2021 年。

云计算开源产业联盟：《零信任发展与评估洞察报告》，2021 年。

中国信息通信研究院：《云计算发展白皮书（2020 年）》，2020 年。

云计算开源产业联盟：《金融云行业趋势研究报告》，2021 年。

云计算开源产业联盟：《中国云使用优化调查报告》，2021 年。

中国信息通信研究院：《云计算发展白皮书（2019 年）》，2019 年。

B.17

中国智能网联汽车发展现状与展望

李 斌 李宏海 高 剑*

摘 要： 发展智能网联汽车，是改善交通安全状况、缓解道路拥堵、降低能源消耗、减少污染排放的重要手段，更是加快实现交通强国的重要载体。2021年，我国结合具体场景开展的自动驾驶试点应用加速落地，但智能网联汽车高级功能技术应用仍面临不少挑战，环境感知依然是最大短板。相关法规政策呈现更加高效务实的特点，但智能网联汽车驶入道路系统尚未被纳入法律考量范围。网络和数据安全方面，智能网联汽车面临严峻的风险挑战。智能网联汽车将持续推动服务方式升级和交通系统转型。

关键词： 智能网联汽车 环境感知 自动驾驶 交通强国

一 智能网联汽车发展现状

智能网联汽车是搭载先进的车载传感器、控制器、执行器等装置，并融合现代通信与网络技术，实现车与人、路、后台等间的智能信息交换共享，具备复杂的环境感知、智能决策、协同控制和执行等功能，实现安全、舒适、节能、高效行驶，并最终可替代人的操作的新一代汽车。①

---

* 李斌，研究员，工学博士，交通运输部公路科学研究院副院长兼总工程师，长期从事智能交通领域的基础前沿性、工程性以及战略性创新研究；李宏海，交通运输部公路科学研究院自动驾驶行业研发中心副主任、研究员；高剑，交通运输部公路科学研究院智能交通研究中心自动驾驶与智慧公路研究室副主任、副研究员。

① 中国汽车工程学会：《节能与新能源汽车技术路线图 2.0》，2021年。

（一）关键技术研发现状

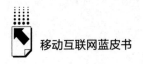

汽车、通信、信息科技等领域企业以应用为导向，加强关键算法和核心零部件研制，自动驾驶研发由前期的概念集成转向更加务实的技术攻关。

1. 环境感知技术

环境感知技术的成熟度直接决定自动驾驶车辆的安全可靠运行。目前，视频、激光雷达、毫米波雷达、超声波雷达是主要的车载环境感知方式。视频成本低，很难获取准确三维信息、受光环境影响大，因此多选用视频与其他感知方式融合的方案。激光雷达能准确获取三维信息，但对速度不敏感、成本较高，近年来华为96线激光雷达技术产品进步很快，价格已降至3000~5000元。毫米波雷达产品（24GHz、77GHz、79GHz等频段）被大量应用于保持车距和倒车。超声波雷达，其探测距离短（最多到10米），已被广泛应用于倒车、泊车。

2. 通信技术

LTE-V2X[①]、5G NR-V2X[②]是目前支撑自动驾驶的主导通信技术。LTE-V2X直连通信端到端时延测试可低至20ms，标准已经基本完善，已经被用于支持实现辅助驾驶，及矿山、港口低速自动驾驶辅助等场景。2020年起，通用、上汽、蔚来等车企推动具备LTE-V2X功能车量产，产业处于规模商用前期。5G NR-V2X的标准尚在制定，产品尚在开发中，面向自动驾驶的端到端时延期望值为5ms，传输可靠性有望达99.999%，可用以全面支持L3级及以上的自动驾驶应用，预计相关通信产品实现市场化应用最早在2025年前后。

3. 地图技术

自动驾驶功能要求地图精度为厘米级、服务响应时间为毫秒级。在我国当前的政策法规框架下，如何创新地图偏转等传统的加密技术，满足高级别

① LTE-V2X：基于4G设计的车联网无线通信技术。

② 5G NR-V2X：基于5G设计的车联网无线通信技术。

自动驾驶需要，依然面临很大的挑战。目前通过激光点云识别、深度学习图像识别采集地图，通过基于大数据处理的自动化验证实现动态高精地图实时更新，存在局部高动态数据缺乏稳定可靠数据源的问题。自动驾驶地图作为导航地图衍生产品，在地图采集、更新等方面，还有一系列政策法规待突破。

4. 定位技术

有研究认为，L3 级别自动驾驶的定位精度误差应控制在 30cm 以内。目前卫星定位导航系统绝对定位精度可达到水平精度、高程精度均为 5m，单纯依靠卫星导航系统不能满足自动驾驶需要。产业界将卫星导航定位系统及高精度定位硬件终端融合来提供解决方案。在隧道等卫星信号遮挡严重场景，通过惯导、伪卫星、UWB（超宽带）等技术手段来辅助解决。北斗地基增强系统站点加密至 30km 每个间距，可达分米级定位精度，且成本可控。但目前更多的是以示范应用为主，规模化应用有待推动。高精度定位尚无通用或专用标准，目前国内主流企业的高精度定位服务以通过 ASPICE（汽车软件过程改进及能力评定）、ISO26262 等车规级认证为目标。基于星地一体的高精度定位技术，将可能成为发展趋势。

5. 测试技术

测试验证是自动驾驶由技术研发走向应用示范的必经环节，目前，已初步形成虚拟测试、封闭场地测试、开放道路测试逐步递进、相辅相成的测试体系。虚拟测试是解决车辆无法短时间内进行充分道路测试问题的有效手段，仿真软件平台、场景库构建是虚拟测试的重要技术。封闭场地测试方面，我国在上海、北京、长沙等地共有 16 家经相关部门认可的国家级自动驾驶测试场地，此外还有多个地方层面的自动驾驶场地。开放道路测试方面，北京、上海、天津、重庆、广州、武汉、长春、深圳、杭州、无锡、长沙等多地出台了道路测试管理规范，开放了城市道路，允许自动驾驶企业开展道路测试，北京市开放了京台高速，允许自动驾驶在高速公路开展测试。

（二）试点应用现状

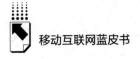

国内创新主体纷纷结合具体场景开展自动驾驶试点应用，创造测试研发环境，加速技术研发，不断探索商业模式。交通运输部组织开展了自动驾驶先导应用试点工程，推进具体场景应用加速落地。

1. 城市客运

我国在城市公交、出租车等方面均有应用探索，北京、上海、广州、武汉、长沙等地已开放载人载物测试。城市公交车方面，百度、宇通、东风、轻舟智航等企业分别在北京、深圳、厦门、长沙、苏州等地在城市道路开展自动驾驶公交的测试运行。受国内法规限制，我国自动驾驶公交车示范运行面向特定人群，并且必须配有驾驶员。出租车运营测试方面，百度、小马智行等企业在北京市开展了自动驾驶出租车试点运营服务，文远智行在广州市部署自动驾驶出租车面向公众开展运营服务，魔门塔在苏州市开展自动驾驶试点运营服务。

2. 物流与配送

物流与配送是自动驾驶应用落地的重要场景，国内外企业围绕干线物流、最后一公里配送等场景开展自动驾驶货运服务应用示范。京东、苏宁、美团等企业纷纷开展了相关的无人驾驶物流货运示范测试。京东、苏宁联合相关车企在高速公路上开展了干线物流无人驾驶货车的研发和示范测试工作。美团、京东等企业在北京、天津、苏州等多个城市开展了城市物流配送道路测试和应用示范。在我国的物流与配送环节，自动驾驶应用示范尚处于小规模的测试应用阶段。

3. 园区内运输

与城市客运、物流和配送相比，园区、机场等相对封闭区域的自动驾驶应用落地因受相关法规限制小，在我国落地应用较早、落地较实，已提供实质性、长期运行服务。百度与金龙合作的“阿波龙”无人巴士于 2018 年实现量产，已在国内北京、雄安，以及国外日本等多地试运营；东风、宇通等企业也纷纷推出智能小巴士，在各地的公园、工业园区等封闭区域开展园区内测试运行，开展载人服务。

4. 特定场景作业

智慧矿山、港口因有具体货物运输需求，有明确的投资运营主体，商业模式则更加清晰，自动驾驶在智慧矿山、港口等特定场景的应用则更加成熟，基本进入实际应用阶段。随着近年来国内智慧矿山的不断推进，慧拓智能、踏歌智行、希迪智驾等自动驾驶企业在内蒙古鄂尔多斯、包头等地矿区进行无人采矿、无人运输的测试。在港口方面，主线科技、图森未来、畅行智能、一汽解放等在天津港、上海洋山港、宁波港开展了无人运输服务测试。

（三）政策法规现状

为推动自动驾驶产业的发展，国务院、相关部委以及各地方政府先后出台了多项政策文件，从顶层设计、技术标准、试点示范等方面大力支持自动驾驶技术及产业发展。

1. 国家层面高度重视

2017 年 7 月，国务院印发《新一代人工智能发展规划》，提出要加强自动驾驶、车联网等技术集成和配套，形成我国自主的自动驾驶平台技术体系和产品总成能力。

2019 年 9 月，中共中央、国务院印发《交通强国建设纲要》，提出加强智能网联汽车（智能汽车、自动驾驶、车路协同）研发；加速交通基础设施网、运输服务网、能源网与信息网络融合发展，构建泛在先进的交通信息基础设施，推动国内自动驾驶产业良性发展。

2020 年，国家发改委推进新型基础设施建设，交通运输部印发《关于推动交通运输领域新型基础设施建设的指导意见》，包括智慧交通基础设施、信息基础设施和创新基础设施等内容，交通运输领域新型基础设施的建设将为自动驾驶发展提供良好的发展基础。

2020 年 12 月，加快推动自动驾驶技术在我国道路交通运输中的发展应用，交通运输部印发《关于促进道路交通自动驾驶技术发展和应用的指导意见》，并于 2021 年 11 月启动了自动驾驶、智能航运先导应用试点工作。

2. 加强跨部门协同

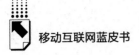

2017 年 12 月 29 日起，工信和信息化部、国家标准化管理委员会、交通运输部、公安部等多部门共同推进国家车联网标准体系建设，主要包括总体要求、电子产品与服务、智能网联汽车、信息通信、车辆智能管理、智能交通等部分。

2018 年 4 月，由工业和信息化部、公安部、交通运输部共同印发《智能网联汽车道路测试管理规范（试行）》，规范中明确了测试主体、测试驾驶人及测试车辆应具备的条件，以及测试申请及审核，测试管理，交通违法和事故处理等内容，为自动驾驶在全国范围内开展公开道路测试奠定了政策基础。2021 年 7 月，工业和信息化部、公安部、交通运输部共同印发《智能网联汽车道路测试与示范应用管理规范（试行）》，旨在推动汽车智能化、网联化技术应用和产业发展，规范智能网联汽车道路测试与示范应用。

2020 年 2 月，国家发改委、中央网信办等十一部委联合印发《智能汽车创新发展战略》，围绕智能汽车技术创新体系、产业生态体系、基础设施体系、法规标准体系、产品监管体系做了任务布局，旨在推进智能汽车的创新发展和产业化进程，支撑汽车强国建设。

3. 地方政府鼓励自动驾驶发展

2017 年以来，我国自动驾驶产业发展迅速，国内各地纷纷开始积极布局自动驾驶。北京市交通委联合公安交管局、经信委等部门，制定发布了《北京市关于加快推进自动驾驶车辆道路测试有关工作的指导意见（试行）》和《北京市自动驾驶车辆道路测试管理实施细则（试行）》两个文件，规范自动驾驶汽车的实际道路测试，开启了我国自动驾驶开放道路测试的先河。

2018 年 3 月，上海市经信委、公安局、交通委联合制定发布《上海市智能网联汽车道路测试管理办法（试行）》，该管理办法的正式实施，将加速推进自动驾驶汽车从研发测试到示范应用和商业化推广转变。重庆市经信委、公安局、交通委、城管委联合发布《重庆市自动驾驶道路测试管理实施细则（试行）》，规范了智能网联汽车上公共道路行驶开展自动驾驶相关科研、定型试验等活动。

在国家政策和地方发展需求的引导下，广州、深圳、武汉、长春、长沙等地方也陆续发了智能网联汽车相关测试规范和细节，推动了我国智能网联汽车道路测试向广度和深度发展。

二　面临的问题和挑战

当前，低级别智能网联汽车功能和封闭环境下的自动驾驶已基本成熟，但支撑高级别，特别是开放环境下的高级功能技术应用，依然面临不少挑战。

技术方面，尽管环境感知技术产品进步很快，但从近年特斯拉、蔚来等公司量产智能网联功能汽车引起的几起事故看，环境感知依然是实现高级别智能网联汽车功能的最大短板。目前多数厂商产品的环境感知功能都依赖基于深度神经网络的机器学习方法，该方法由于过于依赖大样本训练，存在解释性差，容易受到样本欺骗等问题，在场景及事件识别认知的可靠性上已遇到不易跨越的瓶颈；LTE-V2X、5G NR-V2X 是目前支撑智能网联汽车的主导通信技术，但 5G NR-V2X 的标准尚在制定、产品尚在开发中；智能网联汽车功能要求地图精度为厘米级、服务响应时间为毫秒级，但当前在我国，如何创新地图偏转等传统的加密技术，满足高级别智能网联汽车需要，依然面临很大的技术和政策挑战；目前单纯依靠卫星导航系统不能满足自动驾驶需要，且隧道等场景存在卫星信号遮挡严重的问题，虽然已有北斗地基增强系统站点加密的技术路径，但更多的是以示范应用为主，规模化应用有待推动。

政策法规方面，我国智能网联汽车相关法规政策呈现更加高效务实的特点，一方面强政策引导，推动自动驾驶技术产业落地，另一方面强调主体责任，加强产品、数据和网络安全管理，同时细化管理规则、规范测试示范应用活动。然而，我国对智能网联汽车驶入道路系统仍持保守态度，并未将其纳入法律考量范围。特定开放区域和封闭区域内的智能网联汽车应用虽已得到支持，但相关配套政策仍有待完善。地图开放问题有待政策支撑，围绕成熟应用场景的商业运营政策供给不足。

网络和数据安全方面，智能网联汽车面临严峻的风险挑战。据华为统计数据，2020 年智能网联汽车被黑客攻击的次数较 2015 年增长了 20 倍，其中 27.6%的攻击涉及车辆控制。① 特斯拉不断被网络黑客攻击，涉及开锁、鸣笛、刹车等远程控制以及用户隐私外泄。我国面向智能网联汽车的信息安全系列标准仍在布局和研制阶段，工信部门正组织研究编制《汽车信息安全通用技术要求》《车载网关信息安全技术要求》《汽车信息交互系统信息安全技术要求》，旨在技术层面建立分层网络安全防护机制。值得注意的是，低级别和高级别智能网联汽车都需要信息安全监管，建立一套有公信力的网络安全评测体系与测评方法迫在眉睫。

三　智能网联汽车未来发展展望

近年来，世界范围内新技术革命和产业变革持续向前，由此引发生产力、生产方式、生活方式以及经济社会发展格局发生深刻变革，而智能网联汽车正是交通运输、汽车、电子、信息通信等行业深度融合形成的新型技术与产业形态。2019 年党中央、国务院印发的《交通强国建设纲要》明确提出交通装备先进适用、完备可控，形成自主可控完整的产业链等要求。随着单车智能在复杂情况下的局限性愈发显现，智能网联汽车成为创新驱动发展的新路径，将成为交通强国的重要支撑，对交通基础设施、运输服务、运行管理等交通运输系统各供给要素产生重要性变革，成为交通运输领域建设交通强国的关键点。与此同时，我国拥有智能汽车发展的良好战略优势，产业体系完善，关键技术不断突破。随着新一代通信技术不断演进、协同开放的智能网联汽车技术创新体系逐步建立、跨界融合的产业生态体系发展壮大，

① 蔡建永：《智能网联汽车的数字安全和功能安全挑战与思考》，第 11 届中国汽车论坛，上海，2021 年 6 月。

智能网联汽车将提供新一代信息技术的创新应用方向，并加速数字中国、网路强国等发展。在我国大力推动数字经济、科技创新、交通强国等宏观战略布局的背景下，智能网联汽车的发展具备了更广阔、更充沛的发展空间和动力，势必引领交通运输系统数字化、网联化、智能化发展，将颠覆整个交通运输、运载工具及相关产业，将优化国民经济社会产业格局、促进社会现代化发展。

随着 5G/6G、人工智能、大数据、云计算等新一代信息技术不断取得新突破，智能网联汽车的发展与应用也始终保持着良好的发展势头，甚至已经演变成为世界主要国家和地区体现综合实力、抢占技术高地的必争领域。在下一步发展中，将迎来应用场景范围的进一步扩大、产业生态进一步升级、交通系统安全效率进一步提升等良好态势。在中国汽车总体市场已趋于饱和的背景下，电气化、智能化趋势正冲击着传统汽车产业链。全新的电子电气与软件架构下，传统行业正面临着变革与转型。尤其在后疫情时代，智能网联汽车为“无人式服务”和弱势群体出行等提供更多可能性。

随着智能网联汽车的渗透率提高以及示范区的扩大，智能网联汽车规模化铺开，测试问题与软硬件问题将得到一定程度的解决，届时，汽车产业、智能交通产业、数字经济产业、IT 技术产业、供应商、服务商等多个产业将形成全新的生态。在智能网联汽车的诸多潜在效益中，交通系统“安全、便捷、高效、绿色、经济”是其中最为突出的社会效益之一。智能网联汽车将有效提升交通安全性，大幅降低占所有交通事故 90%以上的人为因素比例[①]，从根本上解决交通安全问题。自动驾驶能够提高道路交通效率，有效缩短车辆间的行驶间距，使道路交通基础设施的通行能力得到更充分利用。智能网联汽车能够促进绿色交通发展，消除车辆间行驶速度的差异性，减少车辆行驶过程中刹车和启动次数，使车辆长期保持高速匀速行驶，从而降低车辆行驶过程中的排放和能耗。智能网联汽车能够推动服务方式升级和

① 中国汽车技术研究中心有限公司：《中国汽车安全发展报告（2020）》，社会科学文献出版社，2020。

交通系统转型，形成全新的无人化、智能化、个性化出行服务，建立数据驱动、群体智能、协同高效的交通系统管控能力，促进交通运输系统转型升级。

参考文献

中国汽车工程学会：《节能与新能源汽车技术路线图 2.0》，2021 年。

李克强：《智能网联汽车如何打造中国方案》，《新能源汽车报》2020 年 12 月 14 日。

孙超等：《智能网联汽车产业政策趋势分析及发展思考》，《城市交通》2022 年第 1 期。

交通运输部：《交通运输部关于促进道路交通自动驾驶技术发展和应用的指导意见》（交科技发〔2020〕124 号），2020 年。

中国汽车技术研究中心有限公司：《中国汽车安全发展报告（2020）》，社会科学文献出版社，2020。

B.18

2021年移动网络视听内容行业发展报告

冷 凇　陈瀚颖*

摘　要： 依托于多媒体与移动通信技术手段的进步革新，得益于繁荣社会主义文艺的政策导向，我国移动网络视听形式与内容不断创新演进。2021 年，中国移动网络视听内容整体表现为重大主题视听内容多元丰富、优质网络节目百花齐放、视听表达新思潮新文化生机蓬勃、视听产品充分体现社会关怀。

关键词： 移动网络　网络视听　内容创作

一　移动网络视听内容创作概况

2021 年，网络视听行业迅猛发展，表现出资源赋能下的创作实践的融合化、审美赋能下的影像景观的艺术化、平台赋能下的内容表达的大众化以及科技赋能下的视听体验的前沿化等态势。

（一）资源赋能：融合化的创作新实践

逐步走向世界舞台中央的中国，身负历史文化的厚重积淀，内含马克思主义中国化的坚强理论，其改革探索的过程本身就是一系列精彩动人的故

* 冷凇，博士，中国社会科学院新闻与传播研究所世界传媒研究中心秘书长，研究员，研究方向为视频综艺创意策划与研发、影视跨文化传播；陈瀚颖，中国社会科学院大学新闻传播学院，研究方向为视频内容策划。

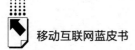

事,[①] 是视听内容可开掘的重要宝库。2021 年，网络视听背靠丰富而优质的中华资源宝库，呈现融合化的创作新实践。其中，文化融合类节目尤其火爆，最引人注目的当属河南卫视推出的“中国节日”系列节目。从《唐宫夜宴》到《洛神赋》，河南卫视重整传统电视台丰富的资源，深入挖掘中华民族和中华文明发祥地的历史文脉，以创新和独创精神创作文艺作品，将民族风格和时尚潮流演绎到极致，燃起电视端口和网络移动端口的人气，赢得优质口碑。

随着文化类节目走红并出现越来越多“爆款”，弘扬中华文化、传播中华文明不仅成为传统电视端的重要任务，也成为移动端网络视听的重要发展方向。各平台积极展开转型，进入结构性调整阶段，主要体现在依托腹地资源，深挖视听内容的贴地性和价值感。爱奇艺推出文化类综艺《登场了！洛阳》，该节目依托河洛文化的强大资源，通过一场跨时空的文化奇旅，让千年古都被更大范围的年轻群体关注，实现了让洛阳走向世界，让世界触摸洛阳。哔哩哔哩联合河南卫视打造的文化类剧情舞蹈节目《舞千年》颠覆过去传统舞蹈类综艺的表现方式，以文化大省河南历朝历代的文博资源和顶级舞团为载体，将舞蹈实景表演与历史故事演绎相结合，带动了舞蹈类节目的革新。纪录片《国家皆可潮》结合各地博物馆资源，带领观众体验新国潮下博物馆的各种“新玩法”。

台网两端的泛文化类综艺节目也步入稳定的产出期，《探世界》《还有诗和远方》《经典咏流传》等节目不仅收获了大量口碑，也进入了新一季的创作阶段。其中，《中国潮音》《鲜师总动员》《拿来吧！小芒》《念念青春》等创新尝试则不断拓宽文化类节目的视野和形式。事实上，对文化、知识类节目的倚重不仅体现在节目主旨上，优酷网综《这！就是街舞 4》挖掘中华文化元素，融合世界街舞艺术，而央视频纪实 vlog 向微综艺《闪闪发光的少年》以民族风、国潮风的节目偏向，解锁新时代“少年榜样”。

---

① 冷淞:《讲好中国故事 提升文化传播力》,《光明日报》(理论版) 2021 年 9 月 23 日。

（二）审美赋能：艺术化的影像新景观

作为社会主义文化的重要组成部分与文化传播的重要载体，新时代网络视听在媒体深度融合的大背景下，在更好地引领新时代主流审美价值上也贡献了突出力量。[①] 越来越多的移动网络视听作品从崇高美、生命美、人文美、劳动美、科技美等多个视角提升内容价值。2021 年，一批艺术性、审美性、思想性上佳且受到市场广泛认可的作品涌现，如网络纪录片《党的女儿》《雕琢岁月》《石榴花开（第二季）》《微光者》，网络电影《血战微山岛》《绿皮火车》《浴血无名川》《扫黑英雄》，网络剧《启航：当风起时》等皆是典型代表。可见，视听内容领域迎来了审美的升维，呈现不断上扬的艺术化影像新景观。

新时代移动网络视听内容的艺术影像新景观，更多地体现在思维表达的与众不同、话语体系中的差异共鸣、风格多样引发的强烈期待，以及对传统和新媒体艺术规律的充分尊重，特别是尊重却不拘泥于“网感”内容，在宏大的叙事内容中融入了个体关怀和人文关怀。如网络纪录片《党的女儿》讲述不同时期的女党员的故事，在表现方式上呈现迥然不同的特性，既运用了插画、沙画等差异化艺术表现形式，又采取情景演绎、交叉叙事、多线一体等叙事手法，通过统一或混搭的风格来表现女性党员故事。这些共同构成这部作品的艺术特色。

在视听内容领域，短视频的审美升维尤为突出。以抖音、快手、西瓜视频、小红书、腾讯微视等为代表的短视频平台，正在构建艺术化影像新景观，拓展了网络影像世界宏阔的精神空间。通过短视频，“崇高美”和“壮美”的结合激发了前所未有的爱国主义精神，重塑了以军人为代表的时代偶像；“劳动美”和“简约美”唤起了人们对乡村的向往和对慢生活的追求，带动了乡村题材短视频的火爆；“奇美”和“绝美”的结合促进了文化与旅游的融合，推动了乡村振兴，悬崖村和洪崖洞就是最好的例

① 汤捷：《网络视听行业：现状、发展与精细化管理》，《青年记者》2021 年第 9 期。

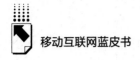

子；“俊美”和“秀美”的结合推动了“颜值经济”的流行，成就了“丁真现象”。[①]

（三）平台赋能：大众化的内容新表达

《第49次〈中国互联网络发展状况统计报告〉》显示，截至2021年12月，我国网民规模达10.32亿，较2020年12月增加4296万，互联网普及率达73.0%。[②] 受益于移动互联网的传播特性，移动网络视听平台已然成为重要的思想文化宣传阵地，也在不断适应和满足人民日益增长的文化需求。网络视听平台正逐渐成为大众表达的新途径，人人都可以在网络移动端诉说想法、展现能力。

短视频经过不断地发展，已然成为一种为社会大众所接受的文化艺术交流工具，社会大众能够通过短视频这一工具分享艺术、欣赏艺术、接近艺术。在参与短视频制作与传播的过程中，人们对艺术的想象力、对表达的热情、对艺术的感知会得到一定程度的激发。凭借平台资源与优势，以抖音为代表的短视频平台为大众提供了分享和创造生活美学的新工具和新空间，不断推动着艺术的下沉表达。2021年，抖音继续推进“DOU艺计划”实施，采取长视频权限、定向流量池和其他激励措施，鼓励艺术家和艺术爱好者积极在平台上创作短视频。普通用户也可发布短视频参与抖音“人人都是艺术家”话题挑战，高质量短视频内容创作者可获得抖音艺术推广官认证。“DOU艺计划”联合主办单位还派出舞蹈、音乐、美术、书法、戏曲等领域的艺术家对创作者进行指导，以确保艺术短视频内容的质量。在普通用户与各领域艺术家的碰撞中，艺术实现了下沉，与日常生活紧密融合，引发了大众化内容新表达的热潮。

---

① 冷淞、陈瀚颖：《高新技术赋能下短视频的审美升维研究》，《视听理论与实践》2021年第4期。

② 中国互联网络信息中心（CNNIC）：《第49次〈中国互联网络发展状况统计报告〉》，2022年2月25日，http://cnnic.cn/gywm/xwzx/rdxw/20172017_7086/202202/t20220225_71725.htm。

（四）科技赋能：前沿化的视听新体验

科技进步与技术创新，是视听内容领域蓬勃发展的巨大推动力。数据和技术正成为移动网络视听行业的核心驱动。2021 年，网络视听行业结合自身优势，顺应信息化、数字化、网络化、智能化的发展浪潮，成为新技术的实验场、应用场。在高新科技赋能下，移动网络视听内容领域呈现前沿化的视听新体验。

随着大数据、人工智能、XR、云原生等技术以及元宇宙、虚拟数字人、NFT 等新型虚拟场景的逐步落地，互联网迈向以新型视听为支撑的交互形态，数字技术对现实世界的一切组成部分进行模拟和重构，真实和虚拟的边界更加模糊。2021 年，哔哩哔哩、爱奇艺、百度、知乎、抖音等互联网平台的主题晚会皆融合应用 AR、MR、XR 等技术，创新舞台、灯光和视效设计，推出《夜航星》《大鱼的天堂》《答案》《千百度》等沉浸式节目。

移动视听技术推动“数字生存”日益成为现实——视听互动创造的沉浸式、实时社交显示强大的生命力，衍生出云表演、云旅游、云游戏、云聊天、虚拟偶像表演等多种形式的云视听样态。例如，爱奇艺推出了“虚拟之城”音乐会，利用影视级 LED 写实化虚拟制作和 XR 技术，打造出一座多维立体的虚拟城市。腾讯、字节跳动等科技巨头加快了元宇宙的布局，这将加速未来数字世界的塑造，为移动网络视听产业开辟新的增长点。

2022 年，以北京冬奥会、杭州亚运会等大型赛事为契机，移动网络视听产业有望进一步推动虚拟视听技术的应用和发展，拓展云广播、智能场馆、自由透视、VR 观看等技术的应用场景，并为用户提供更为“沉浸”“声临其境”的视听体验。

二　移动网络视听内容创作特点

当前，移动网络视听文艺创作生产非常活跃。根据国家广播电视总局监管中心统计数据，2021 年，网络剧全年上线数量达 200 部，重点剧目 188

部；网络电影全年上线531部，分账票房超过1000万元的网络电影有60部；网络综艺（广义）全年上线452部；网络纪录片全年上线377部，海外传播纪录片有14部；网络动画片（广义）全年上线359部，原创动画片有68部。但即便是在流媒体时代，内容为王仍旧是整个视听行业最核心的价值遵循。2021年，移动网络视听平台围绕党和国家大事要事，把握中国共产党建党100周年、辛亥革命爆发110周年、西藏和平解放70周年等重大历史节点，回应现实命题，呈现守正内容与变革创新并重、共性母题与个性样态并立、体量浓缩与质量加码兼顾等特点。

（一）守正内容与变革创新并重

党的十八大以来，习近平总书记深刻把握新的时代特征，提出“守正创新”的明确要求，指引我国社会主义现代化建设开创新的局面。守正，就是守马克思主义之真，举中国特色社会主义之旗，持之以恒地用习近平新时代中国特色社会主义思想武装全党、教育人民，牢牢把握正确的政治方向、舆论导向、价值取向。移动网络视听全部工作都要为守这个“正”而努力。[①] 创新的本质就是一项围绕着固本培元展开的守正任务，它需要紧跟时代步伐，贯彻落实社会发展的科学理念，保持创新发展驱动力，坚持可持续发展，促使传播手段以及话语方式获得创新，奏响社会主旋律，宣传正能量，让主流的思想舆论深入民心，改革发展视听新业态、提高大众网络视听消费能力，加速搭建活力充沛、动力十足的视听新格局。移动网络视听创新发展的同时，如何兼顾“守正”与“创新”是必须面临的问题。2021年，以央视频为代表的移动网络视听平台就给出了优秀答卷。央视频推出以“主播嘉年华　燃情盛夏夜”为主题的大型网络综艺《央young之夏》公演直播。央视总台40余位主播各显神通，群策群力，以古典舞、音乐剧、脱口秀等才艺表演，释放别样风采，获得网友如潮好评。《央young之夏》有欢笑也有泪水，有童年记忆也有崭新面孔，有传统文化也有流行元素，

① 杨烁：《努力推进网络视听高质量发展》，《红旗文稿》2021年第22期。

既是守正创新，也是打破格局，让网络视听内容真正做到从内而外地焕彩出新。

（二）共性母题与个性样态并立

2021 年恰逢中国共产党成立 100 周年，“建党百年”无疑是当年网络视听内容的“共性母题”。围绕这一主题，移动网络视听领域推出一系列各具风格、内容丰富的综合视频、短视频、音频内容。《人民日报》推出以“这百年”为主题的建党百年短视频、新华网推出重磅微视频《复兴·领航》、央广网推出短视频《一颗红星的旅程》，一大批优秀的主旋律短视频作品成为爆款。

2021 年随着疫情进入常态化，移动网络视听平台继续发挥其独特的优势，推出了大量的抗疫主题短视频，积极开展防疫宣传和引导，讲述防疫中的热心故事，增强人民的意志和信心，为打赢疫情防控阻击战提供了源源不断的网络正能量。其中，抗疫 MV《浙世界那么多人》通过暖心的画面与歌曲，展现了浙江全民战疫的决心，一经推出便呈现刷屏效应。

移动端网络综艺主题更加细分，聚焦非遗传承、乡村振兴、都市生活、婚恋情感、女性成长、职场生存等领域，深入中国人生活的方方面面，爆款频出，引发网友热议和深思。《披荆斩棘的哥哥》《萌探探探案》《最后的赢家》《这！就是街舞》《怦然心动 20 岁》《再见爱人》《五十公里桃花坞》《令人心动的 offer3》《哈哈哈哈哈 2》等网络综艺皆有不俗表现。“她综艺”在 2021 年迎来爆发，诞生了《上班了！妈妈》《妈妈，你真好看》《听姐说》《姐妹俱乐部》《了不起的姐姐》等一批突破既定套路、创新着眼于银发女性、职场妈妈、女性演技等方面的综艺节目，话题贴近生活，引发广泛社会共鸣。

2021 年网络电影也有许多新的变化。在题材上，细分赛道成为票房突围的新蓝海，主旋律、硬科幻表现亮眼，形成了清晰的分众类型；在平台布局方面，视频平台形成多形态分账模式，激发内容人的创作热情，并更多参与到内容生产中，形成风格化的内容。

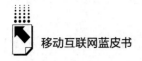

（三）体量浓缩与质量加码兼顾

从电视综艺节目、网络综艺节目、直播综艺节目再到微综艺节目，受益于短视频的火爆，随着渠道更迭和平台的加码，微综艺节目正逐渐打入主流综艺市场，在移动网络视听内容生态中占据一席之地。

2021 年，微综艺百花齐放，除了“爱优腾芒狐”、微博、抖音、快手、西瓜视频、哔哩哔哩等重要玩家外，央视频、淘宝、京东、网易等新玩家接连入局，移动网络视听生态出现了更多质量上乘的爆款微综艺。2021 年，《中国诗词小会 3》延续前两季“小屏轻综艺”“网感年轻态”的特点，用观众喜闻乐见的游戏形式，为中华优秀传统文化注入新的生命力。《国风运动会》在央视频亮相，让观众沉浸式感受传统运动的魅力，成功掀起国风体育的热潮。《定义 2021》《岳努力越幸运》《仅一日可恋》《人间指南》等微综艺作品也颇受好评。

三　移动网络视听内容创作困境与出路

近几年，我国网络视听节目稳健发展，产量与质量不断攀登新高峰，甚至有少数精品节目成功出海，实现节目样式与创作理念的对外输出。但不可忽视的是，当下网络视听独特题材与形态创新后劲不足，视听内容仍存在低俗化、同质化问题，视听行业抄袭侵权风波不断。

（一）移动网络视听内容创作困境

1. 独特题材与形态创新后劲不足

网络视听内容创作除了头部 IP 的影响力亟须突破之外，纯网内容研发能否持续发挥其题材和形态的创新优势，又是一个值得商榷的问题。[①] 网络

① 冷淞：《从“融”到“合”：论电视艺术新媒体化的“四维驱动”》，《现代传播》（中国传媒大学学报）2018 年第 11 期。

视听内容的特色在于它拥有“网感”的传播形态以及丰富的选题内容，它可以在很大程度上使大部分的年轻受众群体的审美需求得到满足，但是当今社会依然存在着对“网感”盲目追求的现象。在实践中，“内容为王”已经被逐渐替换成“用户为王”，碎片化、时尚化、年轻化的各种资讯充斥在互联网空间，而创造情节爆点以及情感痛点成为视听内容的创作追求，这使视听题材的挖掘受到了极大限制，长此以往，网络视听内容的创新效果将大打折扣。以短视频为例，游戏、影视娱乐、明星/名人、汽车、医疗健康5个领域表现最为抢眼，但内容形态创新受限，多以剧情演绎、日常纪实、人设塑造为表现形式，难有新意。

既有的经验是宝贵的财富，有时也会束缚创新的思维。以综艺节目为例，以往中国综艺节目的形态基本上固定于唱歌、跳舞、言谈、游戏、表演等，但其他领域的资源也值得挖掘。工人、农民、商人、士兵、科学、教育、文化、卫生和体育等不同人群和领域的资源对于综艺创作来说都是超级“富矿”。在无限垂直精分的态势下，综艺节目一味求新求奇反而处于本末倒置的境地，因此目前不少国际制作公司也在注重不同视听资源的合理利用和最佳组合，发挥创新题材的最优效果，获取更为广泛的关注。①

2. 视听内容仍存在同质化问题

与电视媒体相比，互联网的传播特点使其更具市场细分的优势。但是在具体实践中，移动网络视听平台往往借助互联网独具特色的技术以及相关受众日益增长的需求，创造出和传统媒体有较大区别的视听内容，这为我国的视听艺术创作提供了更多灵感来源。总而言之，市场依然存在着较为激烈的同质化竞争，或元素相似、题材雷同，或受众定位趋同。移动网络视听平台背后所蕴藏的爆发力有余，但欠缺可持续发展动力，此外，它刚性有余，但是黏性不足等问题同样值得关注、警醒。

网络视听领域同质化问题较为突出地体现在网剧上。市场不断被甜

① 冷淞、王云：《知音寻觅与媒介互鉴：国际视频综艺模式发展前瞻探析》，《中国电视》2020年第12期。

宠剧“填满”，同质化问题加重。《你是我的荣耀》《你是我的城池营垒》《月光变奏曲》《周生如故》《御赐小仵作》等多部作品上榜，占据2021年网剧综合指数榜的“半壁江山”。可以说，从头部内容到腰部、尾部市场几乎被甜宠剧填满。众多甜宠剧扎堆上线，同质化竞争的主要问题也愈加尖锐。虽然有令观众狂嗑CP的《你是我的荣耀》，凭借清流人设出圈的《御赐小仵作》等优质内容，但更多的是在“滔滔洪水”中被冲刷掉的作品。

不可否认，纯网络综艺独具天然的技术优势、受众优势和创新优势，在新媒体时代，甚至拥有与传统媒体影视内容同等的影响力。面对日益激烈的竞争环境，面对不断进化的传统媒体，移动互联网影视内容的升级在所难免，而想在当下的瓶颈之中找到升级之路，则必须在媒体融合的进程中完成一次理性的变通和颠覆。①

3. 视听行业抄袭侵权风波不断

对版权内容进行切分拼接，形成新的短视频内容，再借助算法推荐技术在短视频平台肆意传播，这一现象近年来一直是移动网络视听行业监管的难点、痛点。对于网络时代兴起的新潮文化类传播内容，价值违规的标准模糊不清；对于谣言等有害信息，传播内容真实性不易确认；对于专业视听领域中改革、历史、涉案、医疗等专业性强的题材，需特邀专业领域的学术权威协审。而视听内容侵权行为更难以界定，使钻漏洞的“融梗”“模仿”风气严重。外加侵权申诉与判定流程复杂、耗时较长，对讲求时效与流量的视听内容来说，往往难以追回“被盗版”所造成的损失，以至于许多创作者被迫选择放弃维护自身权益，而这无形中助长了抄袭造假之风。

2021年3月，爱奇艺正式起诉B站，案件涉及侵害作品信息网络传播权纠纷。4月，中国电视艺术交流协会、中国电视剧制作协会等15家协会联合爱奇艺、腾讯视频、优酷、芒果TV、咪咕视频等5家视频平台，和正

① 冷凇：《从“融”到“合”：论电视艺术新媒体化的“四维驱动”》，《现代传播》（中国传媒大学学报）2018年第11期。

午阳光、华策影视、柠萌影视、慈文传媒等53家影视公司发布了《关于保护影视版权的联合声明》。6月，国家版权局等部门着力开展“剑网2021”专项行动，将短视频、体育赛事、网络直播等领域版权保护作为重点任务。截至2021年9月底，各级版权执法监管部门查办网络侵权案件445件，关闭侵权盗版网站（APP）245个，处置删除侵权盗版链接61.83万条，推动网络视频、网络直播、电子商务等相关网络服务商清理各类侵权链接846.75万条，主要短视频平台清理涉东京奥运会赛事节目短视频侵权链接8.04万条。[①]

（二）视听内容创作出路

1.创新着力点：人格化、场景化、垂直化

大众题材向小众题材的视角转换，普通领域向专业领域的垂直精分已然成为生产与布局常态。以观察类节目为例，观察类节目涉及恋爱、婚姻、代际、职场等多元化角度，在极致思维的加持下，明星恋爱、明星婚礼、明星生子、旧爱重逢、即将分手等多面切口、契合时机等点状创意选题成为垂直精分的新态势。芒果TV的观察类节目独树一帜，从《我家那闺女》《女儿们的恋爱》到《妻子的浪漫旅行》《新生日记》，再到《再见爱人》，婚恋题材的观察类综艺被开发到极致。可见，同一题材的多类型细分成为移动端网络综艺发展的大趋势和内容创作的创新着力点。

“苟日新，日日新，又日新”出自《大学》第三章，其强调思想革命与动态革新。在网络视听节目创新与升级的进程中，思想变革是实践中创新突破的先驱，动态革新是创作时价值重构的前提。网络视听节目的模式创新需深谙对抗思维、场景思维、错位思维、代际思维、改变思维、嫁接思维、极致思维、跨屏思维与悬念思维，在思维引领的前提下实现变革出新。在价值重构中，人格化、场景化与垂直化扮演着具体且重要

---

① 国家版权局：《“剑网2021”专项行动取得阶段性成效》，2021年9月28日，https://www.ncac.gov.cn/chinacopyright/contents/12670/355098.shtml。

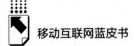

的角色，人格化展现并强化个人魅力，充盈加深节目的内在意味与记忆传播点；场景化让节目整体走出演播室，即刻的情境带来无可比拟的沉浸体验与情感共振；垂直化致力于打造圈层类节目，知音型观众欣喜接受，爆款依存出圈潜质。

2. 监管着力点：规范化、时代化、精细化

2021 年，北京市广播电视局就网络治理这一方面开展了轰轰烈烈的文娱综治“组合拳”，不仅叫停一些偶像养成类网络综艺、“耽改”题材的网络影视剧，而且还成立了清查专项小组，对网络影视剧、短视频、直播等领域进行整改，致力于构建健康、文明的网络文化空间。2021 年 9 月，国家广电总局发布《广播电视和网络视听“十四五”发展规划》。“十四五”发展规划和“十三五”发展规划相比较，在内容表述上有相当大的区别，更加体现了移动网络视听监管需要规范化以及时代化。就内容创作维度而言，“十三五”发展规划主要凸显了“弘扬社会主义核心价值观，提升内容生产和创新能力”；而“十四五”发展规划则是在“十三五”发展规划的基础上，提出要“加强优秀作品创作生产传播，打造反映新时代新气象、讴歌人民新创造的精品力作”，凸显更为积极的参与态度。2021 年 12 月，《网络短视频内容审核标准细则（2021）》由中国网络视听节目服务协会发布，这一细则严格规范短视频节目等，禁止发生“饭圈”乱象以及不良粉丝文化现象等，严禁对流量进行炒作，严格防止无脑追星、炒作明星绯闻丑闻等乱象的发生。此外，还提出“未经授权自行剪切、改编电影、电视剧、网络影视剧等各类视听节目及片段的”以及“引诱教唆公众参与虚拟货币‘挖矿’、交易、炒作的”等内容。① 这一最新发布的细则明确地为各短视频平台一线审核人员的工作做出了更加规范、更加精细的指导，在很大程度上提高了短视频平台对移动网络视听节目的把控程度，使其把关能力及水准有了大幅度的提升，为移动网络视听空间清朗奠定了坚

① 中国网络视听节目服务协会：《网络短视频内容审核标准细则（2021）》，2021 年 12 月 15 日，http：//www. cnsa. cn/art/2021/12/16/art_ 1488_ 27573. html。

实的基础。

习近平总书记指出："网络空间同现实社会一样，既要提倡自由，也要保持秩序。"① 秩序是自由的保障，对移动网络视听内容做出与时俱进的监管引导，营造清朗的网络环境，才能保证视听创作、视听文化蓬勃健康发展。随着移动网络视听内容涌现，以往的监管模式和手段已经不能满足需要，因此亟须调整和改进网络内容监管方式，以规范化、时代化、精细化的监管方法维护网络生态的和谐、促进网络文化健康生长。

四　总结

移动网络视听内容应当坚持以"公益、文化、原创"为创作方向，以"有筋骨、有道德、有温度"为创作标准，坚持追求真实与追求意义并行，善于从中华民族五千年文化资源宝库中获取灵感、精选题材、凝练主题，更多聚焦人民群众的真实生活、审美需求，打造出人民群众喜闻乐见的优秀作品，努力增强人民群众的获得感、幸福感、安全感。沿着这一创作方向，通过创新驱动、高质量的内容制作，2022 年将涌现更多"思想深刻、内容丰富、艺术精湛、形式多样、制作精良"的移动网络视听作品，会营造更好的文化环境。

参考文献

汤捷：《网络视听行业：现状、发展与精细化管理》，《青年记者》2021 年第 9 期。

中国互联网络信息中心（CNNIC）：《第 49 次〈中国互联网络发展状况统计报告〉》，2022 年 2 月 25 日，http：//cnnic. cn/gywm/xwzx/rdxw/20172017_ 7086/202202/t20220225_ 71725. htm。

① 方世南、徐雪闪：《网络意识形态安全中意见领袖作用研究》，《南京师大学报》（社会科学版）2019 年第 1 期。

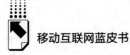

杨烁：《努力推进网络视听高质量发展》，《红旗文稿》2021 年第 22 期。

国家版权局：《“剑网 2021”专项行动取得阶段性成效》，2021 年 9 月 28 日，https：//www. ncac. gov. cn/chinacopyright/contents/12670/355098. shtml。

中国网络视听节目服务协会：《网络短视频内容审核标准细则（2021）》，2021 年 12 月 15 日，http：//www. cnsa. cn/art/2021/12/16/art_ 1488_ 27573. html。

方世南、徐雪闪：《网络意识形态安全中意见领袖作用研究》，《南京师大学报》（社会科学版）2019 年第 1 期。

B.19

移动互联网背景下的智慧博物馆建设

钱晓鸣　刘 凡　谢清青　严金林*

摘　要： 中国博物馆总量已跃居全球第四。新冠肺炎疫情加速了博物馆智慧化建设。智慧博物馆以数字化为基础、智能化为手段、智慧化决策为标志，满足随时随地观看、藏品创意策划展示、互动创新体验、管理降本增效的发展需求。目前，智慧博物馆面临着博物馆数字化以来尚未解决的各种问题，但移动互联网的迅猛发展为智慧博物馆的建设提供了无限想象力。

关键词： 移动互联网　博物馆　智慧博物馆　数字博物馆

博物馆已经成为现代社会人类生活驻足的重要场所。新冠肺炎疫情发生前，中国博物馆年参观人数已经达到12亿人次。博物馆从“物件取向”的思考范式转变为以“人”为中心的价值取向。从咨询到体验，从知识到感受，从物件到故事，博物馆的功能也从单纯的收藏、研究，转向展示、教育与推广，甚至文明建设和发展的众筹平台。移动互联网的发展为博物馆超越物理空间，拓宽服务维度，提供了无法估量的技术支撑。更重要的是，智慧博物馆正在打破博物馆单位内部运转的封闭模式，转向社会众筹运行、发展开放模式。移动设备的突破为博物馆的发展提供了弯道超车的机会与大跨步发展的想象空间，助力博物馆发展向理想方向和范式——智慧博物馆汇聚。

---

* 钱晓鸣，人民网研究院研究员、高级编辑，研究方向为博物馆学；刘凡，博士，武汉纺织大学艺术与设计学院副院长，艺术学理论系主任，教授，研究方向为博物馆学；谢清青，武汉纺织大学艺术理论研究中心助理；严金林，武汉纺织大学艺术理论研究中心助理。

一　中国智慧博物馆建设概况

我国博物馆近年来发展迅猛，到2020年，中国博物馆数量达到5788座，总量已经跃居全球第四。“博物馆藏品从‘十三五’期间统计的4139.2万件套，增加到5127.4万件套，增幅24%。展览的数量由‘十三五’期间的21154个到‘十四五’期间的29596个，增长率高达近40%。全国已经有76%的市县建立起了自己的博物馆，达到平均每25万人拥有一座博物馆的水平，这个比例已高于世界平均水平。2020年全国博物馆文化创意产品开发的种类超过了12.4万种，实际的收入超过了11亿元。”①

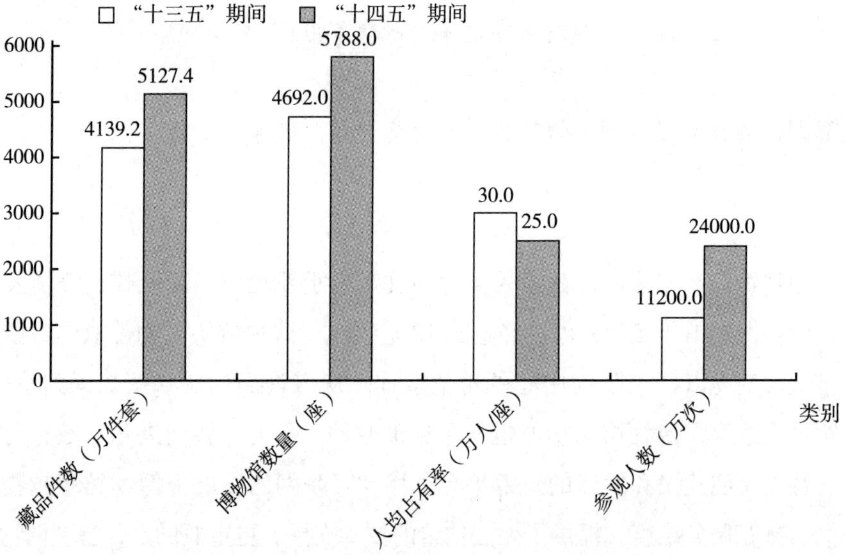

图1　“十三五”与“十四五”期间中国博物馆数据

资料来源：刘曙光：《中国博物馆事业现状与“十四五”发展趋势》，2021年智慧博物馆（美术馆）高级线上研修班，全国文化和旅游干部网络学院，2021年11月。

① 刘曙光：《中国博物馆事业现状与“十四五”发展趋势》，2021年智慧博物馆（美术馆）高级线上研修班，全国文化和旅游干部网络学院，2021年11月。

2020~2021 年全球疫情发生，加速了全球博物馆迈向数字时代的步伐。互联网上的文博文物数字内容呈现爆发式增长趋势。游戏企业的场景开始采用文化遗产数字化的成果，“元宇宙”的出现也促进了博物馆藏品数字化内容的互通共享。“全国被调查的文物数字化比例为 44.11%，其中珍贵文物藏品的数字化比例为 67.82%。而在国外，法国卢浮宫数字化程度高达 75%，大英博物馆文物的数字化比例也近 50%。”① 在移动互联网的推动下，博物馆利用新媒体传播展览、文物信息以及公共教育服务。仅在 2020 年春节期间，各地博物馆就推出了 2000 余项网上展览，涵盖虚拟展览、数字全景展厅、博物馆大数据平台、文物数字化展示等多种类型，总的浏览量超过了 50 亿人次，特别是博物馆网上直播，成为博物馆展示新形态。与国内博物馆线上展览的火爆形成鲜明对比的是，疫情期间全球 8.5 万座博物馆关闭，其中 13%的博物馆面临永久性关闭。5 个月后第二轮调查显示，全球 18%的博物馆关闭。② 由此可见，智慧博物馆为博物馆未来的发展提供了新的思路与方向。

（一）从数字博物馆到智慧博物馆

西方博物馆数字化进程伴随信息技术的发展经历了三个阶段：20 世纪 80 年代至 90 年代中的博物馆资讯标准化和资讯的分享；20 世纪 90 年代以来博物馆典藏的数字化；2000 年至今博物馆与社交媒体的融合促进博物馆的功能不断地向教育转向。与西方博物馆发展相比，国内博物馆数字化发展的时间较短，从 1991 年、1998 年陕西省博物馆和故宫博物院分别成立信息资料部，到 2005~2010 年、2011~2015 年两次全国范围馆藏文物调查，各博物馆相继成立了信息化机构。

2014 年 3 月，国家文物局确定了 7 家博物馆作为国家博物馆藏品智慧

① 魏鹏举：《区块链技术激活数字文化遗产》，http：//www.ce.cn/xwzx/gnsz/gdxw/202112/20/t20211220_37187872.shtml。

② 刘曙光：《中国博物馆事业现状与“十四五”发展趋势》，2021 年智慧博物馆（美术馆）高级线上研修班，全国文化和旅游干部网络学院，2021 年 11 月。

化建设的试点单位，它们是金沙遗址博物馆、甘肃省博物馆、苏州博物馆、内蒙古自治区博物院、四川博物院、广东省博物馆和山西省博物院。[①] 经过建设，这 7 家单位在数字化方面积累了鲜活的实践经验（见表 1）。

表 1　2014 年确定的 7 家博物馆藏品智慧化建设情况

博物馆	藏品件数	藏品图片数量	藏品 3D 建模数量	藏品说明
金沙遗址博物馆	2976	72	0	72
甘肃省博物馆	80000	499	0	499
苏州博物馆	18234	504	66	504
内蒙古自治区博物院	149689	139	0	139
四川博物院	193074	124	0	124
广东省博物馆	185036	1163	415	1163
山西省博物院	526311	335	10	335

资料来源：国家文物局综合行政管理平台（http：//gl. ncha. gov. cn/Industry/Collection-unit，数据截至 2021 年 12 月 11 日）。

党的十九大以来，伴随国家对文博事业进一步的扶植和投入，一些新建的馆院借助后发优势，后来居上。国家博物馆、故宫博物院等国家级大馆先后和地方实力企业合作，迈开了国家级大馆制度化建设的步伐。

（二）我国智慧博物馆发展现状

中国博物馆在没有完全实现数字化和信息化的情况下，就迎来了智慧化建设。这是博物馆全面建设，特别是基础建设实现弯道超车的重大契机。

近年来，博物馆数字化发展势态迅猛，不仅藏品数量极大丰富，改变了传统馆藏格局，而且为博物馆带来新的发展空间。中国文物信息咨询中心拥有 76.7 万处不可移动文物以及 1.08 亿件（套）可移动文物的数据，且每年还在快速增长中，这些内容是博物馆建设的数字化精髓。利用新媒体传播路

① 李华飙、李洋、王若慧：《智慧博物馆建设标准及评价方法的初步研究》，《中国博物馆》2021 年第 1 期。

径，为博物馆的文化交流和传播贡献更大能量。目前在微博上有 2179 个经过认证的政府文博类机构认证账号，每年的阅读总量超过 70 亿次，共发布 4.9 万条文博相关视频，粉丝数量达到 5439 万，有效认证账号超过 2179 万，数据逐年持续增长。①

当前，博物馆建设进入跨领域合作的新常态，博物馆与商业公司以及高校的合作，拓展了文物研究保护和传播新形态。众多互联网领军企业在多个层面与博物馆进行合作，推动探索“互联网+文博”的创新模式。

从与故宫博物院、国家博物馆合作的几家公司来看，智慧博物馆的发展主要体现在终端服务全方位升级，票务服务、藏品与藏品管理数字化，博物馆管理数字化等几个方面。国内服务智慧博物馆建设的注册公司大约有 50 家，较有代表性的如北京分形科技有限公司和腾讯公司。

北京分形科技有限公司为故宫博物院、中国农业博物馆、山西博物院、伪满皇宫博物院等机构提供过智慧博物馆网站建设以及相关解决方案服务，其智慧博物馆建设内容分为馆藏管理系统、媒体资源管理系统、票务检票系统、客户服务系统、OA 一体化系统等（见图 2）。

根据市场上出现的智慧博物馆商业解决方案，智慧服务分为综合管控平台和大数据分析系统。其中综合管控平台包括馆务管理系统、智慧保护平台、智能集成系统、能耗管理系统、设备运维管理系统；大数据分析系统包括博物馆数据和运营商数据（见图 3）。

二　移动互联网背景下智慧博物馆的建设

智慧博物馆是以数字化为基础、智能化为手段、智慧化决策为标志的博物馆的未来发展方向。智慧博物馆应满足随时随地参加、藏品创意展示、互动创新体验、管理降本增效的发展需求。智慧博物馆建设框架如图 4 所示。

① 《2019 文博新媒体发展报告》，2019 文博新媒体论坛。

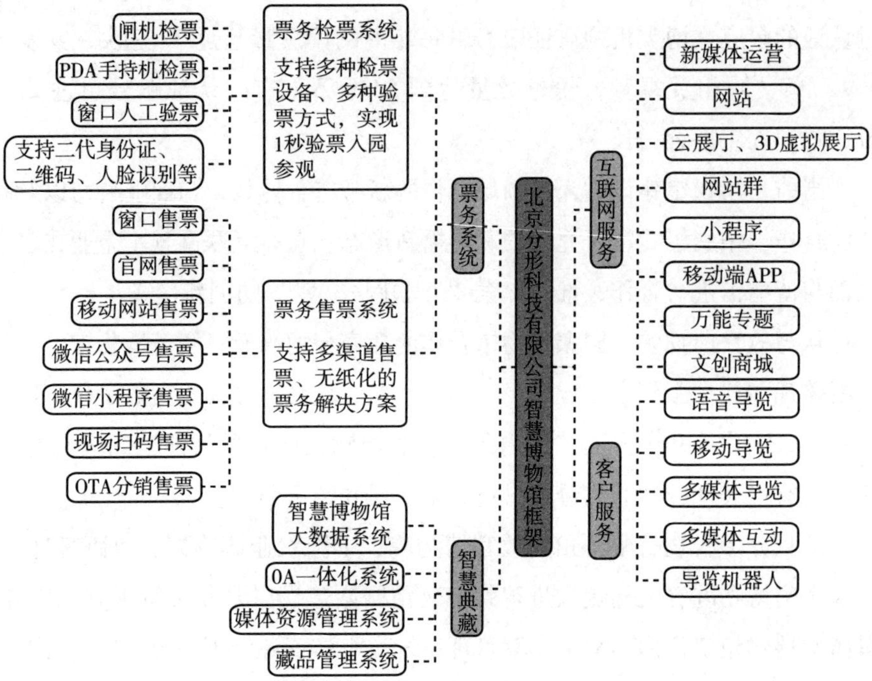

图 2　北京分形科技有限公司智慧博物馆框架

资料来源：根据北京分形科技有限公司网站介绍笔者自绘，http://www.fractal-technology.com/museum.html。

（一）智慧手段

1.底层支持

智慧博物馆依赖物联网、5G、虚拟现实（VR）、大数据、人工智能技术等前沿科技进行搭建。物联网技术利用各类传感器将参观者、藏品、博物馆环境等信息提供给博物馆管理人员，极大地方便了对博物馆众多事务和流程的管理。

时下流行的元宇宙概念囊括了虚拟博物馆的所有要素，诸如虚拟展厅、虚拟展品以及虚拟志愿者，博物馆所有的内容都可以在3D建模和3D扫描技术的支持下在虚拟博物馆中呈现。无论是线上使用、收集观众信

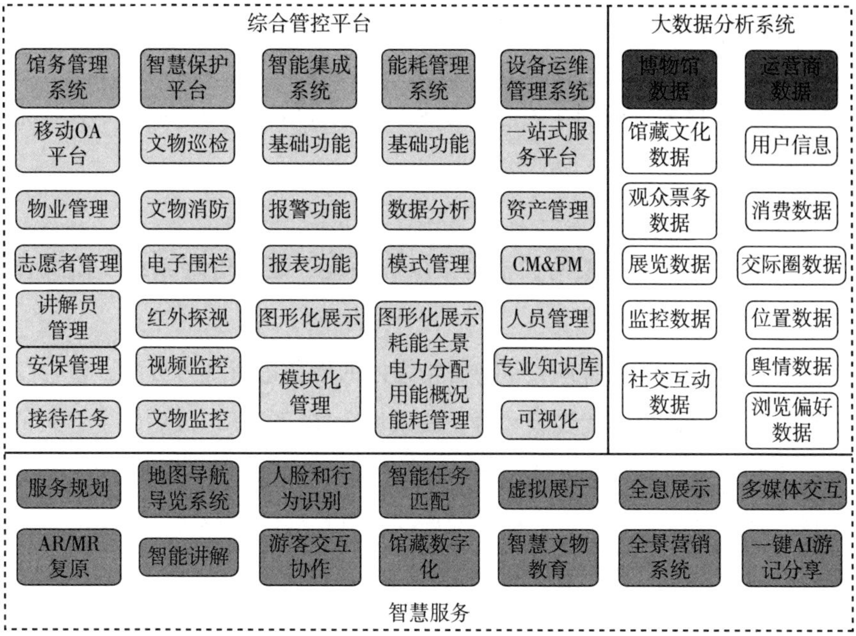

图3　智慧博物馆商业解决方案

资料来源：笔者综合市场出现的智慧博物馆解决方案自绘。

息，网络端进入虚拟博物馆，还是在线下游览博物馆，都可以使用虚拟现实技术给予观众超越感官的体验。此外，增强现实（AR）技术还能够提供智慧引导和智慧查询等服务，观众仅使用手机就能够看到一个非同凡响的电子世界。

2. 应用管理

博物馆智慧化运营涉及三个技术模块：业务管理、数据管理、平台管理。博物馆的业务管理包括安防管理、消防管理、运营调度、停车管理、人员管理等，可以采用智能化的管理程序。数据管理是博物馆对运营中所存储和收集到的各种数据采取的管理方式。数据的内容主要有人员数据、博物馆资产数据、藏品数据、运营监控数据、研究数据等。人员数据包括观众和博物馆人员的相关数据，观众数据实时更新和变化，包括观众对于藏品的评价数据、线下游览数据、通过多终端的线上观看数据等。观众数据对于博物馆优化展览方式和展览内容十分重要。藏品数据是博物馆重要的数字资产，利用3D扫描和高清图像等方式，将藏品数字化并记录藏品的相关属性和意义，可用于线上展示和宣传，同时便于管理人员对藏品状况的准确把握。

3. 体系架构

智慧博物馆的体系架构包括场馆事务系统、藏品管理系统、信息宣传系统。

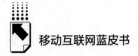

场馆事务系统帮助管理人员对博物馆内的事务进行统筹分配，整合场馆的所有事件种类，根据优先级和时空关系程度进行调度，最后由主管人员进行决策，并下发决策内容到各个岗位人员。

藏品管理系统是一个高效的、标准的、可扩展的开放式系统架构，功能模块可以通过不断更新改造，相互挂靠链接，而不仅仅只是一个电子账本。通过制定藏品入驻信息、声像资源、藏品利用等原数据标准规范，建立关系型和非关系型的产品数据库，对藏品利用过程进行跟踪，如出入库维护、借出、参展等，也可以对藏品进行统计管理。

信息宣传系统是面向观众提供的线上了解博物馆、线下到馆游览的服务系统。观众来馆前的信息咨询和票务预约、到馆后的参观管理、离馆后的报告推送，构成博物馆参观全流程信息服务的闭环。

4. 终端连接

智慧博物馆的终端连接方式包括小程序、手机APP、网页、微信公众号等。观众可以通过博物馆搭建的微信公众号和小程序，查询了解博物馆的最新资讯、展览，进行来馆预约，申请成为会员或志愿者，了解周边其他景点和服务设施，及时把握馆内票务情况；而博物馆获得了到馆观众的客源地、年龄、城市等多方面信息，可为博物馆调整配备资源提供及时、可靠的参考，以更好地优化对观众的服务。抖音和微博在博物馆宣传上有丰富的经验，利用线上直播和活动预告等获得用户群体的关注，同时宣推相关的文创产品，开通文创的线上销售模式。

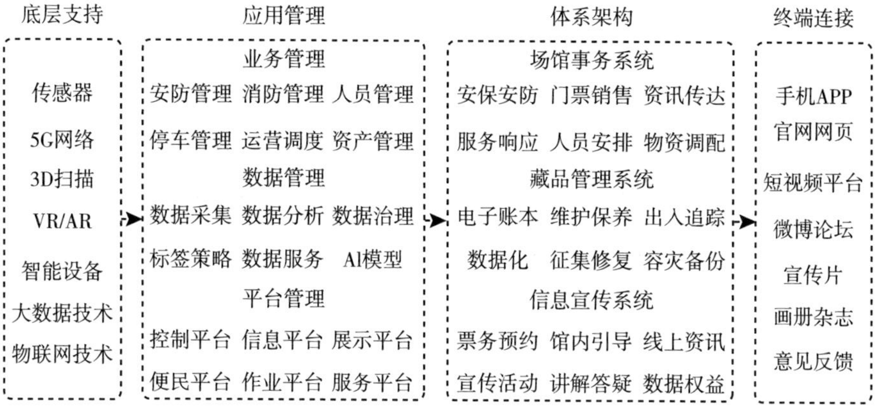

图 4　智慧博物馆建设框架

资料来源：笔者自绘。

（二）智慧策展

智慧展览连通线上和线下的营销传播能力，提供以人为本的观展、参展、办展体验，跨越人和人、人和场景、人和物品之间的时空界限，让展览变得更有温度。传统的策展过程当中，服务项目较为单一，没有从多方面的视角来提供面向多种人群的配套内容，由于信息收集和事项安排烦琐，沟通协调中面临着各种困难。主办方、服务商和博物馆展示方，都有各自的要求，如果策展中各司其职、各自为战，没有整体的协调运作很难实现。智慧策展需要包含一个整体的市场体系，根据各方的特点进行优势运营，构建一个各方统一运作的业务流程，融合各领域的行业标准，调整行业规范，并以新的方式定界。

智慧化的策展方式，指运用科技创新方式将展览的体验形式拓展延伸，由内容来扩展表现形式，由表现形式改进内容的收集。创新的展览方式将构建出不同以往的固有展示形态，能够主动适应不同人群的习惯、不同藏品的宣扬内容，满足新时代信息爆炸背景下人们对于精神文化的新需求。应用最新的数据和智能手段，从搜集信息、解析要求、融合行业数据，到策展、展馆的运营、活动宣传、设计和服务各方面，在全产业链上智能调配各种资源，及时反映各方面的需求，实现智慧化运行和管理。

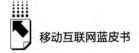

例如，有一些藏品在出土和运输的时候需要专门的保护，在展览当中这种保护更要加强，比如光照、温湿度等条件都可能影响藏品的形态。智慧策展则可以在展览时以数字化的手段重现藏品当时所在的场景，如针对古文物藏品，还原所处朝代的环境氛围，针对古化石藏品则展示还原远古地球环境，让人感受到时空无垠的变化。场景重现的目的是让观众获得从表象到精神的全方位体验，其中应用的相关技术手段包含高清晰投影、3D 投影、声光互动以及智慧讲解等。在展示时利用特制的传感器对观众关注的藏品进行重点研究，获得藏品展示的关注度和观众的喜爱程度信息，在观众无感的情况下进行数据获取，既可以用以改进布展，又不影响观众的体验。

（三）国际比较视野中的中国博物馆藏品数字化建设

中国的智慧博物馆建设，跨越了西方信息化、数字化两个发展阶段，虽说迎来了弯道超车的机会，但藏品数字化建设仍是绕不过的基础性建设。

1. 藏品信息的数字化

最早进行数字化的是敦煌研究院。20 世纪 90 年代初，敦煌研究院就与国内高校合作开展了洞窟数字化工作，2006 年成立了数字中心，2014 年策划了第一场数字展览。经过 30 年的努力已经完成了 229 个洞窟的高精度数字化。加工洞窟整窟图像 156 个，重建洞窟空间结构 143 个，重建三维彩塑 45 座，三维重建 7 处大遗址，完成了 210 个洞窟全景漫游节目制作。①

故宫博物院的数字化建设已有 20 余年时间，目前馆藏展品共有 1863404 件，其中 83004 件已经加入数字文物库②，成为重要的数字资源。这些展品除了线下展示之外，还开通了线上展示平台，可以通过多媒体终端进行数字化展品的浏览和查阅。故宫博物院在 2021 年开展多场线上精品展

① 每日经济新闻，http：//www. nbd. com. cn/articles/2021-04-23/1714166. html，最后访问时间：2021 年 12 月。

② 故宫博物院数字文物库，https：//digicol. dpm. org. cn/，最后访问时间：2021 年 12 月。

览活动，累计线上观展人数达到6.5亿人次，使疫情下的文化传播依旧火热。在“互联网+”的国家战略背景下，故宫博物院乘势而上积极应用新技术，开发了“微故宫”“数字故宫社区”以及手机APP，目标是建设全世界最好的智慧博物馆。

国家博物馆数字化建设顶层设计较为完善，已全面开展了三年建设计划，目前已经在对藏品数字化的基础上开始全面建设馆内“万物互联”，并展开智慧平台建设。

美国史密森尼学会（Smithsonian）拥有全球最大的博物馆系统和研究联合体，目前已有超过300万个2D和3D数字项目。2021年网站访问者达到2.06亿次，YouTube观看次数达3.027亿次，Facebook、Twitter、Instagram粉丝数为1900万人。①

2. 藏品信息的检索

对于博物馆藏品的研究者或一般参观者来说，藏品的检索方式以及相关研究体现了博物馆的数字化程度与水平。下面以故宫博物院和史密森尼学会的检索分类方式和数字化程度为例，分析中美博物馆数字化发展的现状。在故宫博物院官网首页搜索关键字“佛像”，出现3101种结果，其搜索分类有建筑（11个）、藏品（785个）、古籍（59个）、论文（1590个）、人物（20个）、词条（232个）、专题（1个）、资讯（317个）和数字多宝阁（34个）等，除1590篇论文（只有559篇可打开）外，其余分类的结果均可以看到相关记录或介绍，其中藏品基本都有图片和说明文字，古籍有说明和书籍封面等少量图片。作为对比，在全球最大的数字文物库史密森尼学会的Open Access系统中检索关键词“佛像”，共有407种结果，其中网页126个、藏品图像139个、档案0个、3D建模1个、展览0个、故事0个、视频0个等。

史密森尼学会收藏东方艺术品共12000余件，关于“佛像”的搜索结果不多，可能跟其藏品的数量和相关研究能力有关。从两家机构的分类来

① 史密森尼学会网站，https：//www.si.edu/，最后访问时间：2021年12月。

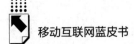

看，虽然思路不一样，但故宫博物院的检索类型划分得更加细致。史密森尼学会将展览和视频列为检索方式，方便查询博物馆做过的相关展览以及关于藏品的视频，这便于使用者了解机构所做的相关展览，检索到的视频也更便于藏品的传播。

三 智慧博物馆的最新拓展方向与面临的挑战

元宇宙是目前火热的发展方向，被称为下一代的互联网，其涉及的领域非常广泛，从社交娱乐到医疗教育都展示了其广阔的发展前景。元宇宙也成为智慧博物馆建设值得探索的方向。

（一）智慧博物馆的“元宇宙化”

将智慧博物馆搬进元宇宙成为富有前景的方向。元宇宙是基于区块链技术和虚拟现实技术的，区块链技术能够对其中的数字内容做独一无二的资产标记，使数字作品具有了经济价值，虚拟现实技术能够带来超越时空界限、物质工具和生理感官的全新观赏方式。

1. 数字藏品的资产赋值

区块链技术能够对数字藏品进行资产赋值。[①] 博物馆的数字化建设已经持续多年，但是其中的数字化藏品能被观众接受和认可的却并不多，一个主要因素就在于数字化藏品通过互联网广泛传播，在大众传播中不具有独特性。往往一些想象出的3D模型能够吸引观众的好奇心理，而文物的数字化对观众来说却与普通建模物品没有太大的区别。以专门的区块链方式对所有藏品进行标记，对数字藏品进行独特性赋能，博物馆将拥有对数字藏品的专属权，不再像以往的数字内容一样被随意地复制粘贴和任意传播。对于观众来说，这种只属于博物馆的内容是对文化的一种探索，可以激发观众的忠诚性和用

① 张立波：《区块链赋能数字文化产业的价值理路与治理模式》，《学术论坛》2021年第44期。

户黏性。同时在藏品的宣传和传播上，数字藏品的拥有权能够控制盗取和非法使用，数字藏品作为一种资产进行交易，可以拓展文物的流通方式。

2. 博物馆的虚拟呈现

虚拟现实技术带来藏品的沉浸式展览方式。智慧博物馆利用虚拟现实技术进行物品展示已经不是什么复杂和新鲜的事，而将智慧博物馆以虚拟现实的方式整体搬到元宇宙世界当中，是下一步发展的重要方向。以往，博物馆将藏品数字化之后，在线上手机终端或者网页端进行藏品的虚拟展示，其应用范围和展示效果有限，观众很难体会到藏品所表现的深层意境，整个展览场景和藏品以及观展的氛围对于展示效果有非常大的影响。将整个博物馆以数字模式虚拟化，通过类似在线游戏的方式，不仅可以展现博物馆场馆、藏品，而且能将工作人员和观众的虚拟化身份实时显示出来。此外，博物馆实地的场景状况，通过物联网和独特性标记同时复刻到虚拟场景当中，可以打破实景与虚景的界限。虚拟现实不是完全虚拟出来的静态世界，而是根据博物馆的实时内容进行动态变化。独特性标记还能够将虚拟世界中的时空位置进行真实模拟，根据场馆的位置以及活动的时间等限制，合理安排虚拟场馆中的观赏角度和人员流量，人们将不再面对广阔而复杂的博物馆内容而不知所措。

（二）智慧博物馆的元宇宙化面临的问题

1. 数字化藏品的管理问题

目前没有一个统一的平台能够对国内所有博物馆的数字藏品进行管理，[①] 例如在区块链技术对数字藏品进行赋能上，不能将所有的数字藏品以相同的区块链方式和收集标准整理，每个地区和博物馆的数字藏品如果以不同的标准进行标记，那么就会导致混乱发生，一个藏品可能有几个标记，藏品的独特性受到质疑。数字化藏品还缺乏一个共同的交流通道，不同博物馆的藏品记录不一致，在研究借调和共同展览的时候需要耗费很多资源进行适配，这

① 刘英娟：《博物馆文物的数字化展示与保护探究》，《收藏与投资》2021 年第 10 期。

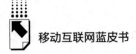

对于传播和科研有不小的阻碍。

2. 虚拟现实建设的硬件问题

要实现场馆和藏品的全部数字化，需要有足够的建模与硬件支持，例如全景摄像头等。元宇宙中的智慧博物馆是智慧博物馆的升级版本，需要根据实际科技硬件的进步推动发展。此外，观众要进入智慧博物馆的元宇宙场景当中，需要有相应的入口设备，当前常见的就是头戴式 VR 设备。博物馆在一定条件下可以研发专用于展览展示的 VR 设备，在参数和性能上做相应优化，以适配展览获得最佳的体验。要实现实景与虚景的实时更新，需要有智能硬件的进一步支持，如智能摄像头和 3D 模型生成设备、定位设备等。这些都需要高额的更新成本，它们将成为博物馆升级中的一大瓶颈。

（三）我国智慧博物馆建设面临的挑战

为了让文物“活起来”，近年来，国内博物馆先后开展智慧博物馆建设，由于中国博物馆学和博物馆管理相对于西方发达国家发展滞后，中国博物馆行业环境，诸如缺乏藏品持续的征集机制，管理小而全，学术研究普遍薄弱。因此，在建设过程中面临以下挑战。

一是智慧博物馆顶层设计的问题。智慧博物馆虽然带给中国博物馆界赶超世界的机会，但由于这个领域从观念到实务运作都在探索之中，因此从国家级博物馆到地方博物馆都在摸索，方向不具体、功能标准不清晰，这在客观上造成了全国范围内的重复探索和浪费。

二是数据的管理与应用问题。虽然数字博物馆的基础建设化还远未完成，但博物馆在日常运维过程中产生海量数据，积累了一些有价值的数据，然而拥有数据不一定意味着拥有数据资产，我国博物馆面临的关键问题是如何将数据转化为数据资产。总体来说，博物馆数据资源分散，缺乏高质量的编目标注信息，加之博物馆各自为政，缺乏统一有效的数据管理系统，数据管理难进而导致了数据利用率低。博物馆大数据建设目标是应用数据管理对数据进行深度挖掘，将数据转变为知识，再从知识升华到智慧。

三是智慧博物馆不断创新的问题。智慧化建设替代不了数字化和信息化，也绝不意味着使用了几个应用系统、完成了几个科技项目就实现了博物馆的智慧化。最终的智慧化是以既有的数据化、信息化的完善和完备为支撑，同时，还要形成标准化的全流程大数据循环采集生产和有效梳理，在分析判断数据的有效机制基础上，真正实现人与大数据融合共享。否则，智慧只能流于概念和理念。

从数字博物馆到智慧博物馆，再到时下热门的元宇宙概念；从顶层设计到绩效考核，从资金支持到具体实施，智慧博物馆均面临着博物馆数字化以来尚未解决的各种问题，但移动互联网的迅猛发展为智慧博物馆的建设提供了无限想象力，也将成为博物馆发展中最强有力的技术支撑。

参考文献

李华飙、李洋、王若慧：《智慧博物馆建设标准及评价方法的初步研究》，《中国博物馆》2021 年第 1 期。

陈孝全：《数据视阈下的博物馆观众问题研究》，《中央民族大学学报》（自然科学版）2021 年第 2 期。

张立波：《区块链赋能数字文化产业的价值理路与治理模式》，《学术论坛》2021 年第 4 期。

刘英娟：《博物馆文物的数字化展示与保护探究》，《收藏与投资》2021 年第 10 期。

专 题 篇

Special Reports

B.20

个人信息保护、利用的现状与问题分析

周净泓　支振锋*

摘　要： 目前我国个人信息保护还存在治理主体权利关系不对等、个人信息保护制度不完善、司法救济渠道不畅通、专项治理前期效果明显但后劲不足等问题。建议明确《个人信息保护法》中仍存争议的问题，细化完善个人信息配套政策规范建设，探索发展公益诉讼救济制度，推进平台责任建设和行业自律发展，深化个人信息的保护与利用。

关键词： 个人信息保护　个人信息利用　平台企业

* 周净泓，传播学博士，北京市社会科学院助理研究员，研究方向为个人信息保护、数据治理、互联网治理；支振锋，法学博士，中国社会科学院法学研究所研究员，博士生导师，研究方向为法治理论、比较政治、网络治理与法治。

一　个人信息利用的现状

（一）个人信息泄露事件仍频发

在数字经济时代，公民的个人信息已成为重要的公共资源和商业资源，特别是随着数据成为基础性生产要素，个人信息的商业价值不断被挖掘释放出来，进而成为逐利者觊觎的对象。在全球高频发生的数据泄露事件中，个人信息成为泄露重点，泄露信息量之庞大、信息种类之众多、泄露渠道之多样、泄露手段之隐蔽，使其成为互联网时代备受瞩目的社会现象。

据不完全统计，仅 2021 年发生的个人信息泄露事件就数不胜数。例如，2021 年央视 3・15 晚会曝光智联招聘、猎聘平台简历给钱就可随意下载，许多针对老年人开发的 APP 不断收集信息；[①] 2021 年 6 月，领英超 7 亿用户数据在暗网被黑客售卖；[②] 2021 年 7 月 4 日，“滴滴出行” APP 因存在严重违法违规收集使用个人信息问题而被下架。[③] 移动互联网 APP 广泛、见缝插针地收集用户的各类信息，一旦相关系统和数据库安全得不到保障，发生数据被盗或泄露事件，便会造成大量用户的个人信息暴露。

（二）个人信息非法交易现实存在

虽然我国已经严令禁止个人信息的非法交易，但是由于利益驱动、个人信息合法交易制度还不完善等，个人信息非法交易的情况大量存在。

一方面，个人信息非法交易已经发展形成了一条分工明确的黑色产业链。在这条黑产业链上，行业“内鬼”、黑客通过盗窃及网络攻击等手段非

① 央视网 3・15 专辑，http：//315. cctv. com。

② 《黑客暗网售卖 7 亿用户数据领英拒承认数据泄露会员面临巨大风险》，https：//new. qq. com/rain/a/20210703A0401500。

③ 《关于下架“滴滴出行” App 的通报》，http：//www. cac. gov. cn/2021-07/04/c_ 1627016782176163. htm。

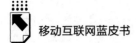

法获取公民个人信息，充当着数据源头；数据掮客对公民个人信息进行“注水”、拼接、转售，充当着产业链的数据中间商；犯罪组织、商业营销、大数据公司等主体购买公民个人信息，充当着产业链中的数据终端。[①] 在个人信息黑色产业交易链中交易的基本都是公民的原始个人信息，没有经过去标识化处理、匿名化或假名化处理。由于个人信息非法交易通常在暗网或黑市进行，具有一定的隐蔽性和不可知性，尚且无法统计其规模。从最近几年广泛存在的网络电信诈骗、净网行动等情况来看，个人信息非法交易的市场规模已十分庞大。根据公安部公布的“净网 2021”专项行动成果，2021 年共侦办侵犯公民个人信息案件 9800 余起，抓获犯罪嫌疑人 1.7 万余名。[②]

另一方面，在制度层面，2009 年，为了打击个人信息非法交易行为，全国人大常委会通过刑法修正案（七），在原来第 253 条的基础上新增“出售或非法提供公民个人信息罪”与“非法获取公民个人信息罪”两项罪名。2015 年，全国人大常委会通过刑法修正案（九），对原刑法第 253 条之一进行修改，将原来的“出售或非法提供公民个人信息罪”修改为“侵犯公民个人信息罪”，并将犯罪主体从特殊主体转变为一般主体。2012 年通过的《全国人民代表大会常务委员会关于加强网络信息保护的决定》第 3 条规定：网络服务提供者和其他企业事业单位及其工作人员对在业务活动中收集的公民个人电子信息必须严格保密，不得泄露、篡改、毁损，不得出售或者非法向他人提供。至此，基本不存在个人信息交易的制度空间。[③]

这种状况持续到 2016 年《网络安全法》的出台才发生一些改变。《网络安全法》第 44 条规定：“任何个人和组织不得窃取或者以其他非法方式获取个人信息，不得非法出售或者非法向他人提供个人信息。”即将禁止行为规定为“非法出售个人信息”，存在可合法出售个人信息的可能性和

① 桂祥：《大数据时代个人信息中间商模式分析》，《上海对外经贸大学学报》2021 年第 1 期。

② 《公安部新闻发布会通报部署全国公安机关开展“净网 2021”专项行动的工作举措和取得的成效等情况》，https://www.mps.gov.cn/n2253534/n2253535/c8329772/content.html。

③ 桂祥：《大数据时代个人信息中间商模式分析》，《上海对外经贸大学学报》2021 年第 1 期。

空间。2020 年《民法典》第 1038 条也规定：“信息处理者不得泄露或者篡改其收集、存储的个人信息；未经自然人同意，不得向他人非法提供其个人信息，但是经过加工无法识别特定个人且不能复原的除外。”而在 2021 年 8 月 20 日通过的《个人信息保护法》第 10 条规定：“任何组织、个人不得非法收集、使用、加工、传输他人个人信息，不得非法买卖、提供或者公开他人个人信息；不得从事危害国家安全、公共利益的个人信息处理活动。”且《个人信息保护法》将匿名化处理后的信息排除在受保护的范围之外。因此，一般来说，在经过自然人同意的情况下，向他人提供个人信息不一定违法，而且去标识化、匿名化后的个人信息出售行为是不需要经过自然人同意的，这为个人信息的交易活动提供了一定的制度空间。但是不管《民法典》还是《个人信息保护法》，对“信息处理者”和“处理”活动的界定都比较笼统模糊，而且个人信息交易的主体、个人信息交易存在哪些环节等问题都没有明确，个人信息交易的模式和机制还需要进一步探索与实践。

（三）生物信息收集使用的合理边界亟须廓清

在 2021 年 3·15 晚会中，中央广播电视总台曝光了科勒卫浴、宝马等多家知名企业门店滥用人脸识别摄像头的问题。这些知名企业门店擅自安装摄像头，未经消费者同意采集人脸信息，并据此来制定针对消费者的营销策略。其中，科勒卫浴在全国上千家门店安装了摄像头，这些摄像头具有人脸识别功能，消费者只要进入任意一家门店，便会在毫不知情的情况下，被摄像头抓取人脸图像并进行处理，以后消费者不论去哪家门店、去几次，都会被科勒卫浴的系统记录。[①]

以人脸识别为代表的生物识别技术已经在我国进行规模化、普遍化的商用。火车站、机场、城市街道广场等公共场所，学校、医院、银行等单位都

---

① 《3·15 晚会曝光丨科勒卫浴、宝马、MaxMara 商店安装人脸识别摄像头，海量人脸信息已被搜集!》，https：//news. cctv. com/2021/03/15/ARTIieo9QjynMSXTVDb224QE210315. shtml? spm = C94212. Ps9fhYPqOdBU. S51378. 9。

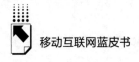

利用生物识别技术来进行签到、身份验证以及监控，生物识别技术使用的场景越来越普遍和广泛，个人生物信息面临被滥用的风险。而生物识别信息具有唯一性、不可逆性和不可更改性，一旦泄露或被滥用，面临巨大的隐私泄露风险和安全风险。

（四）APP 收集使用个人信息问题得到持续改善

得益于个人信息保护相关法律法规和标准规范的逐渐完善以及专项治理行动的持续用力，APP 个人信息保护治理工作取得了一定效果。2021 年，个人信息保护的相关法律法规和标准规范逐渐完善。国家互联网信息办公室、工业和信息化部、公安部、国家市场监督管理总局于 2021 年 3 月共同发布《常见类型移动互联网应用程序必要个人信息范围规定》，对 39 类 APP 必要个人信息的范围进行了明确规定。《个人信息保护法》于 2021 年 8 月 20 日通过，并于 11 月 1 日正式施行。2021 年 11 月，工业和信息化部印发《关于开展信息通信服务感知提升行动的通知》，要求相关企业建立已收集个人信息清单和与第三方共享个人信息清单。北京、浙江、河北、海南等地先后多次开展 APP 违法违规收集使用个人信息专项治理工作，并通报存在违法违规使用个人信息问题的 APP。

APP 个人信息保护治理逐渐形成合力，隐私政策问题得到持续改善，强制收集问题减少，平台内部规则逐渐完善明晰，用户体验得以明显改善。但是，由于移动互联网行业更新迭代速度快，APP 升级换代也已成为常态，新程序、新情况、新问题不断涌现，因此 APP 个人信息保护治理还需不断跟进，持续深入，坚持以人民为中心、以用户为中心，不断完善制度机制，优化治理模式，营造良好的个人信息保护环境。

（五）头部电商平台启动消费者敏感信息保护

为了应对《个人信息保护法》《数据安全法》等法律法规的合规要求，互联网平台启动消费者敏感信息保护方案，以保障平台消费者的个人信息权益，规范平台数据处理活动。2021 年 6 月至 8 月，京东、抖音、淘宝等多家互联网平台相继更新订单信息加密通知及系统升级改造方案，对生态链路的消费者敏感个人信息采取脱敏、加密措施，不再向商家、服务商提供明文的消费者敏感个人信息。例如，淘宝要求入驻其平台的第三方开发者和商家在其后台系统、订单处理系统、仓储管理系统等系统中将涉及的消费者姓名、手机号码、身份证、地址等敏感信息进行脱敏处理。此外，顺丰、菜鸟裹裹、天猫超市等多家快递公司采用“隐形面单”来保护消费者个人信息。未来，电商平台订单处理链路加密或将成为趋势。

平台对订单中的消费者敏感信息进行脱敏处理，可以降低用户信息泄露风险，在不影响电商完成交易的情况下，保障消费者个人信息不被滥用。但这对商家与第三方服务带来更严峻的挑战，其商业逻辑将发生转变，包括与平台解密接口的调整、数字营销策略的改变等。而且，这些措施容易造成下游对上游的依赖，可能助推大型平台对个人信息的垄断，以此不合理利用数据竞争的优势，对商户和用户造成损害，存在不正当竞争或者数据垄断的风险。

二　个人信息保护存在的问题

（一）个人信息治理中主体权利关系不对等

美国《大数据报告》指出：“大数据分析可能导致非常迥异的不公平对峙，特别是对一些弱势群体，或者产生不透明的决策环境，使得个人的自治丧失在一系列无法理解和预知的算法之中。”① 互联网平台企业作为信息处理者，在技术、算法、资本等方面都具有明显的优势，作为信息主体的个体与之相比力量微薄。一是信息极其不对称。互联网企业掌握大规模用户数据和先进的技术优势，追求资本利益的最大化，甚至常常通过隐蔽的技术手段来收集处理用户信息、修改隐私政策、调整产品功能，而用户对此可能毫不

① 吴伟光：《大数据技术下个人数据信息私权保护批判》，《政治与法律》2016 年第 7 期。

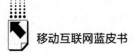

知情。二是能力极其不对等。有一些头部互联网平台企业，通过提供渗透社会生活方方面面的应用服务，逐渐占据绝大多数互联网市场，用户除了使用他们提供的服务别无选择。用户与互联网企业之间的经济地位和市场地位相差悬殊，用户为了使用产品和服务，对互联网企业的各种要求除了“同意”别无选择。此外，与信息主体相比，互联网企业拥有专业的团队，或者可以花大价钱聘请专业人士，一旦发生个人信息侵权事件，个人很难掌握侵犯个人信息权益的关键证据，更不用说通过诉讼来维护自身的权益。以个人微薄之力对抗强大的互联网企业几乎不可能有胜算。

（二）个人信息保护制度尚不完善

《个人信息保护法》的出台和实施是2021年个人信息保护领域的里程碑事件，预示着我国个人信息保护制度完成顶层设计，我国个人信息保护从分散走向统一。《个人信息保护法》共8章74条，在前期相关立法的基础上，进一步明确了个人信息保护应该遵循的基本原则，细化了个人信息处理的规则，规定了个人信息处理活动的权利、义务边界，完善了个人信息保护工作的体制机制，是我国个人信息保护领域划时代的进步。但是《个人信息保护法》作为个人信息保护领域的基础性法律，意味着其条款具有指导性、框架性，其进一步落实落地还依赖于后续细化制度和规范的制定和出台。

（三）司法救济渠道还不畅通

由于信息主体与互联网企业之间力量不对等，通过私力来寻求个人信息保护或者说通过私力来获得救济是难以实现的。而即便是获得司法救济，受害人往往因为烦琐的程序而需要付出大量的时间和精力，不能对恶意侵害事件进行快速和有效的反应。[①] 此外，我国相关的行业自律机制尚未形成，互

① 张平：《大数据时代个人信息保护的立法选择》，《北京大学学报》（哲学社会科学版）2017年第3期。

联网企业具有资本的逐利性，使其为市场决策服务的信息利用思维占据了主导地位。[①] 重利用，轻保护，缺乏内驱力来进行自我管理和自我约束，因此需要加强外部监管来促进互联网企业的内部管理和行业自律。

（四）专项治理前期效果明显但后劲不足

专项治理一般是指相关政府部门依据法律法规的规定，对某类或某个行业突出的社会问题，在较短时间内进行集中快速的行政检查、执法处罚等行动。专项治理的存在有其历史性和现实性，是国家治理制度逻辑的重要组成部分。[②] 针对个人信息保护领域的专项治理包括“隐私条款专项治理”“APP 违法违规收集使用个人信息专项工作”。2017 年 8 月，中央网信办、工信部、公安部、国家标准委等四部门联合开展“个人信息保护提升行动”，启动隐私条款专项治理工作，首批对微信、淘宝等十款网络产品和服务的隐私条款进行了评审。[③] 2019 年 1～12 月，中央网信办、工信部、公安部、国家市场监管总局联合在全国范围内组织开展 APP 违法违规收集使用个人信息专项治理。[④] 2021 年 11 月，工信部下发了《关于开展信息通信服务感知提升行动的通知》，要求相关互联网企业建立包括已收集个人信息清单和与第三方共享个人信息清单的个人信息保护“双清单”。

由于个人信息侵权事件的普遍性和严重性，从社会舆论和民众的反应来看，大家对个人信息专项治理行动呼声很高，也寄予希望。不可否认，网信等部门对移动 APP 处理个人信息的持续治理取得了一些成效，但是没有达到预期。究其原因，主要在于移动 APP 数量巨大而且其更新迭代速度

---

① 邓辉：《我国个人信息保护行政监管的立法选择》，《交大法学》2020 年第 2 期。

② 杨志军：《运动式治理悖论：常态治理的非常规化——基于网络“扫黄打非”运动分析》，《公共行政评论》2015 年第 2 期。

③ 《中央网信办等四部门联合开展隐私条款专项工作》，中央网信办官网，http：//www. cac. gov. cn/2017-08/02/c_ 1121421829. htm。

④ 《中央网信办、工业和信息化部、公安部、市场监管总局关于开展 App 违法违规收集使用个人信息专项治理的公告》，http：//www. cac. gov. cn/2019-01/25/c_ 1124042599. htm。

过快，如果对所有移动 APP 逐一进行整治，需要消耗和花费巨大的执法资源和执法成本，显得不切实际。而执法的滞后性也在一定程度上跟不上移动 APP 的发展变化。[①] 因此，有学者提出要考虑更有效的治理手段和方法，从源头入手，抓住关键环节，通过设置互联网企业平台的“守门人”义务，发挥其对一般移动 APP 的管控作用，实现对移动 APP 处理个人信息的高效治理。[②]

三　我国个人信息保护、利用的建议

（一）处理好《个人信息保护法》中仍存争议的问题

明确《个人信息保护法》与其他法律制度的关系。一方面，处理好《个人信息保护法》与《网络安全法》《数据安全法》的关系。《个人信息保护法》、《网络安全法》和《数据安全法》共同构建起我国数据安全与个人信息保护的立法框架，是我国互联网治理的基础架构。三部法律互相关联但又有所区别，有所侧重。在后续的法治实践中，需要处理好网络、数据、信息，数据处理与信息处理等不同概念的联系和区别。在总体国家安全观的指引下，协调好不同法律之间的适用和实施。[③] 另一方面，要处理好《个人信息保护法》与《民法典》的关系。《个人信息保护法》是一部公法和私法相融合的法律，不仅通过个人信息权利体系和相关的民事诉讼机制来实现对个人信息私法的保护，而且设立专门的监管机构、强制性规范、行政监管手段来实现对个人信息的公法保护。而《民法典》是私法，主要在于调节平等民事主体之间的人身财产关系，将隐私权和个人信息作为人格权来进行保

① 张新宝：《互联网生态“守门人”个人信息保护特别义务设置研究》，《比较法研究》2021 年第 3 期。

② 张新宝：《互联网生态“守门人”个人信息保护特别义务设置研究》，《比较法研究》2021 年第 3 期。

③ 支振锋：《构建数据安全综合治理体系》，《中国党政干部论坛》2021 年第 8 期。

护。从这个角度来看，《个人信息保护法》与《民法典》应该属于两部有交叉关系的平行法律。①

结合个人信息处理实际和司法实践，进一步廓清个人信息概念的边界。《个人信息保护法》这一专门法的出台，意味着其起到全面调整个人信息处理活动的作用。但是《个人信息保护法》还存在着与其他法律法规不统一的情形。比如在个人信息概念的界定上，与《网络安全法》和《民法典》相比，《个人信息保护法》对个人信息的概念范围进行了扩张，具体到企业实践中应该把哪些个人信息包含在内、把哪些信息排除在外、用什么标准和尺度来把握匿名化和去标识化等，都还需要进一步厘清。

发展落实可携带权相关权利制度。《个人信息保护法》第四十五条新设了个人信息可携带权，规定："个人请求将个人信息转移至其指定的个人信息处理者，符合国家网信部门规定条件的，个人信息处理者应当提供转移的途径。"这一规定比较粗放，仅可作为可携带权的原则性规定。至于在实践中，可携带权具体应该怎么操作落实，暂时还没有明确。数据可携带权的最大意义在于打破互联网时代不充分竞争的状态。目前大型互联网平台企业已经形成了足够的竞争优势，占据主要数据市场。如何通过反垄断等手段来平衡不同体量的科技公司的竞争，给初创企业或小微企业以平等竞争的权利，可携带权的实施可能是一种解决方案。接下来，国家网信部门可以从个人信息类型、处理方式、处理目的、平台规模等角度，对可携带权的落实提供配套的制度性立法。另外，可携带权的实施在一定程度上会增加企业合规的成本，对于技术、经济实力有限的企业，可以将可携带权限制在必需的范围内，这减轻了中小企业负担，给企业的生存发展留有空间。

加强不同层级监管机构的协调配合，保障监管标准流程的统一性。我国互联网治理领域的行政执法一直呈现"九龙治水"的状态，网信

① 何渊：《〈个人信息保护法〉亟待解决的十大议题》，澎湃新闻，https：//baijiahao. baidu. com/s? id=1680511039131429053&wfr=spider&for=pc。

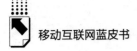

办、国家市场监管总局、工信部、公安部以及教育、医疗、卫生、金融等相关领域的管理部门都负有监管责任，在不同领域联合或分别开展执法，意味着企业在面临合规检查或行政执法时，要面对不同部门设置的不同标准。为了应对合规要求，企业需要设法符合多部门的不同流程规则，增加了成本。

（二）细化完善个人信息配套政策规范建设

进一步明确头部企业与小微企业的认定标准和行为规范。要尽量减轻小微企业的负担，针对小微企业处理敏感个人信息、应用人脸识别等新技术，制定专门的规则标准。进一步明确个人信息跨境提供的具体细则。对个人信息出境规则进行细化，例如对于“过境数据”是否适用《个人信息保护法》，以及境外服务提供者受约束范围等问题，还需结合实践来细化。进一步明确不同权利的边界以及不同条款之间的关系，包括但不限于单独同意与其他合法性基础的关系问题、提供产品与服务所必需与履行合同的关系问题、域外管辖与跨境传输的关系问题、个人权利行使的边界、个人信息违法的行刑衔接与民行衔接问题等。

（三）探索发展公益诉讼救济制度

《个人信息保护法》第七十条规定：“个人信息处理者违反本法规定处理个人信息，侵害众多个人的权益的，人民检察院、法律规定的消费者组织和由国家网信部门确定的组织可以依法向人民法院提起诉讼。”该条款赋予检察机关、消费者组织以及社会团体提起公益诉讼的权利。但该制度如何落实还有待进一步探索与实践。

首先，要明确责任主体的范围。例如，关于提起公益诉讼的消费者组织、社会团体，认定的标准是什么，有哪些组织团体符合要求，哪些社会团体具有民事公益诉讼的资格等，是否可以提供一个可供参考的名录。其次，要明确不同责任主体可以提起诉讼的类型。检察机关不仅可以提起民事公益诉讼，而且可以提起行政公益诉讼来纠正行政机关可能存在的行政违法行为，通过法律监督来制约行政权。[①] 而消费者组织与社会团体可能只能提起民事公益诉讼，并且提起的民事公益诉讼还必须遵照《民事诉讼法》第55条以及民诉法司法解释第284条的规定。《个人信息保护法》作为个人信息的单行立法，其本身涉及民事、刑事、行政等多元法律责任，在公益诉讼制度上应该涵盖行政公益诉讼与民事公益诉讼两类。条文只是一种概括性的原则规定，仅描绘了未来个人信息保护诉讼的初步框架。在具体制度设计上，团体诉讼仍有很大讨论的空间，尤其是社会团体所提起的民事公益诉讼，依旧处于立法论的研究阶段。

另外，在举证责任问题上，也没有相关的明确规定，存在进退维谷的情形。一方面，个人信息泄露会导致事实不确定性现象的产生，技术上无法实现损害的潜在风险之确定，故当事人在举证责任上难以证明侵权要件而常面临败诉的风险；另一方面，若采取举证责任倒置，则会影响信息控制者的商业经营活动，不利于数字经济的发展。[②] 当前的《个人信息保护法》仅是开启团体诉讼制度的第一步，个人信息保护团体诉讼的制度构建与程序完善可谓任重道远。

（四）推进平台责任建设和行业自律发展

互联网平台处于信息流动的关键环节，在互联网生态中扮演着“守门人”的重要角色，必然要承担与其功能定位相对应的社会责任。网络法学家莱斯格教授将代码作为网络治理的四大架构之一，指出代码是可以控制网络空间的工具和秩序。互联网平台作为代码的生成者、管理者、所有者，必然要承担起维护代码秩序的责任。2021年10月，国家市场监管总局发布《互联网平台分类分级指南（征求意见稿）》和《互联网平台落实主体责任指南（征求意见稿）》，对互联网平台的概念和范围进行了规定，并规定网

---

① 薛刚凌：《行政公益诉讼类型化发展研究——以主观诉讼和客观诉讼划分为视角》，《国家检察官学院学报》2021年第2期。

② 阮神裕：《民法典视角下个人信息的侵权法保护——以事实不确定性及其解决为中心》，《法学家》2020年第4期。

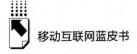

络平台具有保护个人信息和隐私的一般通用责任。互联网平台应不断提高平台内部治理能力，完善平台内部流程和规范，平台内部的个人信息保护意识，营造良好的个人信息和隐私保护环境，把个人信息保护嵌入企业内部管理流程之中，发挥平台的自主性和能动性，提高平台的社会责任感。

另外，要加强平台行业自律和行业监督，增强互联网平台之间技术标准的互操作性，促进互联网平台之间的督促监督，加强前端治理，建立互联网平台企业的行业自律机制，发挥行业协会的桥梁作用和监督作用，推动制定行业自律道德标准与自律准则，探索建立行业自律奖惩机制，构建良好的行业诚信环境。

参考文献

丁晓东：《论数据携带权的属性、影响与中国应用》，《法商研究》2020 年第 1 期。

邓辉：《我国个人信息保护行政监管的立法选择》，《交大法学》2020 年第 2 期。

张新宝：《互联网生态“守门人”个人信息保护特别义务设置研究》，《比较法研究》2021 年第 3 期。

支振锋：《个人信息保护法淬炼大市场价值》，《环球时报》2021 年 5 月 31 日。

B.21

区块链技术应用支撑经济社会发展：进展、特点与路径分析

唐晓丹*

摘　要： 当前，我国区块链技术应用加速发展，公共服务应用成效显著，数字金融应用推动产业升级，商品流通、航运等实体经济应用初具规模。区块链技术应用基础加快夯实，在总体上呈现规模化提升、生态结构丰富完善、技术融合加速等特点。但同时也面临产业支撑能力有待提升、基础能力有待加强、与国外差异化发展路径有待明晰等挑战。

关键词： 区块链　分布式账本　应用基础设施　应用生态

一　区块链技术应用政策环境持续完善

（一）全球主要国家和区域政府加强区块链应用布局

自2008年区块链技术出现以来，多国政府对其由最初的关注和研究，发展到近5年来的重视和扶持。特别是2018年以来，产业的快速发展推动各国政策布局的步伐加快，典型的例子是德国联邦政府、澳大利亚政府分别于2019年、2020年出台国家级的区块链扶持政策文件。总体来看，不管是

* 唐晓丹，博士，中国电子技术标准化研究院高级工程师，主要研究方向为区块链产业生态、公共政策、应用方法及标准化。

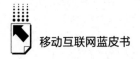

政策文件出台、科技项目资助，还是政府主导的应用和基础设施项目推进，都为区块链技术应用的培育创造了更为有利的条件。

美国国会对区块链的关注程度明显上升。据统计，2021 年第 117 届国会（2021~2023 年）在加密货币、区块链等方向的法案达到 25 个，其中关于区块链协调、创新与监管的法案有 4 个。[①] 2020 年 10 月，美国白宫国家安全委员会发布的《国家关键技术和新兴技术战略》提出的关键和新兴技术就包括区块链技术。美国小型企业创新研究计划和小型企业技术转移计划（SBIR/STTR）已资助数十个区块链技术创新项目，其中资助部门包括美国国防部、美国国家航空和航天局（NASA）、美国国家科学基金会等。

欧盟委员会启动了欧洲区块链伙伴关系，以制定欧盟区块链通用战略；成立了欧盟区块链观察站和论坛，按季度发布趋势报告；启动了欧洲区块链服务基础设施（EBSI）项目，支撑基于区块链的跨境公共服务应用。欧盟委员会与欧洲投资基金设立了 6 个人工智能和区块链基金，总规模达到 7 亿欧元。欧盟地平线 2020 计划已资助了 43 个区块链和分布式账本技术领域的项目，总资助金额达 1.72 亿欧元。[②]

（二）我国政府加强区块链应用扶持与监管

近年来，我国政府不断加大对区块链的支持引导力度。2019 年 10 月 24 日，习近平总书记在中央政治局第十八次集体学习时强调，把区块链作为核心技术自主创新的重要突破口，加快推动区块链技术和产业创新发展。“十四五”规划纲要将区块链作为新兴数字产业之一，提出“以联盟链为重点发展区块链服务平台和金融科技、供应链金融、政务服务等领域应用方案”等要求。2021 年 6 月，工业和信息化部、中央网信办联合发布《关于加快推动区块链技术应用和产业发展的指导意见》，提出区块链赋能实体经济、

① Global Legal Insights，https：//www.globallegalinsights.com/practice-areas/blockchain-laws-and-regulations/02-cryptocurrency-and-blockchain-in-the-117th-congress.

② European Commission，Blockchain in Practice：Promoting blockchain and DLTs in European SMEs，2021.

提升公共服务、夯实产业基础、打造现代产业链、促进融通发展等重点任务，对我国区块链技术应用和产业发展进行了总体规划和部署。2022 年 1 月，中央网信办等十六部门联合公布国家区块链创新应用试点名单，确立了 15 个综合性和 164 个特色领域国家区块链创新应用试点。

为加强对区块链应用的监管，我国相关部门从信息服务、“挖矿”等方面分别出台了相关措施。自 2019 年 2 月《区块链信息服务管理规定》实施以来，至 2022 年 3 月，国家互联网信息办公室已累计发布 1705 项区块链信息服务。① 2021 年 9 月，国家发改委等 11 部门联合发布《关于整治虚拟货币“挖矿”活动的通知》，提出“明确区分‘挖矿’与区块链、大数据、云计算等产业界限”，为区块链产业发展环境优化提供有力指导。

各级地方政府积极推动区块链应用和产业发展，结合当地产业发展基础，制定出台政策措施。根据赛迪区块链研究院统计，截至 2020 年我国各省、自治区、直辖市政府出台支持区块链产业发展的配套政策已达 463 项，其中广东、北京、山东、浙江、上海、江苏等地数量较多；北京、上海、重庆、广州等 25 个省市共出台 32 项区块链专项政策。②

二　区块链技术应用与经济社会各领域融合加深

（一）区块链助力公共服务水平显著提升

当前，公共服务领域已成为区块链应用的热点，在政策逐渐明晰的背景下，相关政府部门加大支持力度，使公共服务领域的区块链应用具有推动速度快、覆盖地域广、成效显著等特点。

国际方面，2016 年前后，英国、爱沙尼亚等国政府就启动区块链在福利金、税收等公共服务领域的试点项目。欧盟委员会联合研究中心（JRC）

① 国家互联网信息办公室，http：//www. cac. gov. cn/。

② 刘权、周泽宇、刘宗媛等：《“十四五”时期中国区块链发展重点及趋势》，《科技与金融》2021 年 6 月。

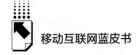

于2019年发布的《数字政府中的区块链》，认为区块链技术未来将在政府机构的政策设计、监管监督以及与公众互动等更多方面发挥作用。欧盟委员会基于欧盟区块链服务基础设施搭建数字身份、学历认证等方面的跨境应用。爱沙尼亚政府借助区块链技术构建“数字国家”，打造数字身份、政务数据共享和电子居民服务等应用。

我国区块链政策导向明确之后，中央和地方政府在区块链助力公共服务创新升级方面的扶持力度进一步加大。在司法存证领域，最高人民法院建设“人民法院司法区块链统一平台”，北京互联网法院、杭州互联网法院、广州互联网法院等均开展了区块链电子存证应用；在电子政务领域，北京市经信局打造“目录区块链”，推进政务数据高效共享；在公积金管理领域，住建部于2021年10月上线基于区块链的全国住房公积金官方小程序，通过区块链、大数据等技术应用构建可信数据环境；在电子招投标领域，广州、珠海等地发起“区块链共享联盟链平台”，链接全国范围内的公共资源交易中心，实现公共资源交易“零跑路、掌上办、随时办”；在房地产登记领域，湖南省娄底市建设基于区块链的不动产区块链信息共享平台，打通不动产登记中心、住建、税务、银行等多个信息通道，简化不动产抵押等业务办理流程；在电子发票领域，国家税务总局深圳市税务局不断深化区块链电子发票的应用推广，实现了“交易即开票、全信息上链、全流程打通”，为深圳市民提供便捷、绿色、现代的发票服务。此外，智慧社区、数字档案、版权、数字身份、学历认证等方面也可见区块链应用于公共服务的成功案例。

（二）区块链全面推动数字金融升级

金融领域是最早的区块链应用领域，同时，区块链也是金融科技的关键技术之一。近年来，区块链在驱动数字金融业务升级中发挥日益重要的作用，并且逐渐下沉到数字金融基础设施，成为培育中小企业的重要技术手段。

在支付领域，目前全球范围内已有超过50个国家或经济体的中央银行开展数字货币研究，美国、英国、法国、加拿大、瑞典、日本、俄罗斯、韩国、新加坡等国央行及欧洲央行以各种形式公布了关于央行数字货币的考虑及计划，有的已开始甚至完成了初步测试,[①] 其中不乏基于区块链技术的方案。我国央行数字人民币设计借鉴了区块链技术思想，并将区块链作为未来数字人民币备选技术之一。Facebook（已更名为 Meta）于 2019~2020 年分别发布数字支付工具 Libra（已更名为 Diem）的 1.0 版和 2.0 版，意图打造基于区块链的全球金融基础设施。

银行业方面，全球规模最大的前 50 家银行均在区块链领域有所布局。[②] 我国银行也纷纷将区块链作为金融科技的关键技术，六大国有银行都开展了一系列区块链应用研究与实践。例如，中国工商银行建设金融区块链技术平台——工银玺链，打造“中欧 e 单通”跨境区块链平台；中国建设银行建设“BCTrade2.0 区块链贸易金融平台”；国家外汇管理局探索利用区块链技术解决跨境融资痛点、难点，联合 14 家银行探索建立全国“跨境金融区块链服务平台”。

（三）区块链赋能实体经济发展逐步实现突破

区块链在实体经济中的应用涉及多个产业领域的产品和服务的高质量管理、企业供应链协同、设备资产管理等，具有巨大发展空间，然而由于很多实体经济现实场景具有较高复杂性，应用的门槛和成本较高，因此实际上区块链在很多领域的探索相对缓慢，较多集中在业务相对简单的场景。相较而言，在工业、农业等产业领域应用发展尚处于较为早期阶段，在物流交通、供应链管理等领域应用更为深入。

在商品流通领域，由电商企业、零售商推动的区块链应用发挥着重要作用，通过整合上下游生产商、物流企业等相关方，提供多品类产品的全流程追溯信息和服务，为商品防伪保真和质量提升提供基础保障。例如，天猫、

---

① 中国人民银行数字人民币研发工作组：《中国数字人民币的研发进展白皮书》，2021 年 7 月。

② 《全球最大的 50 家银行在区块链领域的布局》，点滴科技资讯，https：//www. sohu. com/a/492145096_ 198170。

京东等电商平台通过区块链技术对数以亿计的商品进行溯源，为消费者提供商品生产、供应和质量的关键信息；沃尔玛通过区块链技术对商品溯源，使追溯产品的过程从以往的几天甚至几个星期缩短到了几秒。

在航运业，全球航运企业、港口、物流企业、IT 企业纷纷开展区块链应用探索，行业巨头发起、联合行业上下游成立区块链应用的联盟，并推动基于区块链的行业应用成为重要的区块链应用模式。例如，马士基与 IBM 联合构建基于区块链的供应链平台 TradeLens，使用区块链技术帮助管理和追踪航运文件记录；中远海运于 2021 年 3 月联合航运和港口企业成立了全球航运业网络（GSBN）联盟，并推动基于区块链的无纸化放货平台、“航运提单+贸易单证”区块链平台等应用产品。

三　区块链技术应用基础加快夯实

（一）应用基础技术创新能力稳步提升

区块链诞生于技术极客圈，在概念提出后，其技术创新一直保持高度活跃。目前，已建立了较为完善的技术体系，并且创新成果层出不穷。从专利、学术论文等技术成果增长趋势看，区块链技术正处于高速发展期。

据统计，截至 2020 年底，我国在区块链领域的专利申请数量已超过 3 万项，位居全球第一，超过 4000 家企业参与了区块链专利申请。[①] 我国在区块链领域的授权专利以应用、数据处理与交易等方向为主，占授权专利总量的 80%以上。[②] 在应用专利布局上，金融、商业贸易、交通运输、医疗等区块链应用领域是我国企业布局的热点。

2017 年以来，区块链领域的学术论文等成果大幅增多，特别是区块链与医疗健康、数据隐私保护、能源交易与共识算法、物联网安全等结合方向

---

① 零壹智库：《中国区块链专利数据解读（2020）》，2021 年 3 月。

② 胡海容、石冰琪、周孟蓉：《基于 HHI 指数和 E 指数的我国区块链技术专利集中度测算研究》，《世界科技研究与发展》2021 年第 5 期。

成为研究热点。学术论文方面，国内重点期刊已刊发超过2000篇区块链相关文献，主要聚焦在金融科技、能源交易、数据安全、资源共享、共识机制、数字货币、供应链以及社会治理等方向。①

（二）应用基础平台与开源社区持续成长

开源社区是区块链技术创新和应用培育的重要依托。经过十余年的发展，国际上区块链开源社区已形成较为稳定的格局，例如主要面向联盟链领域的超级账本（Hyperledger）以及面向公有链领域的以太坊（Ethereum）等。超级账本由Linux基金会于2015年发起。截至2021年9月，超级账本共有191个会员单位，已培育Fabric、Sawtooth等16个开源项目，覆盖底层平台、程序库和工具等类型。亚马逊、谷歌、微软、阿里、腾讯、京东、百度、联想、金山等企业的云计算平台都支持基于Fabric的服务。以太坊是最早支持智能合约的区块链开源项目，由以太坊基金会于2013年启动。2017年以太坊企业联盟成立，目前已有超过500家机构加入。国外某风投公司发布的报告显示，以太坊拥有最大的工具、应用和协议生态系统，仍然是最为活跃的区块链开源社区。②

我国已建设自主区块链开源社区，培育了一批开源项目，微众银行、百度、京东等企业建设的若干区块链开源项目，支持了大量区块链应用。FISCO BCOS由微众银行等企业开发建设，截至2020年12月，其开源生态已汇聚超2000家企业机构、超4万名开发者，已有超120个应用在生产环境运营。基于FISCO BCOS的机构间对账平台交易数量达1亿笔以上，司法存证平台存证量达到10亿条以上。③ 智臻链（JD Chain）是京东科技自主研发的区块链底层引擎，已实现单链每秒20000笔交易的吞吐能力，可管理超10亿个账户和千亿数量级的交易记录，基于JD Chain的防伪追溯平台已有

① 周健、张杰、屈冉等：《基于LDA的国内外区块链主题挖掘与演化分析》，《情报杂志》2021年第9期。

② Electric Capital：2021 Developer Report，2022.

③ 唐晓丹、邓小铁、别荣芳主编《区块链应用指南：方法与实践》，电子工业出版社，2021。

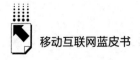

10亿级的追溯数据，1000余家合作品牌商。[①] 超级链（XuperChain）是百度自主研发的区块链底层技术，2020年XuperChain项目累计代码提交660次，全球开发者使用1万次以上，社群人数达1万人，已为百度文库、北京互联网法院等20余家企业、机构及平台提供了区块链底层技术服务与解决方案。[②]

（三）区块链应用基础设施建设加速

区块链基础设施一直是区块链应用发展的重要基础，不管是早期的比特币、以太坊等公有链网络，还是企业级的区块链服务平台，抑或是2019年以来快速发展起来的通用型区块链基础设施，都是区块链基础设施的不同形态。可以说，当前区块链基础设施的发展路径，反映了全球范围内对于区块链的探索进入规模化应用探索的关键阶段。

2019年以来，国际上广受关注的Facebook（更名为Meta）主导的Libra（更名为Diem）、欧盟主导的欧洲区块链服务基础设施（EBSI）等项目都属于通用型区块链基础设施。国内方面，通用基础设施建设步伐持续加速，进展速度超过了同期国际上的区块链基础设施项目。2019年10月，国家信息中心、中国移动、中国银联等单位建设的区块链服务网络正式发布，截至2020年10月，已在全球建立了120余个公共城市节点。[③] 2020年启动的区块链基础设施“星火·链网”由中国信息通信研究院联合北京航空航天大学、中国联通等企事业单位建设，以代表产业数字化转型的工业互联网为主要应用场景，推动区块链的应用发展。

（四）区块链技术应用标准化水平提升

ISO（国际标准化组织）、ITU-T（国际电信联盟电信标准分局）等国际标准组织已推进了一系列区块链标准的立项和研制。截至2021年9月，ISO

---

① 唐晓丹、邓小铁、别荣芳主编《区块链应用指南：方法与实践》，电子工业出版社，2021。

② 唐晓丹、邓小铁、别荣芳主编《区块链应用指南：方法与实践》，电子工业出版社，2021。

③ 区块链服务网络BSN：《2020区块链服务网络BSN年度总结》，2021。

下设的ISO/TC 307（区块链和分布式记账技术委员会）、ISO/TC 68（金融服务技术委员会）、ISO/TC 46（文献与信息技术委员会）等技术组织已立项17项ISO标准，涉及基础、用例、智能合约、数据流动、安全和隐私保护、金融应用等方向，已发布术语、智能合约交互、隐私保护等方面的标准4个。据不完全统计，ITU-T已立项超过30个区块链标准项目，已发布参考架构、安全威胁、评测准则等方面的多个标准。总体上看，已立项的区块链国际标准项目较多集中在基础、应用、数据、测评及安全、隐私与认证等方向，智能合约、互操作、治理、平台及基础设施等方向的标准项目还相对较少。

在国家标准方面，为加快区块链国家标准体系建设，2021年10月，我国成立了全国区块链和分布式记账技术标准化技术委员会（SAC/TC 590）。截至2021年9月，已立项术语、参考架构、智能合约实施规范、存证应用指南等方向的6项国家标准。行业标准方面，截至2021年6月，金融、司法、通信、民政、密码等行业已立项研制数十项行业标准。国家广播电视总局于2021年4月发布了基于区块链的内容审核标准体系及相关行业标准研制计划。团体标准发面，中国电子工业标准化技术协会、中国软件行业协会等相关组织积极推动区块链团体标准研制和发布。截至2022年1月，在全国团体标准信息平台上公开发布的区块链团体标准已达71项。[①]

四 区块链技术应用发展特点分析

（一）优势应用深耕促进规模化提升

不同于早期区块链应用多呈现企业级试点验证的形态，目前各行业的区块链应用从联盟规模、网络规模、用户规模、交易规模到数据规模都有明显发展。特别是一些政府部门、行业龙头企业等推动的区块链行业应用，能够在短期内形成一定规模的应用生态，有利于培育规模化、社会经济效益更为

① 全国团体标准信息平台数据。

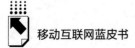

显著的区块链应用。例如，广东、澳门两地政府推进的基于区块链技术的粤澳健康码互转互认应用，可以在后台无须互联的情况下实现自动转码，截至2021年2月，已服务超5800万人次通关；深圳市区块链电子发票系统上线三年以来，累计开票超5800万张，日均开票超12万张，累计开票金额近800亿元；中国建设银行于2017年起在贸易融资领域开展区块链应用探索，截至2021年上半年，已有70多家同业机构加入福费廷、保理、国内信用证等业务生态，交易额近9000亿元。[①] 工业和信息化部、中央网络安全和信息化委员会办公室《关于加快推动区块链技术应用和产业发展的指导意见》中提出“建设一批行业级联盟链，加大应用推广力度，打造一批技术先进、带动效应强的区块链‘名品’”的要求，培育规模化的区块链应用已成为当前区块链技术应用和产业发展的关键任务，也是下一阶段区块链技术进一步释放价值的关键。

（二）应用生态结构持续丰富完善

根据区块链应用生态系统模型，区块链应用生态可以分为环境、组织、信息系统三个维度（见图1）。从现阶段区块链应用发展情况来看，应用的相关方进一步细化和丰富，应用生态系统在结构上已经基本发展完善。环境维度方面，共识机制、智能合约、数据存储、跨链等区块链关键技术发展迅速，能够支撑更多应用场景和应用产品的实现；区块链应用基础设施建设加快，为各行业应用快速部署提供基础条件；区块链政策不断推出，为新技术新应用培育提供充分支持；区块链监管法规体系初步建立，为行业肃清发展障碍；技术标准加快研制推出，助力区块链应用设计、开发和运营提升规范化和互操作性。组织维度方面，区块链技术逐渐为大众所接受，为其应用提供了更大的用户基础；各行业龙头企业纷纷在自身专长的领域打造和运营区块链行业应用；培育了一批面向各行业的区块链应用开发方、技术提供方企

① 《“区块链贸易融资生态”应用案例发布》，证券日报网，http://www.zqrb.cn/jrjg/hlwjr/2021-06-29/A1624959495440.html。

业；应用基础设施提供方成长迅速，成为一支重要的产业力量；面向区块链应用的测试、评价、咨询等第三方服务逐渐发展丰富。在信息系统维度，区块链应用产品和服务种类更加丰富，与其他业务系统之间关联更加紧密，对业务发展的支撑作用进一步凸显。

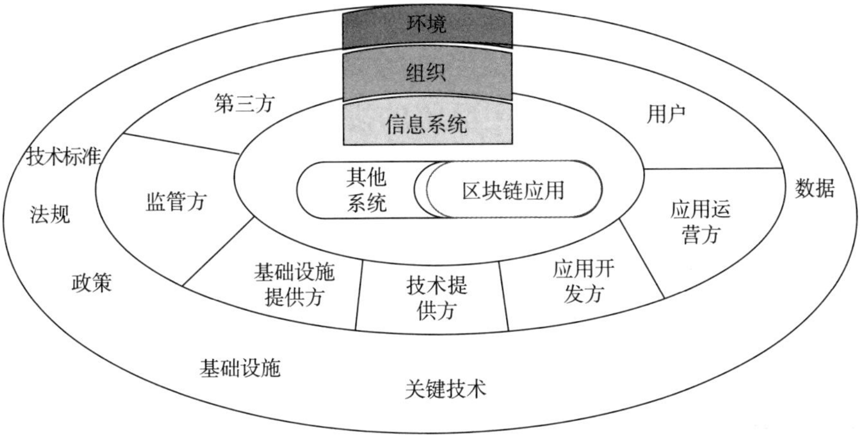

图 1　区块链应用生态系统组成

资料来源：唐晓丹、邓小铁、别荣芳主编《区块链应用指南：方法与实践》，电子工业出版社，2021。

（三）技术加速融合，强化行业应用支撑

区块链技术与人工智能、大数据、物联网、云计算、边缘计算等新一代信息技术在功能上具有互补性，在各行业落地应用的关键是能否与其他技术融合形成综合解决方案。近年来，区块链与各类新一代信息技术加快融合，不仅催生诸如 BaaS（区块链即服务）、分布式人工智能等新模式、新业态，还培育了面向各产业的数字化解决方案。在物联网方面，区块链与物联网已经融合应用在防伪溯源、交通物流、公共服务、能源电力、智能制造等多个行业领域；ISO/IEC JTC1/SC 41（信息技术联合技术委员会物联网和数字孪生分技术委员会）于 2021 年发布 ISO/IEC TR 30176《物联网与分布式记账技术/区块链融合：用例》技术报告，其中展示了金融

服务、农业、能源电力、交通运输等领域的区块链与物联网融合应用案例。在云计算方面，基于云服务的区块链应用保障了应用的快速部署和低成本运营，包括 BaaS、SaaS（软件即服务）等模式发展迅速，根据国家互联网信息办公室公布的区块链信息服务备案数据，目前国内已有超过 70 个 BaaS 平台。①

五　区块链技术应用面临的挑战与发展路径分析

（一）区块链技术应用发展面临的挑战

当前，全球数字经济蓬勃发展。《“十四五”数字经济发展规划》指出，“十四五”时期，我国数字经济转向深化应用、规范发展、普惠共享的新阶段。区块链技术作为一项重要的新一代信息技术，越来越成为支撑数字经济发展的关键技术组件之一。总的来说，我国已具备良好的发展区块链的基础和环境，区块链技术应用发展势头强劲，在数字经济大发展的背景下未来可期。但也要看到，区块链技术应用仍然面临一系列问题和挑战。

一是对产业的支撑能力有待加强，应用深度广度有待拓展。区块链在实体经济、公共服务等领域成熟应用产品有限，可供大规模商业推广的应用案例较少，行业应用发展后劲不足，亟须选择适合的领域，推动应用产品迭代升级，形成促进产业发展的源泉。

二是技术应用底层平台、标准化等基础有待进一步加强。与欧美发达国家相比，我国区块链领域还存在自主创新能力亟待提升、底层平台技术竞争力有待加强、技术应用标准化程度不够、产品质量缺乏保障等问题，亟须各个攻破，夯实技术应用发展基础。

三是差异化发展路径有待进一步明晰。我国区块链产业经历多年的发

① 中国电子技术标准化研究院根据公开资料整理统计。

展，逐步探索形成适合我国国情的政策监管环境和产业发展路径，特别是以联盟链为重点的发展方向，成为我国在区块链领域的发展特色。如何在差异化发展的同时，有效吸收国外先进经验，并且推进关键应用走向全球市场，将是未来一段时期内需要进一步明晰的课题。

（二）进一步提升区块链技术应用水平的路径建议

一是以应用需求为导向，培育行业级应用。发挥国内市场优势，积极拓展应用场景，通过试点应用、应用案例遴选等方式，加强应用解决方案培育与升级，加快区块链在重点行业领域的应用推广，加强应用标准化、规范化以及应用间互联互通，以规模化的应用带动技术产品迭代升级和产业生态的持续完善。

二是加强基础设施建设，提升技术基础能力。结合制造、民生、政务等行业领域新型基础设施建设，加强区块链基础设施建设与推广，布局广域通用基础设施。加快国内区块链开源社区建设，推动我国区块链基础平台技术升级和市场占有率提升。加强区块链领域的技术转化，提升产学研合作水平，积极抢占技术前沿阵地。

三是推动技术融合研究，加强模式创新。进一步明确区块链与物联网、人工智能、大数据等新一代信息技术融合发展的重点方向，研究区块链在法定数字货币、元宇宙等新兴领域的应用模式，积极创新融合技术和服务模式，加强行业应用综合解决方案研究，不断夯实数字经济的生态信任和数据底座。

参考文献

唐晓丹、邓小铁、别荣芳主编《区块链应用指南：方法与实践》，电子工业出版社，2021。

唐维红主编《中国移动互联网发展报告（2020）》，社会科学文献出版社，2020。

姜才康、李正主编《区块链+金融：数字金融新引擎》，电子工业出版社，2020。

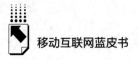

European Commission, Blockchain in Practice: Promoting Blockchain and DLTs in European SMEs, 2021.

Xiaodan Tang, Towards an Aligned Blockchain Standard System: Challenges and Trends, Blockchain and Trustworthy Systems-3rd International Conference, 2021.

B.22
云计算新技术加速视频生产数字化智能化进程

黄 超 王晋军 甘 漠*

摘 要： 云渲染、AI、区块链等系列云计算新技术加速视频内容生产、传输分发和消费交易。视频内容云上生产制作成为新趋势。云原生媒体基础设施包含通信与协作平台能力、数字资产管理和交易能力、媒体智能处理平台能力、媒体引擎能力、全球化的媒体网络基础设施等。应通过与行业生态伙伴配合，形成云化生产流程和接口规范，联合共建完整的业务平台。

关键词： 云计算 媒体基础设施 视频内容

一 云上媒体新技术催生新业务、新场景

随着国家新型基础设施建设的深入推进，以 5G、AI、区块链和云计算等为代表的“新基建”得到飞速发展，正在潜移默化、深刻地改变着社会生活。云是各种数字化能力的载体，而音视频等媒体服务能力则是承载在云上，并且在 5G 移动互联网时代最先迎来变化、最具创新想象力的业务能力之一。

从人类获取信息的途径看，当前视频占据了人类 83% 的信息来源；从网络管道流量的比例看，视频占据了 79%，未来会达到 90%。① ICT（信息

* 黄超、甘漠、王晋军，华为云媒体服务规划团队专家。

① 《华为 MI 市场分析》，2021 年。

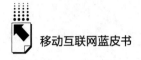

通信技术）基础设施的发展，带来更高的信息传输速率、更大的带宽、更低的时延，视频正在焕发蓬勃生机，视频创新的时代机遇正在到来。

视频在线[①]成为后疫情时代的常见应用。后疫情时代，数字化已成为各行业发展的必需，而不是可选方向。自建自办媒体在各行各业日益常见、普遍。视频以其实时性、直观性、真实性，成为各行各业商务、业务沟通和新闻、品牌传播的基础需求。视频能够提供更加实时、互动、有趣的用户体验，充满创意。

对于视频产品，人们已经不再仅仅满足于单向观看，而是在追求更实时、更直接、持续创新和提升的互动体验。虚实结合、沉浸感、用户之间的实时互动能够带来更多的场景突破。例如，互动直播突破了主播、连麦用户、普通观看用户的技术限制，可以任意切换和互动交流。又如，VR 看房、360°全景赛事直播、自由视角影视综艺拍摄等场景创新，这些新体验的背后都有视频技术升级作为支撑。音视频等媒体服务正在加速渗透到人们生活的方方面面。对于政府、企业类机构，大量业务由线下转移到线上，视频正在成为推动各行各业效率提升和业务升级的基础能力。云上办公、视频会议、远程协作成为常态；云招聘、云培训、云学习广泛普及；与客户的远程视频沟通、云上直播展会、云上 3D 新品发布、云签约、云交易……即使不与客户见面，也能保持客户关系不降温、业务不中断。视频应用正在加速各行业的数字化转型，成为行业智能升级的关键。

二　视频内容云上生产成为新趋势

（一）越来越多的视频内容通过云上制作和生产

1. 视频内容逐渐由实拍生成演进为数字化直接生成

虽然实拍仍然是电影、电视视频的主要生产方式，但通过计算机制作的 CG（Computer Graphic，计算机图形）化内容的比例越来越高。在电影行

① 视频在线指通过采用在线、实时的视频技术，实现快速、低时延和高真实感的用户体验。

业，很多大制作电影视觉特效已经成为主要的电影生产方式。在美国，电影投资中视觉特效制作投资已达演员投资的 2 倍。中国已成为全球最大的动漫电影生产国，每年新增 100 万分钟动画电影。

2. 虚拟制作推动电影、电视质量升级，算力需求越来越高

2019 年上映的电影《阿丽塔：战斗天使》与 2009 年上映的《阿凡达》相比，《阿丽塔：战斗天使》在特效镜头数量、演员面捕①数量、每帧超清画面的渲染时长、总渲染时长等方面取得数量级跃升。也正是云计算技术的发展进步，使用云上海量算力制作 3D 特效和 3D 内容渲染、影视特效制作的效率也大幅提升，制作周期从数年降低到数月。

3. 远程协作成为内容生产行业的重要需求

远程协作需求主要来自两个方面。一是对影视、广电类行业的后期工作室来说，固有人力无法满足电影、综艺、电视剧制作数量的动态变化需求，因此需要通过外部工作室协作的方式来完成。二是疫情期间，后期设计师经常只能采用远程协作而非线下共同制作的方式加工内容。

（二）云上制作效率成为核心诉求，内容生产流水线可大幅提升内容生产力

可以在云上搭建面向不同场景的内容生产线，如电影后期生产线、综艺后期生产线、数字人制作生产线、动画制作生产线等，让工作室直接在云上制作各种视频内容。这些生产线可充分使用云视频创作平台。

（1）资产注入云上或直接在云上生成，不再移动。

（2）基于云的功能即可实现资产的远程传输和分配。

（3）通过云上资产库，解决线下工作室传统硬件不断淘汰和标准媒体格式持续变化的问题。

（4）基于云的软件应用，通过虚拟工作站的方式，艺术家在一个高带

① 面捕是指通过摄像头等设备采集演员的面部五官的表情动作，以实现虚拟形象与演员的眉、眼、口等的表情细节的同步。

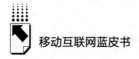

宽、低时延的云环境中，直接对内容进行生产编辑，无须拷贝和移动。

（5）针对每一个项目的每个用户，对其访问权限进行实时、高效的验证和管理。

（6）模块化的生产线可以持续迭代优化，逐渐融合拍摄端和制作端，极大提升创作和制作效率。

（7）通过云的弹性伸缩能力，有效提升生产效率、降低生产成本。

三　3D 虚拟内容渲染与生成依赖多平台协作

云计算能够有效满足视频制作的大算力、远程协作、弹性伸缩等需求，基于云构建的视频内容创作平台应运而生。内容生产线包含通信与协作、数字资产管理和交易、媒体智能处理等基础平台。

（1）云上通信与协作平台——主要提供云桌面能力，艺术家通过云桌面访问云上的视频内容生产工具，像使用本地工作站一样使用云端服务器，同时可以让多个艺术家协作完成视频内容创作。

（2）云上数字资产管理和交易平台——让工作室能够将图片、拍摄素材、制作模型等内容在云上存储、使用、共享，同时可结合区块链和 NFT（非同质化代币）等技术，将数字资产上链，生成唯一性标识，做好产权保护。

（3）媒体智能处理平台——AI（人工智能）技术被融入媒体生产、处理、分发、消费等环节，有效提升各个环节的智能化水平，提升内容生产传播效率和质量。

（4）媒体引擎——构建基于云基础设施的图形渲染引擎，依托于云上的海量计算资源，实现高性能的 3D 建模、仿真和渲染。

（一）通信与协作平台：云图形工作站和高清视频会议随时随地开启多人在线协同创作

1. 云工作站：4K 高清设计师云桌面

以影视制作行业为例，近年来，国内影视产业迅猛发展，随着影视制作体量的增加，以 PC 为制作平台的传统工作方式逐渐无法匹配影视业务的发展需求，影视制作过程中的效率、协同、安全等问题不断涌现，具体存在以下几个痛点问题。

（1）数据安全问题：每天拍摄素材量大，素材存于硬盘中，一旦硬盘损坏需要重新补拍，安全可靠性低。

（2）数据传输问题：拍摄素材通过硬盘和人工方式传输，传递效率低，数据同步困难，时效性差，无法满足当天拍摄、隔天制作的需求。

（3）计算资源限制问题：影视数据解算、渲染等耗费大量 CPU（中央处理器）资源，对高性能设备的需求较大，设备资产投入也大。

（4）协同效率问题：拍摄地和制作地不同，制作方分布在全球各地，跨地域多团队远程协作成为刚需。

（5）发片问题：目前采用母盘拷贝、硬盘寄送的形式进行发片，放映数字拷贝的制作和分发成本非常高，技术较为落后。

为解决以上痛点问题，通过影视制作平台上云实现制作人员工作远程化，以进一步支撑制作工序自动化、智能化、流程化，确保制作内容全周期安全，云工作站模式成为最佳方案选择。云工作站本质上是在云端运行的虚拟桌面，管理员可以在后台统一预置好云工作站的用户权限、软件应用，普通用户或者设计师可通过得到授权的用户账号一键接入云端的虚拟桌面，远端虚拟桌面图像可以高效投送至用户本地显示器上，支持 4K 超高清显示、10bit（比特）色深，取得视觉无损级的画面效果，同时提供超低时延的交互体验，实现云端操作跟本地电脑操作一样的流畅体验，云端计算资源可以无限拓展，无须担心电脑资源受限、性能受限，可有效解决影视制作过程中计算资源限制的问题，以及协同效率、数据传输效率等问题，数据在云端集中管控，数据安全得到有效保障，帮助影视产业加速数字化转型。

2. 云协作：4K 超清云会议，跨地域、跨终端、随时随地高效在线协作

随着全球产业链的分工越来越细，走向社会化的产业协同分工，以及企业上下游需要进行分工协作的场景将越来越多，专业化要求会越来越高，媒体行业未来的专业分工也将更加清晰，这就需要各地的专业人才在线并行创

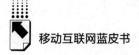

作，内容生产周期大幅缩短，云协作工具和平台成为高频刚需的基础应用。云会议因为低使用门槛、广覆盖、随时随地可接入的特点，自然进入了媒体生产过程，成为设计师们在线沟通协作的首选工具。

设计在线评审环节对作品的清晰度、色彩还原度、细节呈现都有很高的要求，线上不同的人员看到的作品要尽可能真实，才能真正有效地进行设计在线评审，这样支持 4K 高清视频、4K 超清数据共享的云会议产品会更匹配媒体生产制作场景需求。

（二）数字资产管理和交易平台：媒体业务生态繁荣的关键要素

1. 资产管理与交易

伴随着 5G、短视频、VR/AR/MR（虚拟现实/增强现实/混合现实技术）、元宇宙等行业客户业务的蓬勃发展，媒体资源已经从广播、电视等传统媒体向集声音、图像、动画等于一体的新数字媒体时代发展，各项业务对媒体资源的存储管理等需求与日俱增，亟须通过统一的数字内容管理来解决企业数字资产日益庞大复杂带来的查找难、管理难、治理难等问题。更多的企业管理者还进一步希望通过统一编码、标准归一化、自动化标签、高效渲染、高效转码等计算机技术帮助企业完成数字化转型，最终通过数字内容确权、交易变现让企业受益。

数字资产管理及交易平台提供资产上传、下载、存储、转码、渲染、确权、预览、检索、自动化标签、订阅分发、交易等一站式数字内容管理能力，帮助企业客户解决媒体资源管理存在的多种问题。

2. 区块链与 NFT

当前在媒体行业，数字内容版权问题严峻，缺乏全流程、安全有效的保护手段。艺术家的优秀作品带来的收益难以得到保障，会大大抑制优秀原创内容的涌现。

伴随中国网络版权产业市场规模的快速增长，数字内容、音视频行业版权保护形态发生巨大变化。从早期的唱片、磁带、光盘，到支持通过网络下载，发行和版权保护形态发生着变化。利用音视频技术、数字水印、区块链、NFT、大数据等技术，面向互联网平台提供基于 DCI 标准（Digital Copyright Identifier，数字版权唯一标识符）的全流程数字版权服务，构建数字社会版权生态的权属确认、授权结算、维权保护新体系，可以有效进行版权保护，保障原创内容产权归属，让艺术家的优秀作品在分发和交易过程中的收益得到合理保障。

（三）媒体智能处理平台：AI 技术结合媒体行业场景，产生良好的“化学反应”，从媒体生产、处理、分发到消费，提升整体效率和质量

媒体生产方面，媒体 AI（人工智能）技术旨在将创作者从模板化的重复劳动中解放出来，重新聚焦创作本身，常见技术包括智能封面、智能集锦、智能抽帧、智能创作等；同时媒体 AI 技术还针对海量的媒体资源数据进行处理、二次创造价值，常见技术包括智能识别、智能标签、智能搜索等。另外，随着元宇宙的发展，数字人在媒体生产领域逐渐普及，媒体 AI 技术则会进一步降低数字人创作、应用的门槛，如 AI 建模、AI 驱动、AI 渲染等技术。

媒体处理、分发、消费方面，媒体 AI 技术已相对成熟，如智能编码能保证同等画质条件下大幅降低视频带宽；超分、倍帧、HDR（High - Dynamic Range，高动态范围成像）转换等智能增强技术能实现超高清画质，大幅优化用户观看体验；智能内容审核，包括涉黄、涉恐、涉暴、涉政等检测审核，能有效提升审核效率；智能推荐已经被普遍应用于各类视频平台，实现千人千面。

（四）媒体引擎：3D 图形引擎，高效创造栩栩如生的数字世界

视频内容已经走向超清、3D、虚实结合，高精度模拟还原物理过程、高逼真渲染生成图像和内容成为基本需求。被模拟的物理过程复杂多样，渲染过程的计算成本越来越高。多年来，虽然计算机处理能力迅速提高，但传统的本地计算机设备性能仍然难以满足内容制作对高逼真效果、生成效率提

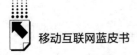

升的诉求，基于云端技术打造的云渲染方案成为更好的选择。云渲染是指主要的高质量渲染过程在云端实现，而端侧只需要对渲染后视频内容进行显示即可。云端虚拟场景渲染技术具备的优势有以下几点。

（1）弹性使用云端算力，按需拓展，不受本地设备性能限制，兼顾成本与效率。

（2）场景图形资产数据在云端，无须对各端进行分发与升级，兼顾资产安全和统一管理。

（3）无须同步端侧数据来进行整个场景的计算，一并在云端进行计算。

（4）云端可以利用专业 GPU 资源池优势，提供更高品质的渲染效果。

（5）结合云直播、RTN 网络技术可以将渲染数据一次分发给大量不同地域的端侧，适合虚拟演唱会等场景。

（6）无须适配端侧不同设备的性能与存储空间，端侧开发简单。

当然，基于云端的虚拟场景渲染并非都需要基于云端构建，只需选取合适的场景付诸云端构建，需要的时候切换到云端渲染。例如开展高品质虚拟演唱会直播，在云端完成高品质渲染，提供虚拟场景中不同的视角供用户选择接入，每个用户接入只是直播视频流，同时也可以加入本地的轻量级 3D 渲染以增强交互效果。典型的“云+端”协同渲染可以在端侧收到云端画面后在上面叠加本地渲染内容，或者将云端渲染画面与画面的深度信息同步传输到端侧，端侧利用深度信息混合本地渲染生成最终画面。

四　超大码率、超低时延传输网络支撑超高清3D 沉浸体验

实时互动、超高清、沉浸是 3D 虚拟内容区别于 2D 内容的主要特征，传输时延要求从数秒级降低到数百毫秒甚至几十毫秒，传输码率从小于 10M 提升至 100M 量级，且随着媒体内容服务厂商全球化的业务发展，需要实现全球可达，不同国家、地区、时区的用户都能获取并享受到高品质的视频内

容服务。实时音视频网络正是针对数字内容云原生时代而设计的下一代媒体网络基础设施，能在目前互联网环境下，为全球提供实时音视频和媒体流传输加速服务，一般包括如下能力。

（1）覆盖全球的高质量实时音视频网络，基于全球部署的通过智能动态路由算法和丰富的节点资源储备，保证国内平均时延小于 100ms，全球跨大洲平均时延小于 200ms；

（2）稳健的 3A 算法、智能降噪、回声消除和智能啸叫抑制，48Khz 全高清采样，提供一流音质体验；

（3）超清高帧率 4K/60FPS、100M 超大码流传输，领先的高清低码技术，使相同的超清视频画面比普通编码的码率降低 30%~40%；

（4）全平台覆盖：iOS、Android、Windows、macOS、Web、Electron 等各平台，兼容适配各类终端，用户可以使用任意终端随时随地获取高清内容；

（5）全链路端到端加密，实现内容传输安全和隐私保护。

五 结语

为了支撑媒体智能化创作落地，可以采用主导性厂家建设云化基础平台，提供云原生的媒体基础设施和根技术，联合共建完整的业务平台。云化基础平台主要负责基础平台能力的落地，包括通信与协作平台能力构建、数字资产管理和交易能力构建、媒体智能处理平台构建、媒体引擎能力构建、全球化的媒体网络基础设施建设等；而各行业生态伙伴制定相关的云化生产流程和接口，如电影、综艺、动画的拍摄和后期制作标准流程和接口，数字人制作的标准流程和接口等，并由多家主导型企业基于云化基础平台构建面向不同行业场景的生产线，供行业内的设计工作室来使用，从而让内容创作行业由人力密集型转为创意型、科技型，让文创和科技结合，推动行业进一步繁荣发展。

参考文献

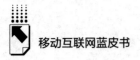

郑叶来：《数字时代，视频为先》，《CLOUD 云+》2020 年第 8 期。

李诗研：《VR 全景视频在冬季体育赛项中的应用研究》，黑龙江大学硕士学位论文，2021。

刘航：《西电助力 2021 央视春晚，参研“自由视角技术”》，未来网高校，2021 年 2 月 18 日。

《“总渲染时长超 3 亿核小时”：中国动画电影视效达到新高度》，新华社，2021 年 8 月 21 日。

B.23

多元协同，共建共享：2021年中国移动互联网适老化改造研究*

翁之颢　何　畅**

摘　要： 2021年，在“积极老龄化”的宏观政策愿景下，我国的移动互联网适老化改造取得了显著成果；与此同时，流于浅表、供需割裂等突出问题也亟待解决。未来，要在充分借鉴国际经验的基础上，探索形成一条由政府、企业、社会多元主体协同共建的移动互联网适老化改造的本土路径，让银发族群更好地享受数字社会建设的有益成果。

关键词： 移动互联网　数字鸿沟　银发经济　老龄社会

第七次全国人口普查数据显示，我国60岁及以上人口比例已经达到18.7%，其中65岁及以上人口比例达到13.5%。人口老龄化不仅是当前社会发展的重要趋势，也将成为今后较长一段时期我国的基本国情，其中挑战与机遇并存。①

新冠肺炎疫情加速了数字技术在社会整体层面的普及，以老年人为代表的“数字边缘”群体主动或被动地开启了数字化新生活。随着疫情防控逐

---

* 本研究受部校共建复旦大学新闻学院新媒体实验中心项目经费支持。

** 翁之颢，复旦大学新闻学院副研究员、硕士生导师，复旦大学仲英青年学者，研究方向为新闻实务、新媒体传播；何畅，复旦大学新闻学院，研究方向为新媒体传播。

① 《国家统计局：60岁及以上人口比重达18.7%老龄化进程明显加快》，人民网，http://finance.people.com.cn/n1/2021/0511/c1004-32100026.html。

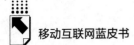

渐常态化，以健康码、手机支付为代表的移动服务功能已深深嵌入大多数老年人的日常生活。越来越多老年人加入网民大军，享受着移动互联网产品和服务带来的生活便利。

但在数字建设提速的后疫情时代，我国的“数字鸿沟”问题却呈现比过去更加复杂的图景。在老年群体内部，地域空间、经济水平、教育背景、家庭结构、社会支持等因素使差距持续放大；同时，公共服务逐步从线下转移至线上，打破了长久的生活习惯，对老年人使用智能设备的熟练度提出更高要求。不少老年人受硬件接入、学习能力等主客观因素所限，在数字高墙前望而却步。

2021 年，我国政府在顶层设计上持续发力，渐进式出台了一系列相关政策文件，指导移动互联网适老化改造工作全面落地。相关单位及企业遵照政策要求，根据现有标准规范进行互联网应用适老化及无障碍化改造。国务院在《关于加强新时代老龄工作的意见》中提出，要“加快推进老年人常用的互联网应用和移动终端、APP 应用适老化改造。实施‘智慧助老’行动，加强数字技能教育和培训，提升老年人数字素养。”①

人口老龄化问题在世界范围内都是重要议题。对移动互联网进行适老化改造，是“老年友好型社会”建设理念的重要环节，有必要在学习借鉴他国经验的基础上，确立适配中国国情的解决方案。在坚持解决突出问题与形成长效机制相结合的道路上，政府、企业、社会等多元主体需要形成合力。短期内要围绕老年人接触的高频事项和服务场景，解决最突出、最紧迫的问题，切实满足老年人基本服务需要；长期看需要逐步积累经验，不断提升智能化服务水平，完善服务保障措施，建立长效机制，切实解决老年人面临的“数字鸿沟”问题。老年人群体能够无门槛、平等地获取信息和享受服务，顺畅地使用各类智能技术，将是文明社会和现代化国家建设的重要一步。

---

① 《中共中央国务院关于加强新时代老龄工作的意见》，新华社，http：//www.gov.cn/zhengce/2021-11/24/content_ 5653181. htm。

一　移动互联网适老化改造的现实语境

（一）积极老龄化的顶层设计

为进一步推动解决老年人在运用智能技术方面遇到的困难，让老年人更好地共享信息化发展成果，国务院办公厅于2020年11月印发了《关于切实解决老年人运用智能技术困难实施方案的通知》，明确了适老化工作的总体要求、重点任务和保障措施，为此后相关细则的颁布与落地奠定了基调。

2020年12月，工信部发布《互联网应用适老化及无障碍改造专项行动方案》，决定自2021年1月起在全国范围内组织开展为期一年的互联网应用适老化及无障碍改造专项行动。首批有八大类115家网站和六大类43个移动互联网应用进行适老化及无障碍改造，覆盖国家相关部委及省级政府、残疾人组织、新闻资讯、交通出行、金融服务等多个领域。

2021年4月，工信部接连印发《互联网网站适老化通用设计规范》和《移动互联网应用（APP）适老化通用设计规范》，首次提出“可感知、可操作、可理解、可兼容”的指导意见，在辅助辨识、限制诱导、匹配需求等具体方面明确了网站与移动互联网应用适老化改造的规范。

2021年国务院政府工作报告首次关注老年群体的数字困境问题，提出“推进智能化服务要适应老年人需求，并做到不让智能工具给老年人日常生活造成障碍。”2021年11月印发的《中共中央国务院关于加强新时代老龄工作的意见》进一步明确了“党委领导、各方参与；系统谋划、综合施策；整合资源、协调发展；突出重点、夯实基层”的32字工作原则。

在《中共中央关于制定国民经济和社会发展第十四个五年规划和二〇三五年远景目标的建议》将积极应对人口老龄化上升为国家战略后，2021年，各省份在“十四五”规划编制中都为移动互联网的适老化改造做出了更多制度性安排。例如，北京市出台《北京市“十四五”时期老龄事业发展规划》，围绕老年人出行、就医、消费、文娱、办事等高频事项和服务场景进行无障碍改造，以切实解决老年人运用数字技术、智能技术的鸿沟问题。

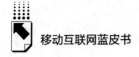

（二）“新数字鸿沟”呼唤数字适老化

根据《第49次〈中国互联网络发展状况统计报告〉》，截至2021年12月，我国网民规模达10.32亿，互联网普及率达73.0%，其中手机网民规模达10.29亿，网民使用手机上网的比例为99.7%。50岁及以上网民群体占比由2020年12月的26.3%提升至26.8%。这一数据反映了，传统的“接入”鸿沟趋向消解，高速增长的老年网民群体正在填补我国移动互联网用户的最后洼地；但网络触手可及的背后依然有近七成老年人长期处在离线的状态，短期内基于便捷性的“使用”鸿沟和基于平等性的“素养”鸿沟仍将存在，以数字适老化改造推动解决“数字拒斥”问题具有强烈的现实语境。“新数字鸿沟”的出现主要来源于群体、硬件、软件和社会四个方面。

1. 群体：数字恐惧心理与学习能力局限

老年群体“数字拒斥”的成因复杂。在心理层面，其一，区别于成长于数字环境的年轻人，大多数老年人都对新奇的数字产品和服务感到或多或少的恐惧，在他们眼里，现实生活中的场景交互更加安全，而诸如线上购物等虚拟支付服务令人心生警惕。其二，算法的茧房效应固化了老年人与年轻群体主导的互联网圈层文化的壁垒，身份认同的缺失会进一步放大对互联网的疏离感。其三，信息不对称降低了代际关系里的依赖感，数字隔阂放大了传统社会的代际矛盾，都会令老年人的数字弱者处境更加凸显。

在生理层面，由于认知能力、学习能力的下降，老年人往往在界面操作、功能使用等方面遭遇困难。老年人的学习曲线与年轻人也完全不同，他们很难在短时间内迅速掌握数字技能。随着求知欲和记忆力的减退，老年人更习惯传统的生活方式和样态，面对功能繁多、操作复杂的智能设备和产品，他们通常会选择排斥。

2. 硬件：技术设备落后与区域发展失衡

在硬件设备和设施建设层面，城乡差异问题依旧较为显著。在农村，还有大量老年人没有机会使用智能手机，通信设备是仅有通话等基础功能的老人机。受硬件设备的阻碍，这群老年人无法享受线上配套的生活服务，仍旧遵循最传统的生活模式。他们自觉地减少外出，避开需要使用智能手机操作的公共场所，封闭在自己熟知的生活舒适圈内。

身处城市中的老年人往往拥有更加先进的智能设备，除了基础的通话等功能外，还可以添加各式各样的应用，以适应复杂多样的数字生活场景。从支付、社交，到出行、餐饮，各类场景中的设施建设都更加完备，使他们能享受更加丰富的线上服务。这是城市建设发展的重要部分，也彰显了老年友好型社会的基本要求。

3. 软件：数字门槛过高与配套服务不足

互联网企业研发和生产具有强烈的市场导向，往往更加关注具有消费潜力的用户群体，而忽视了老年人的实际情况与需求。因此，许多企业设计的智能终端产品具有很高的学习门槛，使用者必须具备一定的数字素养。

此外，许多智能终端的配套服务尚未完备，忽略了老年用户的实际应用需求。对于老年群体而言，在使用相关智能设备和产品的过程中，经常会陷入无法操作的困境。大部分移动互联网应用的界面花哨，功能复杂，缺少醒目而明确的操作指引，也没有相应的沟通反馈渠道。针对老年群体的智能产品的更新迭代，实现可及的专项服务覆盖，是帮助老年人享受信息化时代红利的关键要素。

4. 社会：学习渠道不畅与长效帮扶缺失

尽管全国范围内的数字知识宣教活动逐步增加，但老年人面对智能产品和应用“不会用”的实际困境依然存在，学习智能设备知识的渠道不畅。城乡二元的差异以及代际知识反哺的局限呼唤更加系统、科学的数字科普和素养教育。

此外，有关智能设备的知识宣教活动往往是短期的，无法发挥长期的正面影响。由于缺乏长效的帮扶机制，老年人在接受偶发的知识辅导后，过了一段时间就会将其遗忘，仍然不能独立地进行操作。在这一过程中，老年人很可能产生自我怀疑情绪，也会因为无人帮助而选择搁置对智能设备和服务的使用。该问题体现了助老工作中的一大短板，这将直接影响老年人对数字生活的幸福感认知。

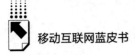

二　移动互联网适老化改造的本土实践

（一）2021年移动互联网适老化改造成果

自 2020 年底国务院办公厅印发《关于切实解决老年人运用智能技术困难实施方案的通知》以来，各单位及企业聚焦老年人日常生活涉及的出行、就医、消费、文娱、办事等七类高频事项和服务场景，进行了专项适老化改造，帮助老年人更好地适应并融入智慧社会。据工信部数据，截至 2021 年底，与老年人生活密切相关的首批 217 家网站和 APP 完成了适老化改造，并通过了评测。2022 年 1 月 20 日，工信部发布了“互联网应用适老化及无障碍改造专项行动”首批通过适老化及无障碍水平评测的网站和 APP 名单，包括 166 家网站和 51 款 APP，微信、QQ、百度、淘宝、京东等移动互联网头部应用悉数通过，实现了移动社交、搜索、新闻、出行、购物、音乐、视频、外卖等主要门类的全覆盖。

1. 专门设计关怀模式，迈出适老化改造第一步

除了在原有 APP 中设置老年人使用模式以外，一部分网站和 APP 专门推出了主打大字体和便捷符号的关怀版本，主打“便利”、“简化”和“贴心”，迈出了适老化改造的第一步。

移动出行方面，随着购票软件和网约车平台的适老化升级，老年人只需动动手指，就可以在手机上完成一键购票、一键叫车，出行变得更加便捷、高效。例如，滴滴打车在 2021 年 5 月、6 月陆续上线“滴滴老年版”小程序和“老人打车”模式，其大号字体、功能精简，方便老年人操作使用。“一键叫车”和“电话叫车”等功能为不同老年群体提供了操作便利，增加

的老年人订单提醒功能，为实名认证的老年人提供医院等特定场景优先派单服务，使智能化服务具备人性化温度。

移动社交方面，头部手机应用的改造主要从感知性、可操作性、理解性、兼容性、安全性等方面着手，UI 界面普遍实现了大字体、大图标和高分辨率等要求，语音输入、语音播报、方言识别等辅助功能也逐步完善。例如，微信在 2021 年 9 月推出了针对老年用户的“关怀模式”，在该模式下，微信的整体 UI、文字都会放大，强调色与背景的对比度也相较标准版有所提升。老年人操作起来会更加得心应手，不用担心手指不够灵敏而难以交互。

2. 优化流程精简手续，提升适老化改造体验值

移动政务方面，在“互联网+政务服务”的理念引导下，依托全国一体化政务服务平台，各地都在政务数据共享、信息公开透明等方面提出新举措，针对老年人的政务操作手续进行简化。例如，上海上线了“一网通办”长者专版，老年人在页面显著位置就能找到随申码、医疗付费、公交码、亮证四项服务，无须在线下辗转办理。部分政府官网也已经实现语音播报、字体放大等多种辅助功能，帮助老年人实现无障碍浏览网站。

在弥合“数字鸿沟”的同时，杜绝“一刀切”的线上办理模式，对必要的线下服务予以保留，甚至为年长而行动不便的老人提供各种上门服务，也是适老化改造的必要内容。疫情期间，健康码成了出行的必需品，但许多老年人由于没有智能手机或不会操作，正常的出行活动受到阻碍。河南、上海、安徽等地则推出了纸质版“健康码”，亲属可帮忙代申领并打印，大大方便了老年人的日常生活。

根据企鹅有调 2021 年发布的《银发人群用网情况社会调查——网络适老化改造受众调研报告》①，中老年网民对本次移动互联网适老化改造中“大字体”“验证码易识别”“操作时间充足”“大音量”“客服更智

① 企鹅有调：《银发人群使用互联网的需求被满足了吗?》，https://mp.weixin.qq.com/s/anhy0LSop5n2j-vFvx0adQ。

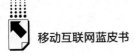

能、更有用”等方面的感知给予了较高的评价，说明在主要移动互联网应用改造中“无障碍接入”的初步目标得以实现。但“一键直达”“方言识别”“广告变少”这三项得分普遍较低，也反映了现阶段改造仍存在的突出问题。

（二）当前改造模式的问题与局限

1. 改造仅停留在表层，深层升级仍未实现

多数适老版网站和应用已经基本完成字形字号、图标按键、功能布局的调整，但改造升级也仅停留在此层面，甚至趋向同质化。在视觉形式上，各大单位和企业清一色进行了最基础的改造工作，却缺少针对老年用户的特殊设计升级。由于媒介素养不足，老年群体往往难以分辨网络上庞杂的信息，深受谣言、伪科学等不良信息的戕害。不少应用在改造升级后，广告弹窗不减反增，且难以关闭。适老化改造应更进一步，有针对性地整合功能和资源，以更加便捷的方式实现线上服务的连接。

2. 供需两端信息脱节，愿景与实际相割裂

银发用户数量庞大，但各单位和企业极少根据这一群体的实际需求进行深入调研。大部分平台没有针对老年用户在使用中遇到的痛点对症下药，而是基于主观的推测进行改造。大多数应用在改造后都添加了语音输入等功能，希望能帮助老年人实现简易化操作。但老年人的文化程度参差不齐，一部分用户不会说普通话，只能依靠方言进行信息沟通与交流。因此，他们真正的诉求是增加方言识别等配套功能。缺乏充分的调研，会使供需两端的信息传递不匹配，进而导致此类适老化改造升级收效甚微。

3. 政策引导尚未完善，缺少长效激励机制

在市场化的背景下，企业以营利为主要目标，倘若只凭政策推动，改造的积极性或许只能维持一时。毫无疑问，短期施策可以带来一定的成效，但要让适老化改造工作成为常态，长效的激励机制不可或缺。如何平衡企业的利益与适老化的投入与让步，这是政府必须回应的重要问题。面对庞大的银发经济市场，各大企业自然会为这片蓝海展开竞争，但无序混乱的竞争只会伤害

广大老年用户。政府需要调研并推行切实有效的企业激励机制，鼓励它们不断推陈出新，满足老年群体的使用需要，提升在银发经济中的良性竞争力。

三　移动互联网适老化改造的未来面向

人口老龄化是一个全球性问题，世界范围内有不少国家针对适老化改造做出过有益探索，也积累了相关经验，这些值得在建构中国模式时借鉴、吸纳。未来，社会各界应进一步加强组织协调，保障适老化改造的连续性、灵活性和可见性，为老年人创造一个真正有幸福感和满足感的数字生存环境。

（一）典型经验

1. 美国：多措并举，鼓励老年人拥抱数字世界

美国各州政府机构、社区服务中心、NGO 组织开展了形式多样的活动以帮助老年人更快更好地融入数字世界。为解决农村老年人“信息孤岛”问题，美国政府将乡村宽带接入确定为优先资助项目。有关部门在互联网接入、宽带安装和网速提升等方面提供了大量资助，并在老年活动中心、图书馆等老年人方便和易于访问的环境中开发和扩大公共计算机中心。

除了美国政府的大力支持外，社区和 NGO 组织的力量也不容忽视。它们不仅在线下活动中出力，还致力于建设线上数字平台，帮助社区或组织内的老年人实现在线沟通和交流。在这些网站和在线社区中，老年人可以便捷地找到自身感兴趣的内容。在主题论坛、在线课程和图书俱乐部中，有一系列专门满足老年人需求的新闻信息与聊天服务，为老年群体提供了社交、信息与情感等支持。

2. 日本：精准定位，着眼日常需求的智能改造

日本总务省发布的《2021 年信息通信白皮书》明确提到，要迈向“不让任何人掉队”的数字化转型，并从三个方面阐述了推进数字化的措施：推动人们对数字技术的利用，私营企业和公共部门作为数字服务的提供者须

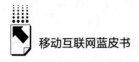

加快数字化进程，加强数字社会共同基础设施的建设。①

日本企业的适老化改造并不是一味向老年人推广普及最新的科技产品，试图让他们花费极高的成本学会使用符合年轻人习惯的智能设备。而是转换思路，尽最大可能降低老年人的学习成本，从日常生活中的点滴细节出发，进行精确的智能化设备改造。这些改造升级后的智能化产品和服务更能为老年人接受，取得了瞩目的成效。针对偏远地区那些无法自如使用智能设备的老年人群，有日本企业针对他们的生活习惯，对传统家用设备进行了智能化改造，例如将老式转盘电话与电视连接增加视频通话功能，传统录像带播放器经过改造亦可以在云端下载并播放影片。② 这样，在不增加学习负担的情况下，让老年人享受到现代数字生活的便利。

（二）破局之策

1. 企业研发：全面升级老年服务，挖掘银发经济潜力

《后疫情时代的互联网适老化研究》报告显示，95.09%的老年人认为疫情之后学习网络操作非常有必要，93.36%的老年人认为自己能学会使用智能手机上网。③ 然而，大多企业的适老化改造并不是为老年用户“量身定制”，反而采取粗暴的“一刀切”方法，直接移除复杂的功能和服务。这种改造逻辑潜在地将所有老年用户视作“数字弱势群体”，间接挫伤了他们学习、适应网络和智能化服务的信心。企业针对老年群体的适老化改造，并不应是在传统模式基础上进行老年服务的简单叠加，而应该针对老年人的需求进行全方位升级。完善界面设计、简化功能服务固然是帮助老年用户扫除使用障碍的重要环节，但超越这些浅表的底层逻辑改革显得更为重要。

企业的适老化改造不该只是应对“银发浪潮”的被动之举，还代表着

① 日本总务省：《情報通信白書》，https://www.soumu.go.jp/johotsusintokei/whitepaper/index.html。

② 《当超老龄的日本遇到“数字鸿沟”》，虎嗅网，https://www.huxiu.com/article/399947.html。

③ 《社科院发布报告：适老化要唤起老人的“我能行”意识》，北京日报客户端，http://ie.bjd.com.cn/a/202109/26/AP614fcff1e4b07f4e484fd7cd.html。

未来经营发展的一方新天地。Mob 研究院发布的《2021 年中国银发经济洞察报告》指出，“银发用户规模超 6000 万，是移动互联网重要增量来源。银发人群移动互联网使用率超 20%，他们为移动互联网‘价值洼地’，仍有很大的空间待挖掘”。[①] 在政府的硬性政策要求之外，企业应主动挖掘银发经济市场，提升涉老场景服务的智能化水平。企业需提高适老化改造参与度，深入调研掌握老年群体的真实需求，在设计中纳入老龄视角，这样才能开发出受市场欢迎的智能化产品。

2. 国家政策：建立健全长效机制，保留传统服务方式

在适老化改造工作中，政府作为倡议者和施策者，必须审慎制定科学战略。如今，适老化改造工作已初见成效，但要在未来取得长足的发展，必须围绕老年群体的主体特征、核心需求和应用场景等维度，进行深入的科学研究和规划指导，建立技术效率与社会效益兼顾的长效机制。有关部门可研究制定适老化改造相关规范，明确各类场景下适老助老服务要求，着力加强服务监管，不断提升老年用户服务体验。同时，政府部门在加强政策监管和支持之外，还应引导相关企业把握市场机遇，给通过评测的网站和手机应用授予信息无障碍相关标识。此外，还要积极推进智能辅具、养老照护等智能化终端产品在全国智慧健康养老示范社区等相关场所的推广与应用，帮助老年人更好地融入信息化社会，共享信息发展成果。[②]

除了要在推动智能化水平上持续发力，决策者还需坚守数字底线，为老年人保留生活服务的线下备选项。对于有学习障碍、经济困难的老年人群，相关机构和企业在鼓励推广数字化新技术、智能化服务新方式的同时，必须保留老年人熟悉的传统服务方式，让他们仍然能无障碍地享受到完整的社会服务。比如保留线下零售的现金柜台和医院的排队挂号缴费服务，让所有老年人都享有同等的权利，不因不会使用智能服务而被忽视和歧视。此外，有

---

① Mob 研究院：《2021 年中国银发经济洞察报告》，https：//www.mob.com/mobdata/report/142。

② 《全国已有 104 家网站和 APP 初步完成适老化改造》，人民日报海外版，http：//www.gov.cn/xinwen/2021-10/26/content_ 5644907.htm。

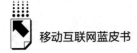

关部门要加强网络信息安全法律法规建设和涉老平台服务的规范监管，摒弃武断的施策方式，利用渐进式的技术普及体现政策的人性温度。

3. 社会参与：推动代际数字反哺，凝聚社会各界力量

家庭成员的帮助对提升老年人数字素养具有关键作用。以家庭为单位，子代应积极发挥数字反哺功能，帮助家中老人解决日常的数字问题。在一些典型的场景化服务中，子代可以加强示范作用，陪同并指导老人进行操作。在引导过程中，子代要减少“代劳”，多鼓励老人进行自主学习和操作，运用提供操作方法说明等多种方式帮助他们加深记忆。在切实帮助老人消除软硬件障碍之余，子代也应扭转对老年人刻板负面的数字弱势印象，激发他们学习的热情和融入数字社会的信心。

但对于“空巢老人”一族，他们很难从子代那里获得长期的数字支持，却与社区或组织的联系更为密切。针对这类老年人，社区、NGO 组织、养老机构、老年大学等社会各界力量能发挥重要作用。这类机构组织可以通过开设培训课程等手段，就近为老年人提供数字指导和服务，提高老年人的数字信息获取能力和网络数字素养水平。帮助老年人重建社会角色和社会连接有利于发挥他们的主体性，也更容易使他们获得幸福感和满足感。

持续推进老年友好型社会建设，既要兼顾眼前的改造与修补，又要着眼长远的规划和研发。从“有没有”到“好不好”，未来，中国移动互联网的适老化改造仍有相当长的路要走。

参考文献

胡苏云：《银发经济概论》，上海社会科学院出版社，2020。

〔美〕哈瑞·穆迪、詹妮弗·萨瑟：《老龄化》，陈玉洪等译，江苏人民出版社，2018。

穆光宗：《银发中国：从全面二孩到成功老龄化》，中国民主法制出版社，2016 年 8 月。

刘燕：《制度化养老家庭功能与代际反哺危》，上海人民出版社，2016。

附　　录

Appendix

B.24
2021年中国移动互联网大事记

1. 工信部印发《工业互联网创新发展行动计划（2021～2023年）》

1月13日，工业和信息化部印发《工业互联网创新发展行动计划（2021～2023年）》。计划指出，未来3年将深入实施工业互联网创新发展战略，支持建设30个5G全连接工厂，建设20个区域级和10个行业级大数据中心，打造3～5个国际综合型工业互联网平台，培育5个国家级工业互联网产业示范基地等。到2023年，实现产业综合实力显著提升。

2. 国家规范整治在线教育平台

1月18日，中央纪委国家监委网站发布文章直指在线教育乱象与监管问题。4月23日，北京市教育委员会通报近期检查学科类校外线上培训机构发现的问题，其中学而思网校、高途课堂、网易有道精品课、猿辅导因涉及违规提前招生收费遭到点名批评。5月10日，因存在虚假或引人误解的商业宣传行为，北京市市场监管局对在线教育培训机构作业帮和猿辅导依法处以警告和250万元顶格罚款的行政处罚。7月24日，中共中央办公厅、国务院办公厅印发《关于进一步减轻义务教育阶段学生作业负担和校外培训负担的意见》，深化包括在线教育在内的校外培训机构治理。

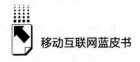

3. 国家网信办修订发布《互联网用户公众账号信息服务管理规定》

1月22日，国家网信办发布新修订的《互联网用户公众账号信息服务管理规定》，自2021年2月22日起施行。该规定对在互联网站、应用程序等网络平台注册运营面向社会公众生产发布文字、图片、音视频等信息内容的网络账号进一步加以规范，突出平台和用户双主体责任等。

4. 相关部门持续打击互联网领域垄断行为

2月7日，国务院反垄断委员会印发《国务院反垄断委员会关于平台经济领域的反垄断指南》。4月10日，国家市场监管总局依法对阿里巴巴滥用市场支配地位的行为作出行政处罚决定，责令阿里巴巴集团停止违法行为，并罚款182.28亿元。4月26日，国家市场监管总局依法对美团实施"二选一"等涉嫌垄断行为立案调查。7月10日，国家市场监督管理总局公告显示由腾讯作为股东牵头的虎牙和斗鱼合并案被正式禁止。7月24日，国家市场监督管理总局对腾讯控股有限公司处以50万元罚款，并责令解除网络音乐独家版权等。10月8日，国家市场监管总局责令美团停止"在中国境内网络餐饮外卖平台服务市场滥用市场支配地位"这一违法行为，并处罚款34.42亿元。

5. 多部门持续推进网络直播行业专项整治

2月9日，国家互联网信息办公室等七部门联合发布《关于加强网络直播规范管理工作的指导意见》，强调网络直播平台要建立健全直播账号分类分级规范管理制度、直播打赏服务管理规则和直播带货管理制度。4月，网信办等七部门公布《网络直播营销管理办法（试行）》。明确直播营销行为8条红线，突出直播间5个重点环节管理，对直播营销活动相关广告合规、直播营销场所、消费者权益保护责任等提出明确要求。8月3日，国家网信办、全国"扫黄打非"办等八部门联合召开工作部署会，通报网络直播行业专项整治和规范管理工作进展，对深入推进专项整治和规范管理工作进行再部署。11月至12月，杭州税务部门严厉打击朱宸慧、林珊珊、黄薇等网络主播从业人员偷逃税款行为。

6. 我国制定综合立体交通网规划推进智能网联汽车等应用

2 月 24 日，中共中央、国务院印发了《国家综合立体交通网规划纲要》，提出要提升智慧发展水平：加快提升交通运输科技创新能力，推进交通基础设施数字化、网联化；推动行业北斗终端规模化应用；加强智能化载运工具和关键专用装备研发，推进智能网联汽车（智能汽车、自动驾驶、车路协同）、智能化通用航空器应用。

7. 国内外互联网企业积极布局“元宇宙”

3 月 11 日，移动沙盒平台研发商 MetaApp 宣布完成 1 亿美元 C 轮融资，3 月 12 日，红杉资本向虚拟办公平台“Gather”投资数百万美元。7 月 13 日，由腾讯代理的世界最大的多人在线创作“元宇宙”游戏 Roblox 在国内应用商店上架。8 月 29 日，字节跳动公司收购 VR（虚拟现实）创业公司 Pico。10 月 28 日，全球最大社交平台 Facebook 创始人扎克伯格宣布 Facebook 将改名为 Meta，意指“元宇宙”（Metaverse）。12 月 21 日，百度发布首个国产元宇宙产品“希壤”。

8. “十四五”规划纲要明确构建基于5G 的应用场景和产业生态

3 月 13 日，《中华人民共和国国民经济和社会发展第十四个五年规划和 2035 年远景目标纲要》公布，指出“推进网络强国建设，加快建设数字经济、数字社会、数字政府，以数字化转型整体驱动生产方式、生活方式和治理方式变革”“要加快 5G 网络规模部署，构建基于 5G 的应用场景和产业生态，在智能交通、智慧物流、智慧能源、智慧医疗等重点领域开展试点示范”等。

9. 我国主导制定的全球首个物联网金融领域国际标准发布

3 月 17 日，国际化标准化组织（国际电工委员会）发布了《基于物联网（传感网）技术面向动产质押监管集成平台的系统要求》物联网金融国际标准。这是由我国专家作为主编辑制定的全球首个物联网金融领域国际标准。

10. 互联网应用适老化及无障碍改造专项行动推进实施

2021 年工信部启动为期一年的互联网应用适老化及无障碍改造专项行

动。4 月 6 日，工信部发布《互联网网站适老化通用设计规范》和《移动互联网应用（App）适老化通用设计规范》。指出相关互联网网站、App 在 2021 年 9 月 30 日前参照上述文件完成适老化及无障碍改造后，可申请评测。通过评测后，将被授予信息无障碍标识，有效期为两年。

11. 国家版权局等多部门整治短视频侵权

4 月 9 日，逾 70 家影视传媒单位及企业发布保护影视版权的联合声明，将对视频未经授权剪辑、搬运等发起维权。4 月 23 日，以腾讯视频为首的 5 家视频平台，联合 17 家影视行业协会、54 家影视公司、514 名艺人联合发布《倡议书》："倡导短视频平台积极参与版权内容合规治理，即日起清理未经授权的切条、搬运、速看和合辑等影视作品内容。" 4 月 25 日，中宣部版权管理局负责人表示，国家版权局将继续加大对短视频领域侵权行为的打击力度，坚决整治短视频平台以及自媒体、公众账号生产运营者未经授权复制、表演、传播他人影视、音乐等作品的侵权行为。4 月 28 日，国家电影局通报，重点整治当前"XX 分钟看电影"等短视频侵权盗版问题。

12. 我国初步建成全球最大规模5G 移动网络，手机网民规模达10. 29亿人

4 月 19 日，工信部负责人在国新办举行的国务院政策例行吹风会上表示，我国已初步建成全球最大规模的 5G 移动网络。2022 年 2 月 25 日，中国互联网络信息中心发布的《第 49 次〈中国互联网络发展状况统计报告〉》显示，截至 2021 年 12 月，我国移动电话基站总数达 996 万个，累计建成并开通 5G 基站总数为 142. 5 万个，全年新增 5G 基站数达到 65. 4 万个。移动电话用户总数达 16. 43 亿户，其中 5G 移动电话用户达 3. 55 亿户。手机网民规模达 10. 29 亿人，全年增加了 4000 万人。

13. 我国 IPv6地址数跃居全球第一

4 月 20 日，"未来互联网试验设施 FITI" 高性能主干网开通仪式在清华大学举行。在 FITI 的助力下，4 月初，我国拥有的 IPv6 地址数一举超过美国，跃居全球第一，标志着我国在新一代基础设施的建设中再一次领跑。

14. 中国首个数字文旅5G 融媒彩信在浙江温州上线

4 月，温州市文化广电旅游局联合咪咕数媒、江南游报打造了数字文旅

移动产品——《温州旅游指引》，这是国内首个数字文旅 5G 融媒彩信，突破了传统短彩信的容量和格式限制，游客可享受 5G 超高清视频、VR 游温州、语音导游、快速攻略等体验。

15. 中国信通院开展星地融合5G 试验

5 月 7 日，中国信通院携手卫星互联网领域的独角兽企业银河航天开展了一系列低轨卫星技术试验，突破了卫星通信系统和地面移动通信系统因信号体制差异难以融合的问题，实现了低轨卫星网络与 5G 网络的深度融合，迈出了我国天地网络技术攻关的重要一步。

16. 我国严厉打击比特币挖矿和交易行为

5 月 21 日，国务院金融稳定发展委员会召开第五十一次会议。会议重申并呼吁禁止比特币采矿和加密交易，指出要坚决防范个体风险向社会领域传递。

17. 中国版权协会发布区块链版权服务平台“中国版权链”

6 月 1 日，中国版权协会正式发布区块链版权服务平台“中国版权链”，能够为权利人提供数字作品的版权存证、侵权监测、在线取证、发函下架、版权调解、维权诉讼等全流程版权保护服务。

18. 我国发布全球首款自主可控96核区块链芯片

6 月 10 日，北京微芯区块链与边缘计算研究院在京发布了全球首创的 96 核区块链专用加速芯片。经过全面实测，该芯片采用专用处理器内核，以芯片为核心打造的超高性能区块链专用加速板卡，可将区块链数字签名、验签速度提升 20 倍，区块链转账类智能合约处理速度提升 50 倍。

19.《数据安全法》《个人信息保护法》等正式公布实施

6 月 10 日，《中华人民共和国数据安全法》正式公布，自 9 月 1 日起施行。7 月 30 日，《关键信息基础设施安全保护条例》公布，自 9 月 1 日起施行。8 月 20 日，《中华人民共和国个人信息保护法》公布，自 11 月 1 日起施行。这些法律法规陆续实施，为行业提供了更加细致可操作的法律依据和行为规则，进一步夯实了互联网法律体系的制度基础，标志着中国网络安全保障迈入新阶段。

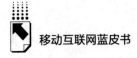

20. 国家整治“饭圈”乱象，营造清朗网络空间

6月15日，中央网信办开展“清朗·‘饭圈’乱象整治”专项活动。Owhat、超级星饭团、魔饭生 Pro 等多款追星 App 被应用商店下架。8月27日，网信办发布《关于进一步加强“饭圈”乱象治理的通知》，要求取消所有明星艺人个人或组合的排行榜单。9月2日，国家广播电视总局通知，要求进一步加强文艺节目及其人员管理，从严整治艺人违法失德、“饭圈”乱象等问题。

21. 相关部门对滴滴公司开展网络安全审查

6月30日，网约车平台“滴滴出行”赴美国上市，引发国家数据安全问题讨论。7月2日，国家互联网信息办公室公告称，对滴滴出行实施网络安全审查。7月4日，国家网信办发布公告称，滴滴出行 App 存在严重违法违规收集使用个人信息问题，责令下架。7月10日，国家网信办发布《网络安全审查办法（修订草案征求意见稿）》，提出“掌握超过100万用户个人信息的运营者赴国外上市，必须向网络安全审查办公室申报网络安全审查”。7月16日，国家网信办会同公安部、国家安全部、自然资源部、交通运输部、税务总局、市场监管总局等部门联合进驻滴滴出行科技有限公司，开展网络安全审查。

22. 最高法发布司法解释，规范人脸识别应用

7月28日，最高人民法院发布《最高人民法院关于审理使用人脸识别技术处理个人信息相关民事案件适用法律若干问题的规定》，规定明确，在宾馆、商场、银行、车站、机场、体育场馆、娱乐场所等经营场所、公共场所违反法律、行政法规的规定使用人脸识别技术进行人脸验证、辨识或者分析，应当认定属于侵害自然人人格权益的行为。

23. 工信部要求加强智能网联汽车数据安全管理

8月13日，工业和信息化部发布《关于加强智能网联汽车生产企业及产品准入管理的意见》，要求加强汽车数据安全、网络安全、软件升级、功能安全和预期功能安全管理，保证产品质量和生产一致性，推动智能网联汽车产业高质量发展。

24. 我国加强网络监管，强化未成年人保护

8 月 31 日，国家新闻出版署发布《关于进一步严格管理切实防止未成年人沉迷网络游戏的通知》，明确所有网络游戏企业仅可在周五、周六、周日和法定节假日每日 20 时至 21 时向未成年人提供 1 小时服务。9 月 15 日，国家互联网信息办公室发布《关于进一步压实网站平台信息内容主体责任的意见》，引导推动网站平台准确把握主体责任，积极营造清朗网络空间。12 月 2 日，文化和旅游部办公厅印发《关于加强网络文化市场未成年人保护工作的意见》，提出严禁借“网红儿童”牟利，有效规范“金钱打赏”，不得以虚假消费、带头打赏等方式诱导未成年人用户消费等。

25.《数字乡村建设指南1.0》指引乡村信息基础设施建设

9 月 3 日，中央网信办、农业农村部、国家发改委等七部门发布《数字乡村建设指南 1.0》（简称《指南》），提出了数字乡村建设的总体参考架构以及若干可参考的应用场景，指导以县域为基本单元的数字乡村的建设、运营和管理。《指南》提出，在乡村移动宽带网络建设中，应加大投资建设力度，优化现有网络性能，提升网络质量和覆盖深度，适时推进 5G 网络在乡村的建设。《指南》明确数字应用场景是数字乡村建设的主要内容，包括智慧农业、农村电商、智慧党建、“互联网+政务服务”、农村普惠金融等领域的一些主要应用。

26. 我国设立全球首个可持续发展目标（SDGs）大数据研究机构

9 月 6 日，可持续发展大数据国际研究中心在北京成立，这是全球首个以大数据服务联合国《2030 年可持续发展议程》的国际科研机构。该研究中心将建立可持续发展大数据信息平台系统、开展 SDG 指标监测与评估科学研究、研制和运行可持续发展系列科学卫星等。

27. 相关部门整治平台相互屏蔽网址链接

9 月 9 日，工信部有关业务部门召开“屏蔽网址链接问题行政指导会”，提出有关即时通信软件的合规标准，要求各平台按标准解除屏蔽。

28.《关于加强网络文明建设的意见》印发

9 月 14 日，中共中央办公厅、国务院办公厅印发《关于加强网络文明

建设的意见》，提出深入推进媒体融合发展，实施移动优先战略，加大中央和地方主要新闻单位、重点新闻网站等主流媒体移动端建设推广力度。丰富优质网络文化产品供给，引导网站、公众账号、客户端等平台和广大网民创作生产积极健康、向上向善的网络文化产品，举办丰富多彩的网络文化活动等。

29. 世界互联网大会乌镇峰会召开

9 月 26 日，世界互联网大会乌镇峰会开幕。中国国家主席习近平向大会致贺信。习近平强调，中国愿同世界各国一道，共同担起为人类谋进步的历史责任，激发数字经济活力，增强数字政府效能，优化数字社会环境，构建数字合作格局，筑牢数字安全屏障，让数字文明造福各国人民，推动构建人类命运共同体。

30. 国家八部委印发《物联网新型基础设施建设三年行动计划（2021~2023年）》

9 月 29 日，工业和信息化部联合中央网络安全和信息化委员会办公室等部委印发《物联网新型基础设施建设三年行动计划（2021~2023 年）》，明确到 2023 年底，在国内主要城市初步建成物联网新型基础设施，物联网连接数突破 20 亿。

31. 中共中央政治局就推动我国数字经济健康发展进行集体学习

10 月 18 日，中共中央政治局就推动我国数字经济健康发展进行第三十四次集体学习。习近平总书记在主持学习时强调，要推动数字经济和实体经济融合发展，把握数字化、网络化、智能化方向，推动制造业、服务业、农业等产业数字化，利用互联网新技术对传统产业进行全方位、全链条的改造，提高全要素生产率，发挥数字技术对经济发展的放大、叠加、倍增作用。

32. “5G+工业互联网”在建项目超1600个

10 月 18 日，工信部副部长徐晓兰在 2021 年全球工业互联网大会开幕式上表示，目前，我国 40 个工业经济大类开展了工业互联网的实践，“5G+工业互联网”在建项目超过了 1600 个，在采矿、电力、钢铁、装备、电子等流程型行业和离散型行业率先发展。标识解析体系框架建设基本完成，已支持 2.9 万家企业开展供应链管理，上下游协同，全流程追溯，具有一定影响力的工业互联网平台超过了 100 家，接入设备的总量超过了 7600 万台套。

33. 最新版互联网新闻信息稿源单位名单首次纳入公众账号和应用程序

10 月 20 日，国家网信办发布最新版《互联网新闻信息稿源单位名单》，名单涵盖中央新闻网站、中央新闻单位、行业媒体、地方新闻网站、地方新闻单位和政务发布平台等共 1358 家稿源单位。2016 版《互联网新闻信息稿源单位名单》同时作废。与 2016 版稿源单位名单相比，新版名单数量大幅扩容，总量是此前的近 4 倍；同时，首次将公众账号和应用程序纳入名单。

34. 工信部整顿网盘限速

11 月 1 日，工业和信息化部发布《关于开展信息通信服务感知提升行动的通知》，提出在同一网络条件下，网盘向免费用户提供的上传和下载的最低速率应确保满足基本的下载需求，调整需在 2021 年 12 月底前完成。

35. 网络带货主播“薇娅”偷逃税被罚13.41亿元

12 月 20 日，国家税务总局浙江省税务局公布薇娅偷逃税案件。网络主播黄薇（网名：薇娅）在 2019 年至 2020 年，通过隐匿个人收入、虚构业务转换收入性质虚假申报等方式偷逃税款 6.43 亿元，其他少缴税款 0.6 亿元；税务部门依法对黄薇作出税务行政处理处罚决定，追缴税款、加收滞纳金并处罚款共计 13.41 亿元。

Abstract

Annual Report on China's Mobile Internet Development (2022), compiled by the Research Institute of People's Daily Online, is the outcome of research work conducted by experts, scholars and researchers. This report comprehensively summarizes the development of China's mobile Internet in 2021, analyzes the annual development characteristics of mobile Internet, and forecasts the future development trends of mobile Internet.

The report is composed of six major sections: General Report, Comprehensive Reports, Industry Reports, Market Reports, Special Reports, and Appendix.

In 2021, under the strategic deployment of the "14th Five-Year Plan," China's mobile Internet has ushered in a new stage of development. China has built the world's largest 5G network, and some breakthroughs have been made in the technological application of 5G + industrial Internet, artificial intelligence, blockchain, the Internet of Things (IoT), etc., which have created new advantages in the digital economy. China's policies and regulations on mobile Internet have been further strengthened, and public opinion based in cyberspace has been further reinforced. In the future, 5G will empower the upgrading of industrial systems, the metaverse will innovate on the integration of virtual and real applications, anti-monopoly efforts will promote a healthy and orderly market environment, the dividends from mobile Internet will be further popularized to reach all, and the construction of digital villages and digital government will be accelerated.

In 2021, China's regulations and policies focused on mobile Internet have made significant achievements in various areas, such as the protection of personal information, network data security, anti-monopoly supervision, the ecological governance of network information, and the regulation of the network industry, etc. As a result, the legal system for network security governance with Chinese characteristics has started to take shape. Mobile Internet shows great potential for helping to achieve common prosperity in rural areas and promoting the modernization of grass-roots governance capacity. Globally, mobile Internet is facing the superposition of multiple uncertainties. Governments in many countries have begun to actively get involved in the development and governance of the Internet. Governance over artificial intelligence.has made substantial breakthroughs around the world, and an intelligence divide has become a new feature of the digital divide in the new era.

China's wireless communications have continued to develop rapidly in 2021, with the dominance of any one mobile smartphone producer having past and the replacement trend for 5G mobile phones having entered into full swing, while shipments of wearable devices and the number of connected IoT-enabled devices have grown at a rapid speed. In the past two years since the commercialization of 5G technology, China has been at the forefront of the world in terms of its base station scale, number of users, technoligical capacity, application innovations and so on. China's promotion of the "5G+ industrial Internet" has achieved early results, with most industries having entered the initial stage of large-scale 5G application.

In 2021, China's mobile applications accounted for 14 percent of the global market, "Internet + health care" has gradually created new productivity, the metaverse has provided the latest impetus for the development of the VR industry, and the implementation of pilot applications for automated driving under specific scenarios has accelerated. The audio-visual formats and content on China's mobile network are constantly being innovated upon and evolving, which points to the diversity and richness of audio-visual content in major themes, burgeoning high-quality network-based programs, renewed vitality for new trends in thinking about and a new culture for the presentation of audio-visual content, and audio-visual products that fully reflect a concern for society. Moreover, the construction of intelligent muscums has also accelerated during the COVID-19 pandemic.

At present, there are still some problems with the protection of personal information in China, such as unequal rights between governing bodies and impediments in judicial remedy channels. It is necessary to refine and improve the construction of supporting policies and norms regarding personal information. The foundation for blockchain applications has been consolidated rapidly, which is generally has been characterized by large-scale improvements, a richer and maturing ecological structure as well as accelerated technology integration. Cloud computing in China has followed the pattern of "one superpower and multiple great powers," while the trend in globalizing its roll out has become more apparent. Under the macro policy vision of "active aging," China's mobile Internet has achieved remarkable results in its elderly-oriented transformation. Video content production on the cloud has become a new trend, with new cloud-computing technologies having accelerated the production of video content, along with its transmission and distribution as well as its consumption and transactions.

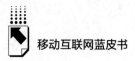

Keywords: Mobile Internet; 5G; Industrial Internet; Digital Economy; Antitrust

Contents

Ⅰ General Report

Abstract: The General Report points out that in 2021, under the strategic deployment of the "14th Five-Year Plan," China's mobile Internet has ushered in a new stage of development. China has built the world's largest 5G network, and some breakthroughs have been made in the technological application of 5G + industrial Internet, artifical ineligence, blockchain, the Internet of Things (loT), etc., which have created new advantages in the digital economy. China's policies and regulations on mobile Internet have been further strengthened, and public opinion based in cyberspace has been further reinforced. In the future, 5G will empower the upgrading of industrial systems, the metaverse will innovate on the integration of virtual and real applications, anti-monopoly efforts will promote a healthy and orderly market environment, the dividends from mobile Internet will be further popularized to reach all, and the construction of digital villages and digital government will be accelerated.

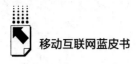

Keywords: Mobile Internet; 5G; Industrial Internet; Digital Economy; Antitrust

Ⅱ Comprehensive Reports

Abstract: With the developments of regulations and policies in the field of mobile Intrnet, significant achievements can be seen in various areas, such as the protection of personal information and regulation of network industry. Integrating weighted laws, policies with typical enforcements and regulatory case, this paper presents the governance characteristics of strengthening the supervision of network information ecological and network industry, focusing on the protection of data security and personal information in 2021. Moreover, it looks forward to the situation that regulations and policies of mobile internet will continue to play a role in the regulation of digital economy, the regulation of anti-monopoly and anti-unfair competition and the protection of intellectual property rights. Multiple co-governance will become a new trend of governance.

Keywords: Mobile Internet; Regulations and Policies; Multiple Co-governance; Antitrust

Abstract: Common prosperity is the theme of current agricultural and rural development. Mobile Internet integrates other new-generation information technologies and is deeply applied in the whole process of agricultural production, which can effectively improve the quality, efficiency and cost of agriculture and increase farmers'operating income. New forms and models of internet-based businesses have been innovated and developed to create more jobs and raise farmers'wage income. The Internet will expand the rural factor market, activate the value of land, agricultural housing and other factor resources, and increase farmers'property income. While using Mobile Internet to increase farmers'income, attention should be paid to preventing all kinds of risks, focusing on improving farmers'digital literacy, optimizing digital infrastructure, and constantly promoting standardization and branding of agricultural products.

Keywords: Mobile Internet; Common Prosperity; Digital Literacy; Agricultural and Rural Development

B.4 Promoting the Modernization of Grass-roots Governance with Mobile Internet

Abstract: Grass-roots governance is an important part of the national governance. The modernization of national governance needs the modernization of grass-roots governance. Relying on modern information technology, especially with the help of Mobile Internet, to promote the reform and reconstruction of grass-roots governance is an important way to promote the modernization of grass-roots governance. Firstly, this paper expounds the new connotation of grass-roots governance in the era of Mobile Internet, then focuses on the role and significance of Mobile Internet in improving grass-roots governance, especially its important role and effectiveness in creating a new governance model, reshaping a new form of governance, opening up new channels of governance and expanding new space of governance. Finally, it puts forward policy suggestions to improve grass-roots governance.

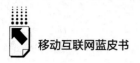

Keywords: Mobile Internet; Grass-roots Governance; Governance Capability

B.5 Mobile Internet Security Threats and Governance in 2021

Sun Baoyun, Qi Wei and Wang Ding / 069

Abstract: Ransomware attacks are increasingly common globally and represent one of the most significant, and growing, international cyber threats in 2021. The vulnerabilities exploited by the hackers make an increasing impact in public or private sector. Pegasus spyware espionage shocked the world and highlighted the hidden dangers of application security. The spread of malicious programs is still rampant, and the security of mobile Internet needs to be strengthened continuously. The number of security vulnerabilities continues to rise, and the ability of Internet enterprises to protect the network according to law needs to be improved immediately. Relevant departments have intensively introduced new laws and regulations on network security governance in last year, and the rule of law system for network security governance with Chinese characteristics has initially taken shape. The Cyber Ecosystem has been purified, and phased achievements have been made in APP governance. Looking forward to 2022, the construction of mobile Internet Security and rule of law will be further strengthened; network data processing and personal information protection will be more refined and standardized.

Keywords: Mobile Internet; Security Threats; Cyber Governance

B.6 Global Mobile Internet Development Report (2021-2022): Looking for New Certainty in the Wave of Uncertainty

Zhong Xiangming, Fang Xingdong / 089

Abstract: In the context of the global COVID-19 epidemic and The Biden administration's strategy to curb China's rise in science and technology, also the Internet antitrust wave jointly set off by China, the United States and Europe, The global Mobile Internet in 2021 faces the superposition of triple uncertainties. Governments around the world began to actively intervene in the development and governance of the Internet and high technology and become a leading force. In 2021, the global artificial intelligence governance made a substantial breakthrough, and the intelligence divide has become a new feature of the digital divide in the new era. How to establish a global consensus under the concept of community of shared future of human network is the key for us to get out of the common dilemma and meet the human digital civilization.

Keywords: Uncertainty; Antitrust; Platform Governance; AI Governance; Global Governance

Ⅲ Industry Reports

Abstract: At present, the world is undergoing century-old changes and the epidemic is intertwined, and the new technological and industrial revolution is gaining momentum. In 2021, China's wireless communication have continued to develop rapid development. In particular, new infrastructure, represented by 5G, has formed systematic leading advantages in network, application and industrial ecology. In accordance with the principle of "moderately advanced", China's 5G network coverage is increasingly improved, and 5G applications are gradually developing towards large-scale development. As 5G standards and user needs become clearer, industry applications are becoming deeper and more practical. As the number of 5G users steadily climbs, the personal applications market continues to grow. This paper analyzes the development status of wireless mobile communication networks and services in 2021, and looks forward to the development trend of wireless mobile communication in the future with 5G application as the entry point.

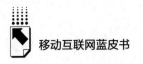

Keywords: 5G Scale Application; Digital Economy; Wireless Mobile Communication

B.8 Analysis on the Development of China Mobile Internet Core Technology in 2021

Wang Qiong, Zheng Wenyu and Huang Wei / 120

Abstract: In 2021, a new round of innovation is brewing in the core technologies of the global Mobile Internet. Heterogeneous computing has gradually become the mainstream chip architecture. The microkernel operating system has entered the stage of marketization. The core technologies of the global Mobile Internet are developing "terminal-cloud" collaboratively with the support of 5G mobile network capabilities. Domestic mobile smartphones are no longer a monopoly. In order to grasp the development initiative and speed up the development of the entire industry chain, domestic enterprises actively strive for development initiative in the chip field, promote the development of the domestic open source operating system market in the software field, and build a new ecosystem by relying on the opportunity of the Internet of Everything.

Keywords: Chip; Mobile Operating System; Mobile Smartphone

B.9 Development Trend of Mobile Communication Terminal in 2021

Zhao Xiaoxin, Li Dongyu, Kang Jie and Li Juan / 132

Abstract: Smartphone market demand also rebounded in 2021, global smartphone shipments and domestic mobile phone shipments showed double growth, but the increase is still not ideal. The increase in the number of models and the reduction in price have led to the peak of the replacement trend of 5G mobile phones. The research and development of integrated fast charging technology will promote the rapid and healthy development of the industry, and folding screen mobile phones will also be favored by more consumers. At the same time, image, display and chip technology are all developing rapidly. Different from the mobile phone market, wearable devices and Internet of things devices are in the incremental market, the former shipments and the number of Internet of things connections are in a state of rapid growth. In the next few years, the integration of fast charging technology will achieve landing and application, more categories of terminal products will achieve the unification of charging protocols, greatly improve the user experience, and reduce the waste of electronic resources.

Keywords: Smartphone; 5G; Universal Fast Charging; Wearable Device

Abstract: In the past two years since the commercialization of 5G technology, China has been at the forefront of the world in terms of base station scale, number of users, skills capacity, and application innovation. At present, there are more than 10, 000 cases of 5G application innovation nationwide, covering 22 important industries of the national economy. 5G applications in 15 industries are becoming the focus of relevant ministries and local governments during the 14th Five – Year Plan period for information consumption, real economy, and livelihood services. 5G will become an important cornerstone to support the digital transformation of the economy and society, helping to open a new digital era with breakthrough restrictions and accelerated progress.

Keywords: 5G; Digital Economy; Information Consumption; Real Economy

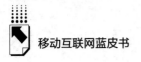

B.11 China's Industrial Internet Development Report (2021)

Gao Xiaoyu / 155

Abstract: In 2021, China's promotion of "5G+ Industrial Internet" has achieved initial results, with the platform construction showing a momentum of vigorous development, increasing security assurance, and a significant increase in the scale of non-listed investment and financing. In the future, favorable policies will continue to promote the rapid development of the industry, and the three major systems of network, platform and security will continue to improve. It is suggested to fully exploit the value of enterprise data, improve the supporting mechanism of middle and small-sized enterprises, and strengthen the macro-guidance of industry-finance cooperation.

Keywords: 5G + Industrial Internet; Application Scenarios; Non-listed Investment and Financing

B.12 5G Applications "Set Sailing" to Accelerate Industry Digital Transformation

Du Jiadong / 169

Abstract: The development of 5G technology and industry has gone through ten years, and countries have shifted from 5G technology and industrial layout to application competition. In 2021, 5G applications in China showed a vigorous development trend, which has achieved a breakthrough of "0−1" and entered a new stage of development of "1 to N". Most industries are in the initial stage of 5G large-scale application, and strategies should be implemented according to different types of industries. With the in-depth integration of 5G and the industry, 5G 2B industry will emerge, greatly expand the existing 5G industrial chain and build a new industrial system.

Keywords: 5G Application; Industrial Chain; Convergence Application

Ⅳ Market Reports

Abstract: In 2021, the pan-China market, which is used in global entertainment, will enter the next stage, 14 percents, which has also experienced a stage of major development and development from savage growth, focusing on four areas of performance, e-commerce and services. At this stage, the mobile industry application market specification, the future application development direction of China's mobile application market, the development direction of China's mobile application market and the living space for the common development of the application market.

Keywords: Mobile Application; Ecological Research; Smartphone

Abstract: Series national policies had been published during past three years, which had constructed the new production relationship of "Internet + healthcare" in China. "Internet + medicine" has been driven to the forefront of the international society by the growing health needs of public in China, while new productive force has been forming gradually. There were still some factors restricting the transformation of technology and management. "Internet + medicine" will meet the needs of the high-quality development of hospitals, and become a fast way to promote hierarchical medical cares, which would become driving forces for the development of digital medical industry.

Keywords: Telemedicinc; Internet + Medicine; Medicare Online; Online Hospital; Smart Hospital

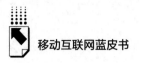

B.15 "Metaverse" Provides New Impetus for The Development of VR Industry

Yang Kun, *Wu Jun* / 205

Abstract: After years of development, the global virtual video (VR) industry group has a certain scale, and the overall technology and commercialization level have been greatly improved. Especially in 2021, driven by 5G, metaverse and other factors, VR industrial clusters at home and abroad showed signs of accelerating again. VR related technologies have made significant progress, but there is still a gap with user needs. Metaverse will provide new kinetic energy for its development. How to complete the transformation of VR technology from single product to continuous space service capability as soon as possible in the next five to ten years is a common topic faced by all parties in the industry.

Keywords: Virtual Reality; Metaverse; Mobile Internet

B.16 China Cloud Computing Development Report (2021)

Li Wei / 220

Abstract: Year of 2021 is the start of "The 14th Five-Year Plan", cloud computing in China continues to maintain rapid growth, showing a pattern of "one superpower and several major powers" and the obvious trend of globalization. Cloud computing technology is constantly innovating, and the era of cloud native in all respects is coming; the integration of cloud, network and edge is deepening; Zero trust breaks the original cloud computing security boundary and defines a new generation of protection system; increased cloud usage brings more optimization needs, and the construction of governance capacity has attracted much attention. Going forward, cloud computing will be further integrated with enterprise business to provide support for digital transformation.

Keywords: Cloud Computing; Cloud Native; Integration of Cloud Network and Edge; Cloud Security; Cloud Optimization and Governance

Abstract: The development of Intelligent and Connected Vehicle (ICV) is an important way to improve traffic safety, relieve congestion, and reduce energy consumption and pollution emissions, and is an important domain to accelerate the building China's strength in transport. In 2021, China has initiated the implementation pilot of ICV under specific scenarios, but the application of advanced functional technologies is still facing challenges, especially in driving environmental detection. Relevant regulations and policies show more efficient and pragmatic characteristics, but those for ICV utilized in real traffic system has not yet been considered. In terms of cyber and data security, ICV is also facing serious risks and challenges. ICV will continue to promote transport service mode upgrade and transportation system transformation.

Keywords: Intelligent and Connected Vehicle; Driving Environment Detection; Automated Driving Vehicles; Transportation Power of China

Abstract: Relying on the progress and innovation of multimedia and mobile communication technology, and benefiting from the policy orientation of prospering socialist literature and art, forms and contents of China's mobile network audio-visual are constantly innovating and evolving. In 2021, the audio-visual content of China Mobile's network as a whole shows that the audio-visual content of major themes is diversified and rich, the high-quality network programs are in full bloom, the new culture of audio-visual expression is vigorous, and the audio-visual products fully reflect social care.

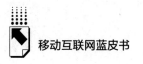

Keywords: Mobile Network; Content Creation; Audio-visual Supervision

B.19 Smart Museum Construction in the Context of Mobile Internet

Qian Xiaoming, Liu Fan, Xie Qingqing and Yan Jinlin / 263

Abstract: The total number of Chinese museums has jumped to the fourth in the world. The outbreak of coronavirus pneumonia accelerated the museum's intelligence construction. Smart museums are based on digitization, using intellectualization as a means. Intelligent decision-making is a symbol. The smart museum meets the development needs of viewing at anytime and anywhere, creative planning and exhibition of collections, interactive innovation experience, cost reduction and efficiency improvement of management. At present, the smart museum is facing various problems that have not been solved since the age of digitization of the museum. The rapid development of mobile Internet provides unlimited imagination for the construction of the smart museum in China.

Keywords: Mobile Internet; Smart Museum; Mobile Internet; Intellectualization

V Special Reports

B.20 Analysis of the Current Situation and Problems of Personal Information Protection and Utilization

Zhou Jinghong, Zhi Zhenfeng / 278

Abstract: At present, there are still some problems with the protection of personal information in China, such as unequal rights relationship between governance subjects, imperfect personal information protection system, unsmooth judicial relief channels, obvious early effect of special governance but insufficient stamina. Controversial issues, refine and improve the construction of supporting policies and norms for personal information, explore and develop a public interest litigation relief system, promote the construction of platform responsibility and the development of industry self-discipline to deepen the protection and utilization of personal information.

Keywords: Personal Information Protection; Personal Information Utilization; Platform Companies

B.21 Blockchain Applications to Support Economic and Social Development: Progress, Characteristic and Roadmap

Tang Xiaodan / 291

Abstract: In China, the application of blockchain technology is accelerating. The application in public services has achieved remarkable effects; the application in digital finance is promoting the upgrading of the industry, and the application in commodity circulation, shipping and many other real economy industries is taking shape. The foundation of blockchain application is consolidated rapidly, and blockchain application is generally characterized by increasing scale, richer ecological structure, and accelerated technology integration. However, challenges still exist in aspects such as industrial support capacities, basic capabilities and differentiated development path.

Keywords: Blockchain; Distributed Ledger; Application Infrastructure; Application Ecology

B.22 New Cloud Computing Technology Accelerates the Digital and Intelligent Process of Video Production

Huang Chao, *Wang Jinjun and Gan Mo* / 305

Abstract: Cloud rendering, AI, blockchain and other new cloud computing technologies accelerate the content production, transmission and distribution and consumption transactions of video services. Video content production on the cloud has become a new trend. As a basic capability, video services enter production applications in all walks of life, which requires the support of media infrastructure platforms. The cloud-native media infrastructure platform includes communication and collaboration platform capabilities, digital asset management and transaction capabilities, media intelligent processing platforms, media engine capabilities, and globalized media network infrastructure. By cooperating with ecological partners in various industries, to forme the cloud-based production process and interface specifications, jointly build a complete business platform.

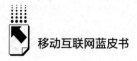

Keywords: Cloud Computing; Media Infrastructure; Mediaization

B.23 Diversified Synergy, Shared Construction: Study on China's Mobile Internet Age-appropriate Transformation in 2021

Weng Zhihao, *He Chang* / 315

Abstract: In 2021, under the macro policy vision of "active aging", China's mobile Internet has achieved remarkable results in its elderly-oriented transformation; at the same time, outstanding problems such as superficiality and fragmentation of supply and demand also need to be solved. In the future, on the basis of international experience, we should explore a local path of mobile Internet ageing retrofitting by "government-enterprise-society" with the cooperation of multiple entities, so that the silver-haired group can better enjoy the beneficial results of digital society construction.

Keywords: Aging Adaptation; Digital Divide; Active Aging; Silver-haired Economy

Ⅵ Appendix

皮 书

智库成果出版与传播平台

皮书定义

皮书是对中国与世界发展状况和热点问题进行年度监测，以专业的角度、专家的视野和实证研究方法，针对某一领域或区域现状与发展态势展开分析和预测，具备前沿性、原创性、实证性、连续性、时效性等特点的公开出版物，由一系列权威研究报告组成。

皮书作者

皮书系列报告作者以国内外一流研究机构、知名高校等重点智库的研究人员为主，多为相关领域一流专家学者，他们的观点代表了当下学界对中国与世界的现实和未来最高水平的解读与分析。截至 2021 年底，皮书研创机构逾千家，报告作者累计超过 10 万人。

皮书荣誉

皮书作为中国社会科学院基础理论研究与应用对策研究融合发展的代表性成果，不仅是哲学社会科学工作者服务中国特色社会主义现代化建设的重要成果，更是助力中国特色新型智库建设、构建中国特色哲学社会科学“三大体系”的重要平台。皮书系列先后被列入“十二五”“十三五”“ 十四五”时期国家重点出版物出版专项规划项目；2013~2022 年，重点皮书列入中国社会科学院国家哲学社会科学创新工程项目。

S 基本子库
SUB DATABASE

中国社会发展数据库（下设 12 个专题子库）

紧扣人口、政治、外交、法律、教育、医疗卫生、资源环境等 12 个社会发展领域的前沿和热点，全面整合专业著作、智库报告、学术资讯、调研数据等类型资源，帮助用户追踪中国社会发展动态、研究社会发展战略与政策、了解社会热点问题、分析社会发展趋势。

中国经济发展数据库（下设 12 专题子库）

内容涵盖宏观经济、产业经济、工业经济、农业经济、财政金融、房地产经济、城市经济、商业贸易等12个重点经济领域，为把握经济运行态势、洞察经济发展规律、研判经济发展趋势、进行经济调控决策提供参考和依据。

中国行业发展数据库（下设 17 个专题子库）

以中国国民经济行业分类为依据，覆盖金融业、旅游业、交通运输业、能源矿产业、制造业等 100 多个行业，跟踪分析国民经济相关行业市场运行状况和政策导向，汇集行业发展前沿资讯，为投资、从业及各种经济决策提供理论支撑和实践指导。

中国区域发展数据库（下设 4 个专题子库）

对中国特定区域内的经济、社会、文化等领域现状与发展情况进行深度分析和预测，涉及省级行政区、城市群、城市、农村等不同维度，研究层级至县及县以下行政区，为学者研究地方经济社会宏观态势、经验模式、发展案例提供支撑，为地方政府决策提供参考。

中国文化传媒数据库（下设 18 个专题子库）

内容覆盖文化产业、新闻传播、电影娱乐、文学艺术、群众文化、图书情报等 18 个重点研究领域，聚焦文化传媒领域发展前沿、热点话题、行业实践，服务用户的教学科研、文化投资、企业规划等需要。

世界经济与国际关系数据库（下设 6 个专题子库）

整合世界经济、国际政治、世界文化与科技、全球性问题、国际组织与国际法、区域研究 6 大领域研究成果，对世界经济形势、国际形势进行连续性深度分析，对年度热点问题进行专题解读，为研判全球发展趋势提供事实和数据支持。

法律声明